21世纪大学计算机基础课程教材

C语言程序设计教程

（第2版）

主编 张毅坤 张亚玲 参编 王战敏 马维刚 张 翔

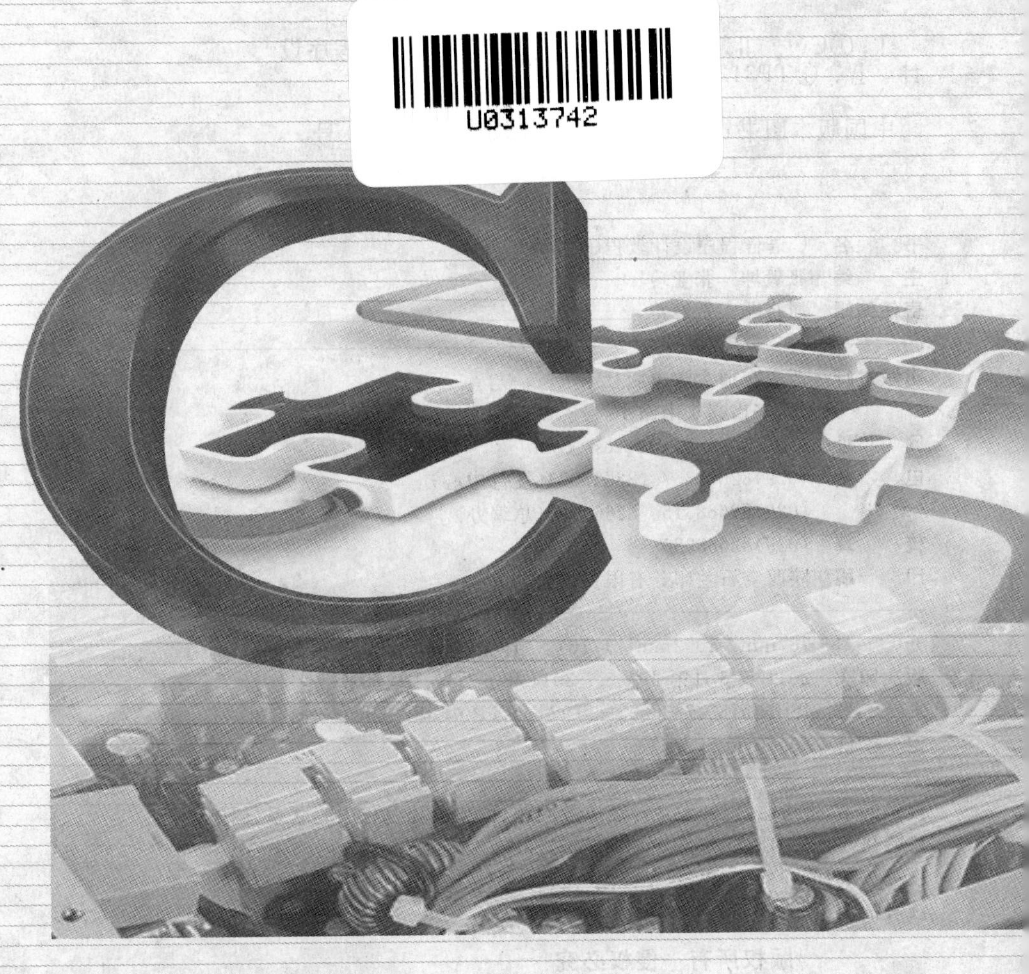

西安交通大学出版社
XI'AN JIAOTONG UNIVERSITY PRESS

内容简介

本书分为三大部分。第1部分为基础篇，共有8章，运用实例分别讲述了C语言的基本概念、基本规则与基本内容。第2部分为综合扩展篇，分为4章，讲述了第1部分C语言相关未展开的、较为灵活的、或难于理解的内容和方法，以及较为常用的上机调试环境等相关知识，并从软件工程的角度出发，给出了如何分析问题、解决问题，综合运用C语言实现相对规模较大的两个工程实例的程序设计全过程。第3部分提供了较为详细的C语言相关附录。

本书既可以作为计算机和非计算机专业的程序设计基础课程的教科书，又可作为工程技术人员的参考书，同时也适用于自学读者的学习与提高。

图书在版编目(CIP)数据

C语言程序设计教程/张毅坤，张亚玲主编. —2版：—西安：西安交通大学出版社，2011.6
ISBN 978-7-5605-3792-4

Ⅰ.①C… Ⅱ.①张… ②张… Ⅲ.①C语言-程序设计 Ⅳ.①TP312

中国版本图书馆CIP数据核字(2010)第233810号

书　　名 C语言程序设计教程(第2版)
主　　编 张毅坤　张亚玲
责任编辑 屈晓燕　贺峰涛

出版发行 西安交通大学出版社
(西安市兴庆南路10号　邮政编码 710049)
网　　址 http://www.xjtupress.com
电　　话 (029)82668357　82667874(发行中心)
(029)82668315　82669096(总编办)
传　　真 (029)82668280
印　　刷 陕西宝石兰印务有限责任公司

开　　本 787mm×1092mm　1/16　**印张** 21.625　**字数** 519千字
版次印次 2011年6月第2版　2011年6月第1次印刷
书　　号 ISBN 978-7-5605-3792-4/TP·538
定　　价 29.80元

读者购书、书店添货、如发现印装质量问题，请与本社发行中心联系、调换。
订购热线：(029)82665248　(029)82665249
投稿热线：(029)82664954
读者信箱：jdlgy@yahoo.cn

前　言

自 2003 年 4 月本书第 1 版出版以来，深受读者厚爱，不少高校将其作为第一门计算机程序设计语言教材使用，并在使用过程中提出了许多宝贵意见和建议，使我们备受鼓励和鞭策，在此一并对读者表示衷心感谢。

尽管在几年的多次重印中，作者对本书的一些错误和缺陷做了修订和补充，但随着时间的迁移和教学实践的深入，有些内容还需做大范围调整。本次修订主要做了以下几个方面的调整。

第一，本书第一版的例题主要是以 Turbo C 为主要调试环境，本次针对当前大多数上机环境使用 VC 的情况，全书的例题按照 VC＋＋6.0 环境进行了规范，并对有些实例在 TC 与 VC 环境下的差别做了说明。同时，补充了程序注释和部分流程图，以辅助读者更好地阅读和理解程序设计。

第二，为更有利于教学的组织，调整了第 1 版教材的部分章节顺序，本版第 3、4 章为基本程序结构和函数，第 5、6 章为构造数据类型，并对第 5、7 章进行了重写，增加了动态内存分配的相关内容。

第三，为了构建全书的完整性和实用性，去掉了第 1 版教材第 10 章 Turbo C 图形程序设计的内容，以介绍两种常用的 C 语言上机环境 Visual C＋＋ 6.0 和 Turbo C 2.0，及两种编译环境下 C 语言程序的调试过程等相关内容作为新的第 10 章。

本书第 1、2 章及附录由张毅坤编写，第 3、4、8 章由张亚玲编写，第 5、7 章由张翔编写，第 6、11、12 章由王战敏编写，第 9、10 章由马维纲编写，最后由张毅坤、张亚玲进行统稿。

作　者

2010 年 12 月

第1版前言

C语言以其独特之处而风靡世界，它集低级语言与高级语言于一体，既有低级语言可直接访问内存地址、能进行位操作、生成目标代码质量高、程序运行效率高的优点，又具有高级语言描述问题方便、运算符和数据结构丰富、结构化控制语句功能强、简洁紧凑灵活、可移植性好的优势，被人们称之为“高级语言中的低级语言”，或称之为“中级语言”，是结构化程序设计的理想语言，符合现代编程风格，特别适合编写操作系统、网络软件和编译器等系统软件。

但是，正是由于C语言的丰富性、灵活性及其特色性，使得初学者感到学习困难，容易出错和难以理解。本书将本着循序渐进、由浅入深、实用高效、通俗易懂，既注重主干基础知识的流畅传送，又注重难点重点知识的分解与综合运用的指导思想，不仅给出了C语言的基本概念、基本规则，而且从软件工程的角度出发，给出了如何分析问题、解决问题，运用C语言实现相对规模较大的工程程序的实例。

作者根据自己多年的教学经验和对初学者学习、理解编程语言规律的了解，考虑到教学过程的方便性，基本知识的完整性，以及深入学习的可扩展性，将全书精心编排为三大部分。

第1部分为基础篇，共有8章。分别讲述了C语言的概述、数据类型与表达式、基本结构程序设计、数组、函数、结构体与共用体、指针和文件等知识的基本概念、基本规则与基本内容。力求以提出问题、目标与用途、实现的基本法则与方法、由浅入深且贯穿始终的例题为编写主线，使章与章、节与节之间逐步深入，丝丝相扣，不断扩展。不苛求面面俱到，但要做到通俗易懂。对于可讲可不讲的内容，不便于理解的内容，灵活多变、导致初学者容易出错的内容，还有对于深入学习者知识的扩展与综合运用的内容均放在第2部分讲授。同时，该篇中的一部分习题选自历年来的计算机等级考试典型题目，为部分读者备战等级考试提供了方便。

第2部分为综合扩展篇，分为4章。第1章重点讲述了变量的存储类别，某些运算符的结合性所引起的二义性与副作用，逗号表达式和for循环语句的灵活表述，位运算，以及编译与预处理，多文件互连等知识；第2章扩展了在Turbo C环境下，用C语言实现图形和动画的相关基本内容，给出了实现点、线、图形、色彩控制与填充、图形方式下的文本显示，以及视口操作函数等知识的基本实现方法和例子；第3、4章通过“上位机数据采集监控软件设计”和“超市库存货品信息管理系统设计”的两个实例要求，从软件工程的角度出发，介绍了问题定义、需求分析、总体设计、详细设计、编码、测试以及维护的软件开发基本步骤，并给出了用C语言实现各功能模块的源程序代码及注释，充分体现了C语言知识的综合运用，如：各种控制语句、数组、函数、结构体、指针、文件、图形等的综合运用。同时，还通过这两个实例引入了新的知识和扩展应用，如：动态申请、释放内存空间，用指针实现动态链表数据结构的存储、排序、插入、删除等操作，加大了深入学习的空间。

第3部分为附录部分，分别给出了常用字符与ASCII码对照表，运算符的功能、优先级及结合性，以及较为详细的C语言标准库函数的功能、参数、库类等列表，以供参考。

本书中的程序例题均经过 Turbo C 和 VC++ 6.0 运行环境的调试，程序代码均有较为详细的注释，并配有“《C语言程序设计教程》学习指南与实验指导”一书，该书指出了《C语言程序设计教程》学习过程中的难点和易错点，给出了解题实例和部分习题的解题思路与程序框图和答案，同时，还提出了基本实验要求。如有需求，作者还可免费提供《C语言程序设计教程》授课的电子教案。

本书由张毅坤任主编，曹锰、张亚玲任副主编。第1、2章由张毅坤编写，第4、7章由曹锰编写，第3、5、8章由张亚玲编写，第6、11、12章由王战敏编写，第9、10章由马维纲编写，最后由张毅坤统稿。西安交通大学的冯博琴教授、西北工业大学的李伟华教授、西北大学的耿国华教授、西北农林科技大学的何东健等教授均对本书的编写及内容提出了宝贵的意见和建议，主审冯博琴教授仔细地审阅了全书并给出了许多建设性的修改意见，同时该书的出版也得到了西安交通大学出版社的大力支持，作者在此一并向他们表示衷心地感谢。

由于作者的水平有限，本教材编写中难免有疏漏之处，恳请同行和读者不吝指正。

作　者

2002年12月

作者联系方式：

E-mail：ykzhang@xaut.edu.cn

目 录

第1部分 基础篇

第4章 函 数

第2部分 综合扩展篇

第1部分

基础篇

第1章 概述

随着人类进入21世纪信息化社会，计算机在各个领域中的应用愈来愈起到重要的作用，而其本身的科学与技术也在日新月异地迅猛发展。众所周知，计算机是由硬件系统和软件系统两大部分组成。硬件系统随着新型半导体材料的应用，以及大规模集成电路技术的不断更新，从1946年第一代计算机开始到目前正在研制的第五代计算机，正在以超越莫尔定律(Moore's Law)的速度飞速发展，而其体积与成本则大幅度地下降。软件系统(无论是操作系统还是应用软件)也随着硬件平台的不断提升、开发技术与手段的不断改进、应用领域的不断拓展，正在越来越广泛深入、细致地得以开发与应用。硬件与软件是相辅相成、缺一不可的，没有软件控制，硬件系统是一堆废铁，而没有硬件平台支撑的软件，则一事无成。然而，要编制完成一定功能的软件，还必须使用一种或多种编程语言来实现。因此，本书将当前较为流行且倍受关注的程序设计语言之一——C语言介绍给读者，为大家今后开发软件或更进一步学习其他程序设计语言打下一个良好的基础。

1.1 程序与程序设计语言

软件是计算机系统必不可少的一部分。那么，什么是软件？什么是程序？程序设计语言是如何分类的呢？本节将给出一个解答。

1.1.1 程序

什么是软件？很难对这个名词给出精确的定义。以前人们认为软件就是程序。但随着软件危机的产生，大家对软件的认识逐渐深刻而清晰起来。目前较为公认的定义是如著名的软件工程专家B. W. Boehm指出的：软件是程序，以及开发、使用和维护所需要的所有文档。国标"软件工程术语"中定义："软件是与计算机系统的操作有关的计算机程序、规程、规则，以及可能有的文件、文档及数据"。由此可以看出，程序只是完整软件产品的一个部分。

国标中规定："计算机程序是按照具体要求产生的适合于计算机处理的指令序列。"也就是说程序是为完成某一特定功能，由编程人员指定的、控制计算机按顺序执行一系列动作的、计算机能够识别的指令集合体。或者说，程序是计算机可以识别和执行的操作处理步骤表示。我国颁布的"计算机软件保护条例"对程序的概念给出了更为精确的描述："计算机程序是指为了得到某种结果而可以由计算机等具有信息处理能力的装置执行的代码化指令序列，或者可被自动地转换成代码化指令序列的符号化序列，或者符号化语句序列。"这就是说，程序要有目的性和可执行性。程序就其表现形式而言，可以是机器能够直接执行的、代码化的指令序列，也可以是机器虽然不能直接执行，但是可以转化为机器可以直接执行的符号化指令序列或符号化语句序列。

因此,程序是由某种程序设计语言编制出来,体现了编程者的控制思想和对计算机执行操作的要求。不同的任务功能,就会需要不同的软件程序,如:控制计算机本身软硬件协调工作,并使其设备充分发挥效力,方便用户使用的系统软件程序,称为操作系统;而为办公自动化(OA)、管理信息系统(MIS)、生产过程控制、计算机辅助设计(CAD)、计算机辅助制造(CAM)、人工智能、电子商务、网络互联等等应用而开发的软件程序,统称为应用软件。

1.1.2 程序设计语言

用于书写计算机程序所使用的语言称为程序设计语言。它是由人工设计的语言,是人与计算机之间交互的工具,它的好坏不仅关系到书写程序是否方便易读,而且影响到程序的质量。

程序设计语言按照书写形式,以及思维方式的不同一般分为低级语言和高级语言两大类。低级语言包括机器语言和汇编语言。

1. 机器语言

机器语言是以二进制代码形式表示的机器基本指令的集合,是计算机系统唯一不需要翻译可以直接识别和执行的程序设计语言。它的特点是运算速度快,每条指令均为0和1的代码串,指令代码包括操作码与操作对象。如:在某一计算机中,1011011000000000这条指令的作用是让计算机进行一次加法。但它的缺点是,机器语言随计算机机型的不同而不同,难阅读、难查错、难修改。通常,只有当编程者对CPU指令系统比较熟悉、需要编写的程序较短时,才有可能直接用机器语言来书写程序。人们为了摆脱编程中这种原始而低级的状态,设法采用一组字母、数字或字符来代替机器指令,这样就产生了汇编语言的概念和方法。

2. 汇编语言

与机器语言相比,使用汇编语言来编写程序可以用助记符来表示指令的操作码和操作对象,也可以用标号和符号来代替地址、常量和变量。如:ADD AX,BX;代表两个寄存器数相加的功能,这种方式便于识别与记忆,执行效率也较高。然而用汇编语言编写的程序不能由计算机直接执行,它必须通过一种具有“翻译”功能的系统支持程序——汇编程序的帮助,将这种符号化语言转换成相应的机器可执行代码,且不同CPU的指令系统其相应的汇编语言不同。如:单板机、单片机、微处理器等,随机器型号、类型的不同,各自的汇编语言不同。

低级语言虽工作效率高,程序逻辑代码量小,但与人们思考问题和描述问题的方法相距甚远,使用繁琐、费时、易出差错,要求使用者熟悉计算机内部细节,非专业的普通用户很难使用。因此,为了方便使用,程序设计语言朝着接近于人们熟悉、习惯的自然语言和数学语言描述的高级化方向发展,形成了各式各样、丰富多彩的各种程序设计高级语言。

高级语言包括各种面向过程和面向对象的程序设计语言。

3. 高级语言

高级语言的出现是计算机编程语言的一大进步。它屏蔽了机器的细节,提高了语言的抽象层次,程序中可以采用具有一定含义的数据命名和容易理解的执行语句。这些接近于自然语言和数学语言的语句,易学、易用、易维护,且在一定程度上与机器无关,给编程带来了极大的方便。

针对不同的应用场合和用途,人们曾设计出几百种高级语言,但经过严酷的优胜劣汰过程,当今较为通用的高级语言也不过几十种。如:描述问题求解过程——面向过程的程序设计语言典型的有:适用于科学计算的FORTRAN语言,适用于商业事务处理的COBOL语言;适用于初学者的BASIC语言;第一个系统体现结构化程序设计思想的教学工具PASCAL语言;功能丰富,移植力强,编译质量高的C语言;以及用于人工智能程序设计的PROLOG语言等等。而着眼于问题域的对象及其相互关系,更加符合人类对客观事物认识过程及思维方式的面向对象程序设计语言典型的有:第一个真正面向对象的程序设计语言Smalltalk语言;嵌入式现代模块化语言Ada语言;对C语言进行革命性扩充与改进的C++语言;以及现在流行的Java、Visual Basic、Visual C++、Delphi等等程序设计语言。

但是,由于计算机硬件不能直接识别高级语言中的语句,因此必须经过"翻译程序",将用高级语言编写的程序翻译成计算机硬件所能识别的机器语言程序方可执行。所以说,用高级语言进行程序设计,其编程效率高、方便易用,但执行速度没有低级语言快。而且针对每一种高级语言的本身设计,既要能满足编程人员的需求,很方便、自然地描述现实世界中的问题,又要能构造出高效的翻译程序,能够把程序设计语言的所有内容翻译成高效的机器指令,也不是一件容易的事情。

1.2　C程序设计语言入门

C程序设计语言是当前功能最为强大、国际上流行最为广泛、适用范围最宽的高级程序设计语言之一。

1.2.1　C语言的发展史

C语言是从BCPL(basic combined programming language)语言和B语言演化而来的。BCPL是1967年由Mantin Richards为编写操作系统软件和编译器而开发的语言。Kem Thompson在模拟了BCPL语言的许多特点的基础上开发出了简单且很接近硬件的B语言,并于1970年在贝尔实验室用B语言在一台DEC PDP－7计算机上实现了第一个Unix操作系统。BCPL和B语言都是"数据无类型"语言,即每一个数据项都占用内存中的一个字,处理数据项的责任落在程序员身上。

C语言(取BCPL的第二个字母)是贝尔实验室的Dennis M. Ritchie在B语言的基础上开发出来的。1972年在一台DEC PDP－11计算机上实现了最初的C语言。C语言既保持了BCPL和B语言的优点(精炼、接近硬件),又克服了它们的缺点(过于简单、数据无类型等),增加了数据类型和其他强大功能,使它作为Unix操作系统的开发语言而开始广为人知。实际上,当今许多新的、重要的操作系统都是用C或C++编写的,并且由于C语言严谨的设计,以及与硬件无关,所以把用C语言编写的程序移植到大多数计算机上是可能的。现在C语言风靡全球,成为世界上应用最广泛的几种计算机程序语言之一。

到20世纪70年代末,C已经演化为现在所说的"传统的C语言"。Brian W. Kernighan和Dennis M. Ritchie在1978年出版的《The C Programming Language》一书中全面地介绍了传统的C语言,这本书已经成为最成功的计算机学经典著作之一。

C语言在各种计算机(有时称为"硬件平台")上的快速推广导致了许多C语言版本。这些版本虽然是类似的,但通常是不兼容的。对希望开发出的代码能够在多种平台上运行的程序开发者来说，这是他们面临的一个严重问题。显然，人们需要一种标准的C语言版本。为了明确地定义与机器无关的C语言，1983年美国国家标准化协会（ANSI——American National Standards Institute）成立了专门的委员会，根据C语言问世以来各种版本对C的发展和扩充，于1987年制定了新的标准，称为ANSI C。1990年，国际标准化组织ISO（International Standard Organization）接受87 ANSI C为ISO C的标准（ANSI/ISO 1899—1990）。Kernighan和Ritchie编著的第二版《The C Programming Language》(1988年出版)介绍了标准版ANSI C的内容。目前广泛流行的C编译系统都是以它为基础的。

30多年来，C语言得以不断完善和发展，具有语言简洁灵活，运算和数据类型丰富，结构化控制语句，程序执行效率高，可移植性好等诸多优点，且同时具有汇编语言和高级语言的特点，因此至今仍是使用最为广泛的高级程序设计语言之一。但是，C语言是一种面向过程的编程语言，已经不能满足目前蓬勃发展的面向对象的软件开发方法的需要。面向对象程序设计方法不再将问题分解为过程，而是将问题分解为对象。对象将自己的属性和方法封装成一个整体，对象间的相互作用通过消息发送来实现，并将对象抽象成类。通过它实现了结构化程序设计方法的层次性和逐步细化的特点，通过封装性解决数据和操作分离的问题，通过继承和多态，大大提高代码的重用性。为此，1980年，美国电报电话公司（AT&T）贝尔实验室研究员Bjarne Stroustrup为C语言扩充了一系列功能，并将其命名为带类的C（C with Class），1983年正式命名为C＋＋。C＋＋支持面向对象的程序设计，经过不断的完善，形成了目前的C＋＋语言。C＋＋语言从C语言发展而来，全面兼容C语言，但是它与C语言的程序设计思想完全不同。

本书作为程序设计语言的入门教材，将以标准C语言为基础全面介绍程序设计的原理、思路和方法。

需要注意的是，目前广泛流行的各种版本C语言编译系统虽然基本部分是相同的，但也有一些不同之处。如在微机上使用的有Microsoft C、Turbo C、Quick C、Borland C等，它们虽功能基本相同，但在使用上略有差异。请读者仔细参阅相关手册，留心自己所用计算机系统配置的C语言编译系统的特点和规定。本书的叙述是以ANSI C为基础，所列程序是在VC＋＋ 6.0或Turbo C上调试通过的。

1.2.2　C语言程序组成简介

下面通过两个简单的C语言程序，从中分析C程序的组成特性。

例1.1　在计算机屏幕上输出一行文字："Hello，everyone!"。

完成该任务的C语言源程序如下：

```
/* 例1.1 */
#include <stdio.h>
void main( )
{
    printf("Hello,everyone! \n");
}
```

程序运行结果：

Hello,everyone!

虽然这个程序非常简单，但它反映了C程序的几个重要特点。下面对上述程序的每一行给予详细分析。

第1行：注释行。注释行以"/*"开头，以"*/"结尾。其间的内容为编程者对程序的注解，可用任何符号书写，也可以任意长度，可以放在程序的任何位置，以提高程序的可读性。注释不会在程序逻辑运行时使计算机执行任何动作。因为C编译器会忽略掉注释行，编译时不产生任何机器语言的目标代码。

第2行：是C预处理程序的一条指令(关于预处理的概念在本书第2部分综合扩展篇中解释)。在编译程序之前，凡以#开头的代码行都先由预处理程序预处理。该行是通知预处理程序把标准输入/输出头文件(stdio.h)中的内容包括到该程序中来(关于头文件的含义在后续章节讲述)。头文件stdio.h中包含了编译器在编译标准输出函数printf时要用到的信息和声明，还包含了帮助编译器确定对库函数调用的编写是否正确的信息。在Turbo C环境中若仅用到标准的输出函数printf和标准的输入函数scanf时，可以省略该行，C语言默认包含。但在VC++ 6.0环境中是不能省略的，故建议每个使用标准输入/输出库函数的C语言程序最好均写上#include <stdio.h>，这样做有助于在编译阶段(而不是执行阶段)让编译器定位程序中的错误，另外也可体现程序的书写规范化。

第3行：void main()表示程序中的"主函数"，每个C程序都必须有且仅有一个main函数。C程序的执行均是由执行main函数开始。void main()定义的是一个无返回值的主函数，关于函数的返回值将在第4章讲解。

第4行与第6行：表示函数体的范围。左花括号"{"是表示函数体的开始，右花括号"}"表示函数体的结束，且左"{"和右"}"必须成对出现，缺一不可。

第5行：为主函数main的函数体。本函数体仅有一条C语言可执行语句。即：标准输出库函数printf(详见第3章)的调用语句。C语言的每条语句是以分号";"为结束标志的，不可缺少。分号被称为语句结束符。该行语句的功能是：调用printf函数将双引号内的字符串输出到屏幕上。但读者会注意到：为什么在输出结果行中没有\n呢？其实\n是转义字符常量(详见第2章)，它表示输出Hello, everyone! 以后进行回车换行操作，保证屏幕上的光标在新行的行首。

注意：花括号内的函数体应采用分层缩进格式书写。这种写法能够突出程序的功能结构，并使程序易于阅读，是一种良好的书写程序习惯，建议初学者应该效仿和保持。至于每层次语句缩进多少距离，以每人的爱好所定，并无严格规定。

例1.2 调用子函数实现求三个整数中的最大值。

```
/* 例1.2  调用子函数实现求三个整数中的最大值 */
# include <stdio.h>                      /* 包含头文件 stdio.h */
void main( )                             /* 主函数 */
{
  int a, b, c, d;                        /* 定义4个整型变量 */
  printf("Enter three integers:");       /* 提示输入3个整型量信息 */
```

```
    scanf("%d%d%d", &a,&b,&c);  /* 从键盘输入 a,b,c 的值 */
    d = max(a, b, c);           /* 调用 max 函数,并将结果赋予 d */
    printf("Max is %d \n",d);   /* 输出 3 个整数中最大值结果 */
  }

  int max(int x, int y, int z)  /* 定义子函数 */
  {
    int w;                      /* 定义子函数内的整型变量 */
    if(x>=y)                    /* 运用控制语句寻找 x,y,z 中的最大值 */
        if(x >=z)
            w=x;
        else
            w=z;
    else
        if(y>=z)
            w=y;
        else
            w=z;
    return w;
  }
```

程序运行结果：

```
Enter three integers:6  3  9↙
Max is  9
```

该程序除例 1.1 分析中所提到的有关说明外，还具有以下几个特点。

(1) 该程序除了主函数 main 和调用标准输入、输出库函数 scanf 和 printf 外，又增加了自定义函数 max 的定义和调用。max 函数的作用是将整型量 x、y、z 中的最大值赋给变量 w，并利用 return 语句将 w 的值返回赋给变量 d(关于函数的定义与调用详见第 4 章)。

(2) 当使用变量时(如：a、b、c、d、x、y、z、w)要先定义其变量类型，如：int a,b,c,d;即声明 a、b、c、d 四变量为整型变量。C 语言中规定，所有使用的变量都必须是先定义后使用，且对于处理不同类型(整型、实型、字符型等)的数据，就有不同的变量类型予以对应(关于变量类型定义详见第 2 章)。

(3) 程序中使用了结构化控制语句 if…else…(详见第 3 章)，增加了程序的判断功能，并且采用缩进格式书写以突出程序的功能结构。

(4) 程序中输出的提示信息：Enter three integers 和 Max is，增加了人机的交互性，是值得在程序设计中提倡的。

(5) 在标准库函数 scanf 和 printf，以及自定义函数 max 的调用中，还涉及了格式字符 %d，取地址运算符 &，形参实参传递等内容，有待后续章节详解。

通过以上例子的分析可知

(1) C语言是由函数组成的,函数又可分为主函数main、标准库函数和自定义函数。

一个完整的C程序必须包含,且只能包含一个main函数,无论它处于程序的何种位置(main函数可以放在程序的前头,也可放在程序的最后,或在一些函数之前,在另一些函数之后),程序总是从main函数开始执行,并且也可以只有main函数,而没有其他函数。

标准库函数(scanf和printf函数)并不是C语言的一部分,它是人们根据需要编制并存储在C系统中,提供给用户共享的函数集。每一种C编译系统都提供了一批库函数,尽管不同的编译系统所提供的库函数的数目和函数名,以及函数功能是不完全相同的,但是它们的充分利用,可以提高共用函数的复用率,减少编程人员的工作量,加快编制程序的速度。ANSI C提供上百种库函数,分别存储在15个头文件(＊＊＊.h)之中(详见附录Ⅲ)。所以说,学习C语言一部分是学习其语言本身,另一部分是要学习如何使用库函数。

自定义函数是编程者根据需要自己编制设计的函数(如:例1.2中的max函数)。它完成一定的功能,并构成独立模块,供本程序一次或多次调用。是结构化(或称模块化)程序设计的重要组成部分。

(2) 一个函数是由两部分组成的,即:函数首部 ＋ 函数体。

函数首部即为函数的第一行。如例1.1、例1.2中的void main()和int max(int x,int y,int z),它包括了函数的返回值类型,函数名,函数有无形参,有参函数其形参的类型、名称、个数及顺序等信息。

函数体即为包含在{ }内的部分。它又分为声明部分(如例1.2中的int a,b,c,d;和int w等)和为完成功能任务由若干个C语句组成的执行部分。

有关函数的概念及含义将在第4章详解。

(3) C程序书写格式自由,一行内可以写多个语句,也可以将一个语句分写在多行上。但是,为了提供友好的人机界面,增加人机的交互性,提高程序的易读性,编程人员要养成良好的程序书写习惯,如:增加相应的输入输出提示信息,函数体内采用分层缩进和模块化的书写方式,不把多条语句写在程序的同一行上等等。

1.2.3 C程序从开发到执行的过程

任何程序只要不是用机器指令编写的,在运行前都必须通过一定的翻译程序先被转换成相应的机器代码指令序列,然后装入内存,再由CPU执行其指令序列,完成编程人员欲达到的任务功能。C程序从开发到执行通常要经过六个阶段,即编辑、预处理、编译、连接、加载和执行,其流程如图1.1所示。

1. 编辑

程序员在编辑器环境下,键入所编写的C程序,并在需要的时候用编辑器对其进行修改,然后给定一文件名(其扩展名在Turbo C下为.c而在VC＋＋ 6.0下为.cpp,如:file2.c或file.cpp)作为C的源程序存入存储设备中(如:硬盘、磁盘等)。

2. 预处理

当程序员发出编译该程序的命令后,C的编译程序首先自动启动预处理程序,执行程序中的预处理指令(如:＃include＜stdio.h＞等),即:根据预处理命令对程序做相应的处理。例如将其他所包含的文件内容嵌入本程序之中,或者用程序文本替换专门的定义符号等等(关于为什么要进行预处理，预处理包含哪些内容的详细情况参见本书第 2 部分）。

3. 编译

编译是将 C 语言所编写的源程序翻译成机器代码，也称为建立目标代码程序的过程。它包括词法和语法分析、查错，目标代码生成，优化等功能。当源程序有词法或语法错误时，编译器会给出相应的出错信息以供查找修改；若无编译错误，则生成目标程序（以原文件名.obj的形式）存入存储设备。

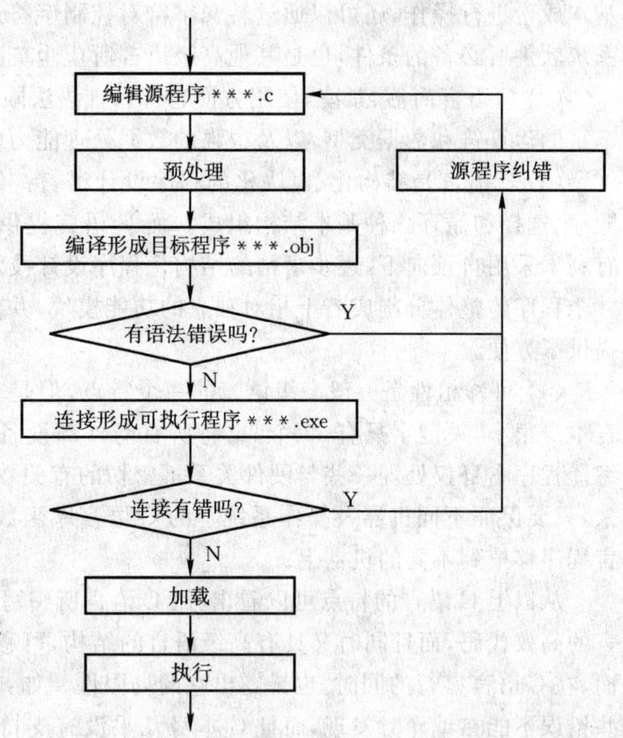

图 1.1　C 程序从开发到执行的流程

4. 连接

C 程序通常会引用定义在其他地方的函数，如标准库中的函数或从事特定项目的一组程序员公用库中的函数，C 编译器所产生的目标代码通常会缺少这部分内容。因此，当程序员发出连接命令后，连接程序把目标代码和这些函数的代码连接起来产生可执行代码程序（以原文件名. exe 的形式）存入存储设备。若连接过程有错，连接程序会给出出错信息。

5. 加载

当程序员发出执行该程序指令时，加载程序从存储设备中取出可执行代码程序装入计算机的内存中，以待 CPU 执行。

6. 执行

当加载程序完成可执行程序装载任务后，CPU 按照指令开始执行该程序，处理需要处理的数据，完成编程人员所设想完成的任务。

对于以上 C 程序从开发到执行的六个阶段，在不同 C 环境（Unix C、Turbo C、VC 等）下，其过程是大同小异的。本书在第 10 章中提供了两种 C 语言环境（Turbo C 和 VC＋＋ 6.0）的操作说明，供读者参考。

1.3　C 语言的特点

C 语言，它集低级语言与高级语言于一体，被人称之为“中级语言”，或称之为“高级语言中的低级语言”，具体表现如下。

(1) C 语言可以编写出效率几乎接近于汇编语言代码的程序。它提供了如高效的＋＋及－－运算，用指针处理数组，用零和非零作为逻辑值，以及寄存器变量等功能，充分利用这些功能可编写出高效的程序。另外，C 语言可以像汇编语言那样对位、字节和地址这些计算机中的基本成份进行操作,还可以通过转义字符对控制字符进行处理,这些是编写与硬件密切相关的系统软件所必备的条件,也是其他高级语言所望尘莫及的。

(2) C语言简洁、紧凑,使用方便、灵活,且语法限制不太严格,程序设计自由度大,并且有丰富的运算符和数据类型,以及很强的数据处理能力,可以使编程人员写出很简练的程序。

(3) C语言是结构化、模块化的程序设计语言。结构化程序设计要求程序的逻辑结构由顺序、选择和循环三种基本结构组成。而C语言提供了编写结构化程序所需要的语句,十分有利于采用自顶向下,逐步求精的结构化程序设计技术。另外,C语言的函数结构非常便于把一个程序的整体分割成若干相对独立的功能模块,并为程序模块间的相互调用以及数据传递提供了方便。

(4) 可移植性是一般高级语言的一个特点,但是C语言在这方面却有其独特之处。C语言本身很小,关键字只有32个,它将所有与外部设备有关的控制部分都抛给了库函数,而C编译程序本身仅处理一些与硬件关系不密切的有关数据类型及程序的流程控制问题。这样一来,只要保证不同机器及操作系统下的C语言库函数接口的一致性,就可以很容易地将C语言程序移植到不同的机器上。

从以上C语言的特点可以看出:用C语言所编写的程序既可以产生出几乎接近于汇编语言的高效代码,而且同时又具有高级语言的结构,可移植性强,这正是C语言的魅力所在。然而,在C语言盛行的同时,也暴露出它的局限性。如:C类型检查机制相对较弱,使程序中的一些错误不能在编译时发现,而且C本身几乎没有支持代码重用的语句结构,一个程序员精心设计的程序很难为其他程序所用。另外,当程序的规模达到一定的程度时,程序员很难控制程序的复杂性。因此,C语言也需要不断地改进与发展。

当然对于以上C语言的优缺点,初学者是很难体会和理解的,只有通过进一步地学习和编程实践才能逐步地加深认识。本书将在以后的章节中以循序渐进地方式讲解C语言的基本原理及结构,使读者体会和掌握C语言的程序设计思想与技术,逐步达到融会贯通、运用自如的目的。

习　题

1. 什么是软件? 什么是程序?

2. C语言的主要用途是什么? C语言与其他高级语言比较有什么特点?

3. C语言程序由哪几部分组成?

4. C语言程序从开发到执行一般需要几个阶段? 各阶段的作用是什么?

5. 编写一个C语言程序,要求输出以下文字(仿例1.1):

   I am a student,I love China.

6. 编写一个C语言程序,输入a,b,c三个值,计算并输出其平均值(仿例1.2)。

7. 学习掌握C语言程序的编辑、编译、连接、调试和运行的步骤和方法,上机运行习题1.5、1.6及例1.1、例1.2的C语言程序。

第2章　基本数据类型、运算符及表达式

从上一章C程序举例及程序开发到执行的过程可知，程序的最后执行需要将可执行代码及待处理的数据加载至内存。因此，计算机内存不仅要为可执行代码程序留出保存空间，还要为待处理的数据留出相应的空间。然而数据是以各种各样的类型存在，如整数、实数、一个字符或一段文字等等，不同类型的数据存放时所占的内存空间(即字节数)是不一样的。所以，在程序或函数中用声明语句对程序中要处理的数据进行类型定义，其目的就是为不同类型的数据开辟不同的存储空间，以便进行处理与存储。本章将从基本数据类型的定义出发，引入对数据进行处理的运算符及表达方式的功能介绍，为以后进一步学习编程打下基础。

2.1　基本数据类型

2.1.1　C的数据类型

C语言的数据类型是比较丰富的，其分类如图2.1所示。

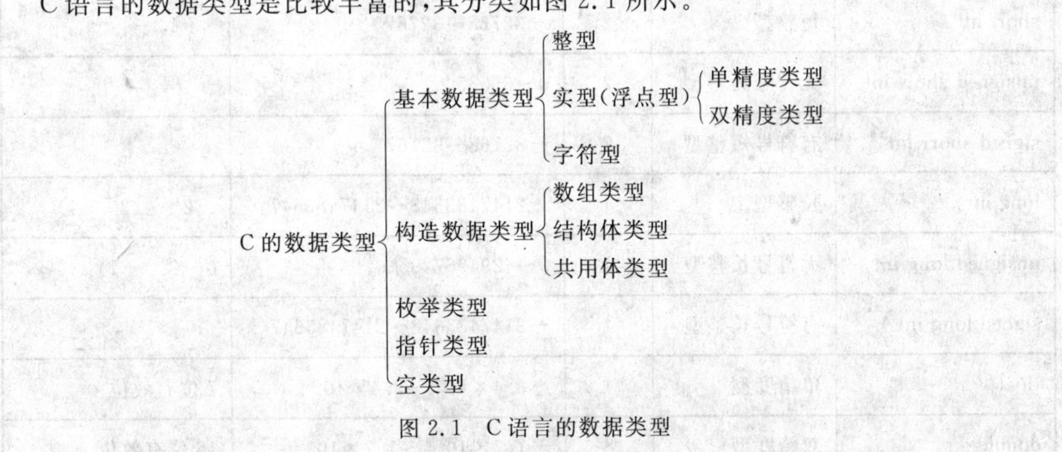

图2.1　C语言的数据类型

在C程序中所用到的数据都必须指定其数据类型，也就是说指定了数据的类型，就定义出了数据在计算机内存中所占的空间字节数。但应注意，在不同的计算机上(如：支持16位、32位或64位运算的计算机等)，或者同一计算机上运行不同的C语言编译系统(如：Turbo C或VC++等)，其数据类型所占的内存空间字节数有可能是不相同的。例如：在16位计算机或在Turbo C中，整型数据占2个字节；而在32位计算机或在VC++中，整型数据占4个字节。这就要求使用者熟悉自己所使用的计算机以及C语言编译系统。简单地了解数据类型所占空间的办法是采用sizeof运算符(其功能将在后续章节讲述)来进行检测。

2.1.2　C的基本数据类型

C语言的数据类型多种多样，而基本数据类型是其他各种数据类型的基础。因此，本节仅

介绍其基本数据类型,其他数据类型将在后续章节中逐步介绍。

C的基本数据类型包括:整型、实型(单精度型、双精度型)、字符型三种。其声明的关键字为int(整型,integer的缩写),float(单精度型),double(双精度型)和char(字符型,character的缩写)。

除上述三种基本数据类型关键字外,还有一些数据类型修饰符,它用来补充基本类型的意义,以便更准确地适应各种情况的需要。修饰符有:long(长型)、short(短型)、signed(有符号)和unsigned(无符号),这些修饰符与基本数据类型的声明关键字组合,可以表示不同的数值范围,以及数据所占内存空间的大小。表2-1给出了基本数据类型和基本数据类型加上修饰符以后,各数据类型所占的内存空间字节数和所表示的数值范围(以16位计算机为例,即按标准ANSI C描述)。

表2-1 常用基本数据类型描述

类 型	说 明	字节	数值范围	备注
int	整型	2	−32768～32767	$-2^{15}\sim(2^{15}-1)$
unsigned int	无符号整型	2	0～65535	$0\sim(2^{16}-1)$
signed int	有符号整型	2	−32768～32767	
short int	短整型	2	−32768～32767	
unsigned short int	无符号短整型	2	0～65535	
signed short int	有符号短整型	2	−32768～32767	
long int	长整型	4	−2147483648～2147483647	$-2^{31}\sim(2^{31}-1)$
unsigned long int	无符号长整型	4	0～4294967295	$0\sim(2^{32}-1)$
signed long int	有符号长整型	4	−2147483648～2147483647	
float	单精度型	4	$-3.4\times10^{38}\sim3.4\times10^{38}$	7位有效位
double	双精度型	8	$-1.7\times10^{308}\sim1.7\times10^{308}$	15位有效位
long double	长双精度型	10	$-3.4\times10^{4932}\sim3.4\times10^{4932}$	19位有效位
char	字符型	1	−128～127	$-2^{7}\sim(2^{7}-1)$
unsigned char	无符号字符型	1	0～255	$0\sim(2^{8}-1)$
signed char	有符号字符型	1	−128～127	

说明:

(1) short只能修饰int,且short int可省略为short;

(2) long只能修饰int和double,修饰为long int时,可省略为long;

(3) unsigned 和 signed 只能修饰 char 和 int，一般情况下，char 和 int 被默认为 signed 型。实型数 float 和 double 总是有符号的，不能用 unsigned 修饰；

(4) C 语言中的数据有常量和变量之分，它们分别属于以上这些类型；

(5) 在不同的编译环境中，基本数据类型所占内存的字节数可能与表 2-1 中的描述有所不同，可以表示的数值范围也会有相应的变化。例如，在 VC 环境中，int 类型占 4 字节，而 short int 类型占 2 字节；float 类型和 double 类型所占字节数和表 2-1 中一致，而 long double 占 8 个字节。关于这些细小的环境差异，读者需要在应用中适当关注。

2.2　常量

在程序运行中，其值不能被改变的量称之为常量。在基本数据类型中常量分为：整型常量、实型常量、符号常量和字符型常量（含字符常量和字符串常量），现分别介绍如下。

2.2.1　整型、实型及符号常量

1. 整型常量

整型常量即为整型常数，可用十进制、八进制和十六进制三种形式表示。

(1) 十进制整型常量由 0～9 的数字组成，没有前缀，不能以 0 开始，没有小数部分。如：－123，0，456 等。

(2) 八进制整型常量，以 0（数字 0）为前缀，其后由 0～7 的数字组成，没有小数部分。如：0123（等于十进制数的 83），047（等于十进制数的 39）。

(3) 十六进制整型常量，以 0x 或 0X 为前缀，其后由 0～9 的数字和 A 到 F（大小写均可）字母组成，没有小数部分。如：0x123（等于十进制数的 291），0x7A（等于十进制数的 122）。

整型常量中的长整型数据可用 L（或小写字母 l）作后缀表示。如：1234L，5678l 等。

整型常量中的无符号型数据可用 U（或 u）作后缀表示。如：1234U、5678u 等，如果一个整型常量的后缀是 U（或 u）和 L（或 l），或者是 L 和 U，都表示为 unsigned long 类型的常量。如：12345UL，67890ul 等。

2. 实型(浮点型)常量

实型常量是由整数部分和小数部分组成的，它只有十进制的两种表示方式。

(1) 定点数形式。它由数字和小数点组成。整数和小数部分可以省去一个，但不可两者都省，而且小数点不能省。如：1.234，.123，123.，0.0 等。

(2) 指数形式（或称科学表示法）。它是在定点数形式表示法后加 e（或 E）和数字来表示指数。指数部分可正可负，但须为整数，且应注意字母 e（或 E）之前必须有数字。如：1.234e3，12.34e2 均合法地代表了 $1.234 * 10^3$；而 e3，1e2.3，.e3，e 均不合法。另外，实型常量的后缀用 F（或 f）表示单精度型，而后缀用 L（或 l）表示长双精度型。如：0.5e2f 表示单精度数，3.6e5L表示长双精度数。

3. 符号常量

定义一个符号（也称标识符）来代表一个常量出现在程序中，这种相应的符号（标识符）称为符号常量。例如，用 PI 代表圆周率 π，即 3.1415926。使用符号常量有许多好处，一是增加

可读性。在程序中出现具有一定意义的符号常量时,一看便能帮助读者了解其含义,即见名知义。如:PI代表π,PRICE代表价格等。二是增强了可维护性。使用符号常量可使修改变得更加方便。例如:在程序中直接使用某个常量,且该常量在程序中多处出现,若需修改该常量时,则需在每处出现该量的地方都加以修改,容易漏改或改错。如果使用符号常量,则只要修改其定义处即可,即一改全改。如:程序中出现某一商品的价格,且多处需要用此价格进行计算或统计,若用PRICE符号常量代表价格,一旦需要改变价格,只要修改PRICE的定义处即可。

在C语言中,是用编译预处理命令#define(后续章节详讲)来定义符号常量。如:

```
#define PI 3.1415926
#define PRICE 38.5
```

这种语句的格式是在#define后面跟一个标识符再跟一串字符(注意:不是数值),彼此之间用空格隔开。由于它不是C语句,故句末不用分号。当程序被编译时,它先被编译预处理。即预处理遇到#define时,就用标识符后的字符串,替换程序中的所有该标识符。

注意:编程序者如何写字符串,预处理不做错误检查,只是替换。如:3.1415926中的1,若输入时键入了小写字母l,即:3.l415926,不好分辨。在预处理时,它就将这一错误字符串代入符号常量标识符处,导致运算错误。

例2.1　符号常量的使用。

```
#include <stdio.h>
#define PI 3.1415926                        /* 定义符号常量PI */
void main()                                 /* 计算半径为1的圆面积及圆球体积 */
{
    int r=1;
    float area, volume;
    area=PI*r*r;
    volume=4*PI*r*r*r/3;
    printf("area=%f,volume=%f\n",area, volume); /* %f为单精度数输出格式 */
}
```

在对该程序进行编译时,预处理首先将出现PI的地方用3.1415926字符串替换。若想要修改3.1415926为3.14,只要修改 #define PI 3.14 即可。

注意:习惯上,符号常量标识符用大写字母写出,以示与变量名区别。另外,符号常量标识符一旦定义,就不能在其他地方给该标识符再赋值。如:PI=3.14;是错误的。

2.2.2　字符型常量

字符型常量包含字符常量和字符串常量两类。

1. 字符常量

用一对单引号括起来的一个字符,称为字符常量。例如:'a'、'A'、'3'、'?'等。它的实际含义是该字符在内存中的编码值,常用的是以ASCII编码来表示字符(见附录I)如:'a'的编码值是97,'A'的编码值是65,'3'的编码值是51而不是数值3。

除了以上形式的字符常量外，C 还允许使用一种特殊形式的字符常量，即以反斜杠符(\)开头，后跟字符的字符序列，称之为转义字符常量，用它来表示控制及不可见的字符(见表 2-2)，它同样表示的是该转义字符的 ASCII 码值，如：'\n'表示换行，其 ASCII 码值为 10，'\a'表示响铃，其 ASCII 码值为 7 等。

表 2-2　C 常用转义字符常量

字符形式	含　义	ASCII 码值
\a	响铃	7
\n	换行符，即光标由当前位置下移，开辟新的一行	10
\r	回车符，即将光标由当前位置移到本行行首	13
\t	水平制表符，即跳到下一个输出区(tab 键功能)	9
\b	退格符，即 backspace 键功能	8
\\	反斜杠字符(\)	92
\'	单引号字符(')	39
\"	双引号字符(")	34

对于转义字符除用上述表示方式外，还可以用反斜杠(\)后跟八进制或十六进制表述 ASCII 码值的方法来表示。即：

\ddd，　　ddd 代表 1～3 位的八进制数。

\xhh，　　hh 代表 1～2 位的十六进制数。

例如：

字符'A'可表示为：'\101'或'\x41'；

换行符'\n'可表示为：'\012'或'\x0A'；

笑脸符'☺'可表示为：'\002'或'\x02'；

在实际应用中，有图形符号的可打印字符，常用其图形符号来表示；而无图形符号的不可打印字符，常用转义字符表示。如：字符 a，用'a'表示，而响铃符用'\a'或'\007'或'\x07'来表示。

2. 字符串常量

用一对双引号括起来的字符序列，称为字符串常量。

例如：

"The C Programming Language"

"One\nTwo\nThree"

"$123.45"

"\"UNIX SYSTEM \""

由上述例子可知，字符串中可以是任一字符，包括转义字符。但当字符串本身包括双引号时,必须用转义字符'\"'表示,防止二义性的解释。

系统处理字符串常量时,仅存放双引号之间的字符序列,即将它们按其字符(以ASCII码值的形式)顺序存放(包括空格符,其ASCII码值为32)。为了表示字符串的结束,系统自动在字符串的最后加一个空操作字符"\0"(其ASCII码值为00)。也就是说系统实际存放字符串时所占用的字节个数要比本身字符串的字符个数多一个。例如:

"Hello" 存储形式 → | H | e | l | l | o | \0 |

'b'和"b" 存储形式 → | b | | b | \0 |

但在输出字符串时,"\0"是不被输出的。如:printf("Hello, everyone! \n");系统在存储时会在"\n"后自动加上"\0"字符,在输出时一个一个字符地输出,直到遇到"\0"字符才停止输出。另外,字符常量与字符串常量所具有的操作功能不同。例如:字符常量可以做加法和减法运算,而字符串常量不具有这种运算,但字符串常量可以进行连接、拷贝等操作(这些将在本书的后续章节中进行讲解)。

2.3 变量

程序在运行过程中,除使用常量外,还必不可少的要从外部或内部接收数据存放起来,并将处理过程中产生的中间结果,以及最终结果保存起来,因此,需要引入变量的概念来存放其值可以改变的量。

变量具有三个基本要素:名字、类型和值。

2.3.1 变量的名字

变量的名字是用标识符来表示的。C语言规定变量的标识符只能由字母、数字和下划线一系列字符组成,且一般应遵守如下规则:

(1) C系统中规定的保留字,即关键字(见表2-3,其含义在本书中遇到时给予解释),不可作为变量名、函数名、构造类型名等其他名字使用;

表2-3 C语言的保留关键字

auto	break	case	char	const	continue	default
do	double	else	enum	extern	float	for
goto	if	int	long	register	return	short
signed	sizeof	static	struct	switch	typedef	union
unsigned	void	volatile	while			

(2) 变量名不能以数字开头,第一个字符可以是字母或下划线;

(3) 命名变量应尽量做到"见名知义",这样有助于记忆,增强可读性;

(4) C语言中同一字母的大小写被认为是两个不同的字符,变量名一般常用小写字母表示。

例如下面一些变量名:

合法变量名：sum，Sum，average，total_commissions，_MyCar，Bits32

非法变量名：int，12_day，zh. y. ，$125，a+b

2.3.2　变量的定义

C 语言中变量的定义是用一条说明语句进行的，其格式如下：

变量类型　变量名表列；

其中，变量类型，即为变量所存储数据的类型，如：整型、实型、字符型……

变量名表列，即为同一类型下不同变量名的列表。在多个变量名时，其间用逗号隔开。

例如：

```
int   m,M,n;           /* 定义m,M,n为存放整型数据的整型变量 */
float   a, b, c;       /* 定义a,b,c为存放单精度型数据的实型变量 */
double   x, y, z;      /* 定义x,y,z为存放双精度型数据的实型变量 */
char   c1,c2;          /* 定义c1,c2为存放字符型数据的字符型变量 */
```

注意：

(1) C 语言规定，所有用到的变量必须是先定义，后使用。其目的是：指定一个变量的类型不仅决定了该变量存储在内存中所占的空间（字节数）的大小，而且也规定了该变量的合法操作，以及检测使用该变量的正确性。

例如：上述定义表明，按类型 m、M、n 各占 2 个字节，a、b、c 各占 4 个字节，x、y、z 各占 8 个字节，c1、c2 各占 1 个字节。按合法操作 m 与 n 为整型变量可以进行求余运算（m%n），而 x、y 为实型量则不能进行求余运算。此外，在程序中若错用了大写的 C 或 X，则认为是未定义变量。

对于变量存储单元的分配、运算合法性，以及未定义变量的检测等功能均由 C 系统在编译时自动完成。若有错误的话，编译系统会给出出错信息。

(2) 定义变量的声明语句必须放在任何可执行语句之前，否则将出现编译错误信息。

(3) 在同一函数内，不可以定义同名变量，而在不同函数中可以定义同名变量，互不影响。

(4) 变量除了具有数据类型外，还有存储类型、变量的作用域与生存期等。

关于以上注意事项中不易理解的内容将在后续章节中逐步深入讲解。

2.3.3　变量的值

变量的值，即为其存储的数据值。要给定义的变量赋值，有两种途径。

一种是在定义的同时用赋值运算符“＝”给变量赋初值，称之为变量的初始化，它是系统在编译时完成的。一旦变量被初始化后，它将保留此值直到被改变为止。例如：

```
int   i=1, j=2, k;
float w=1.5, u=2.5, v;
char c1='A',c2;
```

另一种是在程序执行后，执行语句动态的改变变量的值。例如：

```
i=i+1; j=i-1; k=i+j;
v=k+u; c2=c1+32;
```

注意：在定义变量时，若没有对其进行初始化，按目前的存储类型（默认 auto 型），该变量的内容是一个无意义的随机数值。

2.4 运算符与表达式

以上章节介绍了数据的类型,以及常量、变量的概念和定义,那么如何对这些数据进行处理呢?这就需要依靠代表一定运算功能的运算符将运算对象(也称操作数)连接起来,并且以符合C的语法规则构成一个说明运算过程的式子——表达式来完成数据的处理。其运算对象包括常量、变量、函数等。

2.4.1 C运算符概述

C语言的运算符是非常丰富的,且应用范围很宽,可以按功能和操作数的个数来对运算符分类。

(1) 运算符按照其功能可分为:

① 算术运算符　　(+ - * / % ++ --)

② 关系运算符　　(> >= < <= == !=)

③ 逻辑运算符　　(! && ||)

④ 位运算符　　(<< >> ~ | ∧ &)

⑤ 赋值运算符　　(= 复合赋值运算符)

⑥ 条件运算符　　(? :)

⑦ 逗号运算符　　(,)

⑧ 指针运算符　　(* 和 &)

⑨ 求字节数运算符　　(sizeof)

⑩ 强制类型转换运算符　　((类型标识符))

⑪ 分量运算符　　(· —>)

⑫ 下标运算符　　([ ])

⑬ 其他　　(如函数调用运算符())

(2) 运算符按其连接运算对象的个数可分为:

① 单目运算符(仅对一个运算对象进行操作)

! ~ ++ -- -(取负号) (类型标识符) * & sizeof

② 双目运算符(该运算符连接两个运算对象)

+ - * / % < <= > >= == != << >> & ∧ | && || = 复合赋值运算符

③ 三目运算符(该运算符连接三个运算对象)

?:

④ 其他

( ) [ ] · —>

(3) C运算符的优先级及结合性

学习C的运算符,不仅要掌握各种运算符的功能,以及它们各自可连接的操作数个数,而且还要了解各种运算符彼此间的优先级及结合性。

① 优先级：指在表达式中存在不同优先级的运算符参与操作时，总是先做优先级高的操作。也就是说优先级是用来标志运算符在表达式中的运算顺序的。

② 结合性：指在表达式中各种运算符优先级相同时，由运算符的结合性确定表达式的运算顺序。它分为两类：一类运算符的结合性为从左到右（多数运算符），这是人们习惯的运算顺序；另一类运算符的结合性是从右到左，它们是：单目、三目和赋值运算符。

例如：a+b*c　乘法优先级高于加法，所以该表达式先做 b*c，其结果再与 a 相加。

a+b-c　加法、减法优先级相同。则该+、-的结合性从左向右运算。

注意：表达式仅仅是用运算符将运算对象连接起来，表示一个运算过程的式子，当其后加上分号“;”时，才构成 C 语言可以执行的表达式语句。如：d=a+b-c 仅为表达式，而 d=a+b-c;为表达式语句，这一点提醒初学者注意。

本章仅介绍几种简单常用的运算符及其表达式和它们的使用，供初学者学习。关于其余运算符的功能、优先级以及结合性将在后续章节中逐步介绍，其详细列表见附录Ⅱ。

2.4.2　算术运算符与算术表达式

1. 算术运算符

单目运算符：-（取负），+（取正）

单目运算符的优先级要比双目运算符高。

双目算术运算符：+（相加）、-（相减）、*（相乘）、/（相除）和 %（取余数），这 5 个运算符中 *、/和 % 优先级相同且高于+、-，而在优先级相同的情况下，这 5 个运算符的结合性均是从左到右。

关于加、减、乘、除四则运算在此不再赘述，但有如下两点需要强调。

(1) 两个整数相除其结果为整数，即只取商的整数部分，不取小数部分。

如：3/2 的结果为 1，2/3 的结果为 0。

(2) % 是取两整数相除后余数的运算符，它只适用于整数的运算。

如：3 % 2 的结果为 1，2 % 3 的结果为 2。

2. 自增与自减运算符(++ 与 --)

单目运算符：++，--

C 语言提供了特有的自增、自减运算符，它们的操作对象只有一个且只能是简单变量（如：变量名、数组的下标变量、结构及共用体成员、以及指针变量等）。其同时完成的功能有两个：一是取由该运算符构成的表达式的值，二是实现简单变量（即运算对象）自身的加 1 或减 1 运算。

++、--运算符作用于简单变量有两种方式：一种是前缀方式，即运算符在简单变量的前面，如++a 或--a；另一种是后缀方式，即运算符在简单变量的后面，如：a++ 或 a--。因此，可以由自增和自减运算构成以下 4 种运算。设 a 为基本数据类型的变量，则：

a++ 表示先取 a 的值，再使 a+1 ⇒ a；

++a 表示先使 a+1 ⇒a，再取 a 的值；

a-- 表示先取 a 的值，再使 a-1 ⇒ a

--a 表示先使 a-1 ⇒ a，再取 a 的值。

注意：

(1) 当a为基本数据类型的变量时，++ 或-- 表示对a的增1或减1，但是当a为指针类型或数组下标变量等时，其增1减1的概念与此处单纯的增1减1是不一样的，请读者注意后续章节该概念的不同之处。

(2) 虽然对于基本数据类型的变量进行++、-- 运算，完全可用a = a ± 1完成，但使用++、-- 运算可以提高程序的执行效率。这是因为++、-- 运算只需要一条机器指令就可完成。而a = a ± 1则要对应三条机器指令。

(3) 自增、自减运算符的操作数只能是简单变量，不能是常数或是带有运算符的算式。即5++、--(a+b)是错误的，因为它们无存储空间。

例2.2　++、-- 运算符应用举例。

```
#include <stdio.h>
void main( )
   {
   char ch1='A',ch2,ch3;
   int  i=5, j, k;
   ch2=ch1++;
   ch3=++ch1;
   j=i--;
   k=--i;
   printf("ch1=%c, ch2=%c, ch3=%c\n",ch1,ch2,ch3);
   printf("i=%d, j=%d, k=%d\n", i, j, k);
   }
```

程序运行结果：

```
ch1=C, ch2=A, ch3=C
i=3, j=5, k=3
```

在上述程序的第6行，++ 运算符是以后缀的形式作用于ch1，所以，先取ch1的值赋给ch2，然后ch1+1⇒ch1。因此，该语句执行完后ch2的内容为‘A’的ASCII码值，ch1的内容为‘B’的ASCII码值；而第7行++ 运算符是以前缀的形式作用于ch1，所以先使ch1+1⇒ch1，即ch1的内容由‘B’变为‘C’的ASCII码值，然后再将ch1的值赋给ch3。对于i、j、k的运算，请读者自己推算。

3. 算术表达式

算术表达式：用算术运算符将运算对象连接起来，符合C语法规则，并能说明运算过程的式子，称为算术表达式。

例如：假设a,b,c,d,e,f均为整型量，

$$(a + b * c - d / e) \% f$$

是一个合法的C算术表达式，该表达式的求值是先括号内的乘、除与加、减，然后其括号的结果再与f做求余运算，该表达式运算结果的数据类型是整型，而该表达式中运算符的结合

性，均为自左至右。

2.4.3　表达式中数据间的混合运算与类型转换

在表达式所表述的运算过程中，运算符所处理的数据不可能都是同一类型。例如：

$$(a + b * c - d / e) \% f \tag{2-1}$$

其中定义：char a；　int b,f；　float c,d；　double e；

这是一个存在不同类型运算的 C 表达式，那么这个表达式是否正确？是否可以得到正确的运算结果呢？从 C 语言关于不同数据类型混合运算的规定中可以得到答案。

C 语言规定：相同类型的数据可以直接进行运算，其运算结果还是原数据类型。而不同类型的数据运算，需先将数据转换成同一类型，然后才可进行运算。这种在表达式中数据类型的转换可分别由两种转换形式完成：一种是数据类型的隐含转换，另一种是数据类型的强制转换。

1. 数据类型的隐含转换

一般来讲，对于由算术运算符、关系运算符、逻辑运算符和位操作运算符组成的表达式，要求这些双目运算符所连接的两个操作数的类型要一致。如果两个操作数的类型不一致，则将类型低的操作数类型转换为类型高的操作数的类型，即系统把占用存储空间少的类型向占用存储单元多的类型转换，以保证运算的精度。

各种类型的精度高低顺序如下所示：

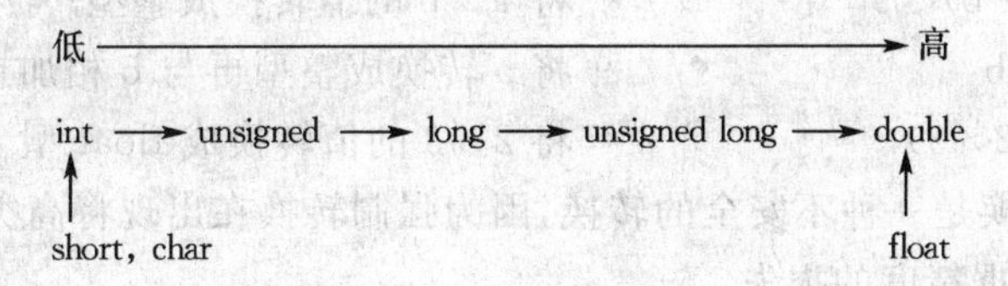

如果数据类型的转换方式是由 C 语言系统自动完成的，那么称之为数据类型的隐含转换。

注意：

(1) 在不同数据类型转换的过程中，其类型转换的顺序不是按箭头方向一步一步地逐步进行，而是可以没有中间的某个类型。例如：一个 int 型数据与一个 float 型数据相运算，则系统先将 int 数据和 float 数据均自动地转换为 double 型数据，然后再进行运算。

(2) 在表达式中若有不同类型的数据进行运算时，什么时候需要进行类型转换，主要取决于运算符的优先级，以及运算符的结合性。

例如：按(2－1)式数据类型的定义，其表达式(a+b * c－d/e)%f 的运算及数据类型转换的顺序如下。

首先进行括号内的运算。b * c (b 和 c 由原来的 int 和 float 型均转换为 double 型，其运算结果为 double 型) →a+(b * c) (a 由 char 型转换为 double 型，再与 b * c 的结果相加，运算结果为 double 型)→d/e (d 由 float 型转换为 double 与 e 运算，结果为 double 型)→ (a+b * c) －(d/e) (该表达式两操作数均为 double 型，所以结果也为 double 型)。

其次将(a+b * c－d/e)的运算结果与 int 型的 f 进行求余(%)运算。但是，求余运算符只能在两个整型量之间进行,因此,必须将括号内的 double 型运算结果转换成 int 型结果才符合语法规则。然而,这种指定数据类型的方法必须用强制类型转换来完成。

(3) 数据类型的各种转换只影响表达式的运算结果,并不改变原变量的定义类型。

如上例所述,尽管在表达式运算中说变量 a、b、c、d 的数据类型发生了转换,其实质是原变量定义的类型和数据并没有发生变化,只是在参与运算时产生临时结果,以保证运算精度。

2. 数据类型的强制转换

数据类型的强制转换,就是将某种数据类型采用一定的方式强制地转换为指定的数据类型。这种转换也分为显式强制转换和隐式强制转换两种。

(1) 显式强制类型转换。它是通过强制类型转换运算符来实现的,是在一个数值、变量或表达式前加上带括号的类型标识符。其一般形式为:

(类型标识符)(表达式)

例如:(2-1)式的(a+b*c-d/e)为 double 型运算结果,只有强制转换成 int 型才可与 f 进行求余(%)运算。强制类型转换表达式为:

(int)(a+b*c-d/e)%f

注意:

① 强制类型转换形式中的表达式,一定要用括号括起来,否则仅对紧随强制转换运算符的量进行类型转换。而对单一数值或变量进行强制转换,则可不要括号。

例如:

```
(int)(a+b)          /* 将 a+b 的值转换成整型 */
(int)a+b            /* 将 a 转换成整型再与 b 相加 */
(float)(2%3)        /* 将 2%3 的值转换成 float 型 */
```

② 强制类型转换是一种不安全的转换,因为强制转换在出现将高类型转换为低类型的转换中,有可能造成数据精度的损失。

例如:

```
double  f=3.85;
int     h;
h=(int)f;
```

这里由于将 double 型的 f 强制转换为 int 型,使 h 的值为 3,f 的小数部分被舍弃,损失了数值精度。

③ 强制类型转换的结果是一个指定类型的中间值,而原来变量的类型未被改变。例如:(int)f,其结果是得到一个整型量 3,而 f 的原 donble 型并未改变,f 内的值也未改变。

例 2.3 显式强制类型转换举例。

```
#include <stdio.h>
void main( )
{
 int m=234, n=456;
 printf("m*n/6 = %d\n",m*n/6);
 printf (" (long)m*n/6 = %ld, m = %d\n",(long)m*n/6,m);
                                        /* %ld 是长整型数据输出格式 */
```

```
}
```

程序在 Turbo C 2.0 下的运行结果：

```
m * n/6 = -4061
(long)m * n/6 = 17784, m = 234
```

在上述程序中，m * n 的结果本应为 106704，但其超出了 Turbo C 2.0 下的整数所能表示的最大范围 65535，所以按两个整型量相乘结果仍为整型量的法则，计算机按取模运算后得到 －24368 的错误中间值，再与 6 相除得到 －4061(取整)的结果。若先将 m 强制转换为长整型 (long)m，再与 n 进行乘法运算时，n 以隐含转换的方式也转换成长整型，此时 m * n 的结果为一长整型数，不会超出长整型数所能表示的最大范围，故可使 m * n/6 得到正确的运算结果，但此时的运算结果的数据类型仍为长整型，需要以长整型的格式输出，而 m 的值未变化。

需要说明的是，在 VC 环境下，由于 int 和 long int 所占字节数已经没有区别，上述程序中 m * n/6 的两次输出均可以得到 17784 的正确结果，而不会出现上述越界现象。

(2) 隐式强制转换由两种形式完成。一种运用赋值运算符，另一种是在函数有返回值时，总是将 return 后面的量强制转换为函数的类型(当两者类型不一致时)。关于这两种形式的运用，详见后续章节。

2.4.4 赋值运算符与赋值表达式

1. 赋值运算符与赋值表达式

赋值运算符“=”是一个双目运算符，其结合性是从右至左。而由赋值运算符组成的表达式为赋值表达式，它的功能是将赋值号右边表达式的结果送到左边的变量中保存。

例如：　x =3;　y =(x+2) * 3;

注意：由于赋值运算的右结合性，因此，赋值表达式须先计算赋值运算符右侧表达式的值，然后再赋值；而且赋值运算符的左侧必须是一个变量。

例如：　3 = x;　(x+y)= c+d;

均是不合法的赋值语句。

2. 类型转换

运用赋值运算符构成的赋值表达式，当将运算符右侧的结果赋给运算符左侧的变量时，实际上又可以同时完成隐式强制类型转换的功能。即：在赋值表达式中，当左值(赋值运算符左边的变量值)和右值(赋值运算符右边的变量值)的类型不同时，一律将右值类型强制转换为左值的类型。

例如：

```
int     a;
char    c='A';
double    b=3.45;
a=b;
a=c;
```

表达式 a=b 中，先将右值 b 强制转换为 int 型值 3，然后赋给右值 a 保存；执行 a = c 时，将右值 c 的字符量‘A’转换成整型量 65 存入 a 中。

注意:在字符变量c中存放的就是'A'的ASCII码值65,但它仅占1个字节;而在整型变量a中虽然也存放的是'A'的ASCII码值65,但整型变量要占2个字节。

3. 复合赋值运算符

当在赋值表达式中出现如下形式的语句时:

变量 = 变量 运算符 表达式;

为了简化程序,使程序精练,提高编译效率,可将上述表达式语句缩写如下:

变量 运算符 = 表达式;

例如:

```
x = x + y;          可写成    x+ = y;
x = x * (y + z);    可写成    x* = y + z;
```

这种+=,*=的运算符被称之为复合赋值运算符。在C语言中这种复合赋值运算符共计10种如下:

+=(加赋值),-=(减赋值),*=(乘赋值),/=(除赋值),%=(求余赋值),&=(按位与赋值),|=(按位或赋值),∧=(按位异或赋值),<<=(左移位赋值),>>=(右移位赋值)。

例2.4 复合赋值运算符举例。

```
# include <stdio.h>
void main( )
{
    int  a=7;
    float  b;
    a *=a/=a-(b=4.5);
    printf("a=%d, b=%f\n",a, b);
}
```

程序运行结果:

```
a = 4,  b = 4.500000
```

其中:

```
a *=a/=a-(b=4.5);相当于如下操作:
b=4.5;
a=a/(a-b);          /* 该表达式语句包含了隐含类型转换和隐式强制类型转换 */
a=a*a;
```

由此可以看出,C语句的书写非常灵活,而且简练。

在C语言中,除了以上所描述的几种基本运算符与表达式外,还有许多运算的运算符及表达式,在此暂不做介绍,将在后续章节中用到时,再给出详细介绍。

小　结

1. C语言的基本数据类型

整型、单精度型、双精度型、字符型四种,其声明的关键字分别为int、float、double、char。

2. 常量

包括整型、实型、字符型及字符串常量。对于在程序中多处出现的常量可以通过#define定义为符号常量。

3. 变量

变量用来保存运算的中间结果及最终结果。变量具有三个基本要素：名字、类型和值。

变量的命名方法：变量的名字是用标识符来表示的。C 语言规定标识符只能由字母、数字和下划线一系列字符组成。

　　变量的定义方法：变量类型　变量名表列；

变量的赋值方法：初始化及赋值语句。

4. 表达式

由运算符将运算对象（也称操作数）连接起来的式子为表达式。本章仅介绍了 C 语言的算术表达式和赋值表达式。

习　题

1. 在程序中，定义数据类型的目的是什么？C 语言提供了哪些基本数据类型？
2. C 语言为何规定对所有的变量要“先定义，后使用”？
3. 常量和变量有何区别？字符常量和字符串常量有何区别？
4. 下面四个选项中，均是 C 语言合法标识符的选项是（　）。

   (A) 3B　sizeof　DO　　(B) key　c1_c2　-FOR

   (C) _425　T3_al　IF　　(D) void　AL　5B
5. 下面四个选项中，均是 C 语言关键字的选项是（　）。

   (A) auto　enum　include　　(B) switch　typedef　continue

   (C) signed　union　scanf　　(D) if　struct　type
6. 下面四个选项中，均是合法整型常量的选项是（　）。

   (A) 160　-0xffff　011　　(B) -0xcdf　01a　0xe

   (C) -01　986,012　0668　　(D) -0x48a　2e5　0x
7. 下面四个选项中，均是合法的实型常量的选项是（　）。

   (A) +1e+1　5e-9.4　03e2　　(B) -.60　12e-4　-8e5

   (C) 123e　1.2e-.4　+2e-1　　(D) -e3　.8e-4　5.e-0
8. 下面四个选项中，不合法的字符常量是（　）。

   (A) '2'　　(B) '\101'

   (C) 'ab'　　(D) '\n'
9. 下面四个选项中，不正确的变量说明是（　）。

   (A) unsigned　int　ui;　　(B) short　int　g;

   (C) double　int　A;　　(D) int i,j,k;
10. 以下表达式中结果为整数的（设 int i;char c; float f;）是（　）。

    (A) i+f　　(B) i*c

(C) c+f　　(D) i+c+f

11. 设 int p,q; 以下四个选项中,不正确的语句是(　)。

(A) p*3=3;　　(B) p/=1;

(C) p+=3;　　(D) p=p+q;

12. 若定义

int m=7,n=12;

则能得到值为3的表达式是(　)。

(A) n%=(m%=5)　　(B) n%=(m-m%5)

(C) n%=m-m%5　　(D) (n%=m)-(m%=5)

13. 若定义

int k=7;

float a=2.5,b=4.7;

则表达式 a + k % 3 * (int) (a+b) % 2 / 4 的值是(　)。

(A) 2.500000　　(B) 2.750000

(C) 3.500000　　(D) 0.000000

14. 阅读程序,写出输出结果。

```
#include<stdio.h>
void main()
{
int x,y,z;
x=y=2;z=3;
y=x++-1;    printf("%d,%d\t",x,y);
y=++x-1;    printf("%d,%d\t",x,y);
y=z--+1;    printf("%d,%d\t",x,y);
y=--z+1;    printf("%d,%d\t",x,y);
}
```

15. 计算下列表达式的值。

(1) (2+6)/(4+12)+16%3　　(2) 1+5/2+ (10/3*9)

(3) 52%10/2+4.0*(8/5)　　(4) 20.0*(3/6*10.0)

(5) (int)(13.7+25.6)/4%4

第3章 基本结构程序设计

在第2章中介绍了常量、变量、表达式等，它们是组成C语句的必要成分，而由若干个C语句按照一定的顺序排列就可以构成解决某个问题的程序。在本章中，将介绍C语言的基本语句，以及程序的基本结构。

3.1 程序基本结构与结构化程序设计

如何着手编制一个程序，往往是令初学者感到茫然的一件事，当然，这个问题的解决需要一个不断学习和经验积累的过程。著名的计算机科学家沃思(Niklaus Wirth)曾经提出一个公式：

数据结构+算法=程序

在这里，数据结构是指对数据(操作对象)的描述，即描述数据的类型和组织形式，算法则是指对操作步骤的描述。这个公式是对程序设计的高度概括，当着手进行一个问题的程序设计时，需要搞清楚的是：对哪些数据进行什么样的一系列加工就可以达到目标。

3.1.1 算法

1. 算法的概念

算法就是解决问题的一系列操作步骤的集合。其实，不仅仅编制程序需要考虑操作的步骤，在日常生活和工作中的许多事情都是在按一定的步骤进行，例如：起床→穿衣→洗脸→吃早饭→上班，只是我们已经对它习以为常。由于计算机直接可以执行的操作都是一些简单的操作，例如：进行一个表达式的计算，进行一个关系式的比较，显示一个计算结果等等，所以，当要进行程序设计解决某个问题时，编程人员必须告诉计算机先做什么，再做什么，然后再……，通过一系列操作的有机组合，达到程序的设计目标。

不要把算法理解为进行计算的方法，事实上计算机的算法可以分为数值运算算法和非数值运算算法。数值运算的目的是得到数值解，例如求解一个方程的根。而非数值运算的应用范围更广，常见于数据处理领域，例如信息检索、人事管理等。目前，计算机在非数值运算领域的应用比例远大于数值运算领域，所以非数值运算的算法值得特别关注。

有很多数值运算问题都有比较成熟的算法，有些还有现成的程序供设计人员调用；而对于非数值运算类问题，由于问题的多样性，人们只对其中典型的问题进行了算法研究，例如排序问题，经过研究目前公布了二十余种不同的排序方案。除了这些典型问题之外，还有一些应用问题需要程序设计人员考虑实现算法，这往往成为编程的一个难点。

2. 算法举例

下面给出两个算法举例，通过学习读者可以体会算法的意义，了解如何思考问题，如何确立并表示一个算法。

例 3.1　求解一元二次方程 $ax^2+bx+c=0$ ($a\neq0$)的两个根。

考虑一下数学中求解一元二次方程根的方法,可以采取因式分解和利用求根公式两种方法。因式分解受到一定的限制,而利用求根公式是具有普遍性的方法,所以,在设计算法时应该选取用求根公式方法实现。

求解这样一个问题的算法,可以先设计为以下三步:

s1:输入数据 a,b,c

s2:求根 x1,x2

s3:输出结果

可以看到,这里的第二步是解决问题的关键,是需要进一步细化的步骤。设想一下人工求解的过程,必然会想到求判别式的值,并根据其值的情况求实根或复根,于是,可以将求解算法进行细化设计如下:

s1:输入数据 a,b,c

s2:求判别式 d 的值,d=b*b-4*a*c

s3:判断:如果d>=0,则按实根求法计算:

　　x1=(-b+sqrt(d))/(2*a)

　　x2=(-b-sqrt(d))/(2*a)

否则,按复根求法计算:

　　实部 r=-b/(2*a)

　　虚部 p=±sqrt(-d)/(2*a)

s4:输出结果

可以看到,这样的数值运算算法是来源于数学原理的,它不过是将人工求解过程规范化地描述出来。下面再来看一个非数值运算的例子。

例 3.2　依次读入 30 个学生成绩,输出平均成绩及最高成绩。

在这个问题的算法中,需要对学生成绩依次读入和处理。以求平均成绩为例思考整个处理过程。我们知道,如果能够求得总成绩,就可以求得平均成绩。可以设定一个变量 sum 用于存放总成绩,其初始值给定为0。读第一个学生成绩存入 score,执行操作 sum+score⇒sum 后,sum 中为第一个学生成绩;读入第二个学生成绩存入 score,再执行操作 sum+score⇒sum 后,sum 中为前两个学生成绩之和;依次读入每个学生成绩,并执行操作 sum+score⇒sum后,sum 中将为所有学生成绩之和。

在算法中除了考虑总成绩的取得,还需要考虑一个计数问题,同时还需要考虑如何取得最高成绩的问题。设变量 i 用于统计已处理的学生人数,max 表示最高成绩,average 为平均成绩,则具体算法描述如下:

s1:0⇒ i

s2:0⇒sum,0⇒max

s3:读入一个学生成绩存入 score

s4:i+1⇒ i

s5:sum+score⇒sum

s6:如果 score 大于 max,则 score⇒ max

s7:如果 i 小于 30,转移至 s3

s8:sum/30⇒average

s9:打印 average,max

可以看到,在这个算法中的 s3,s4,s5,s6,s7 这些步骤会被重复执行 30 次,变量 i 在这里用于统计已处理的学生人数,当 i 值小于 30 时,执行流程转移至 s3 去读入下一个学生成绩。当 i 值等于 30 时,说明所有的学生成绩处理完毕,转到 s8,s9 输出结果。这种若干语句被重复执行的结构(即循环结构),是程序的基本结构之一。

3. 算法的特性

算法是解决问题的逻辑思路的表述,对同一个问题可以有不同的解题方法和步骤,因而可以设计出不同的算法。一个正确的算法应该具备以下特性。

(1) 有穷性

算法应该包含有限的操作步骤,不能无限制地执行下去。在包含循环结构的算法中应该特别注意保证这一点,即循环必须在有限次数内结束。读者可以设想一下,在例 3.2 的算法中,如果疏忽漏掉了第 4 步,这样程序就可能无限制地执行下去。

(2) 确定性

在算法中所描述的每个步骤都应该是明确的,不应当存在模棱两可的表述,即二义性。例如,在算法中有如下的表述:"将 1 减 y 的倒数赋给 z 变量",就是一个二义性的表述,因为,在程序设计时不能确定是将 1/(1－y)还是将 1－1/y 赋给 z 变量。只有算法中的表述是严格的,才能方便地进行程序实现。

(3) 有若干个输入数据(0～n)

输入是指在算法执行过程中需要用户输入的信息。一个算法可以没有输入数据,也可以有一个或多个输入数据,这都取决于问题本身。

(4) 有若干个输出数据(1～n)

一般地,算法都有一个或多个输出数据,因为设计算法的目的就是进行数值运算或进行某种数据处理,给用户输出处理结果是必然的要求。

(5) 有效性

在一个算法中,要求每个步骤都能被有效地执行,只有这样,算法的执行才能得到需要的结果。例如:除法运算的除数为零,除法运算就不能有效执行。又例如在例 3.1 的算法设计中,判断 d 的值小于零时,按复根计算方法求根,也是为了保证求平方根运算的有效性,从而保证整个算法的有效性。

这些特性是一个正确的算法应具备的,在设计算法时应该注意。

3.1.2　算法的表示

算法是一种设计思路,虽然可以用自然语言将其表述出来,但自然语言所表示的含义往往不太严格,容易出现"二义性"。特别是当算法中包含多个分支和循环时,如例 3.2,自然语言表述就更为困难。为了能够清晰地表述算法,程序设计人员采用更规范化的方法,常用的有:流程图、结构图、伪代码、PAD 图等。本书中仅介绍流程图表述方法。

用流程图来表述算法是最常用的一种方法。流程图是用一些图形符号配合文字说明表示各种操作,这种方法形象直观,易于理解。常用的流程图符号见图 3.1,这些符号是美国国家标准化协会ANSI(American National Standards Institute)规定的,目前已为程序设计人员普遍采用。

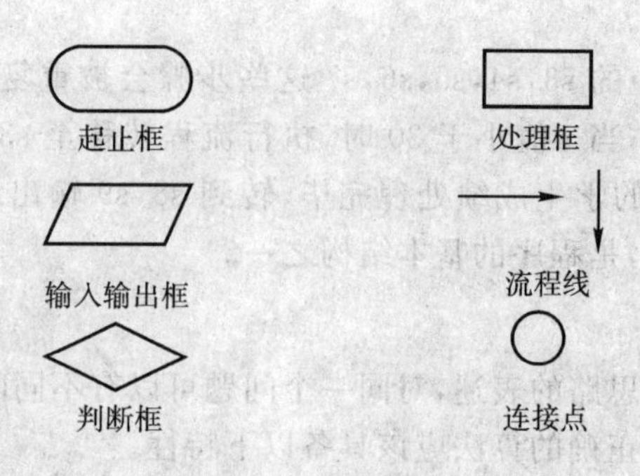

图3.1　流程图符号

图3.1中起止框中配合文字说明用来表示一个算法的开始和结束;输入输出框中用文字说明输入或输出的具体内容;判断框表示对给定的条件进行判断,以决定执行流程,这个框有一个入口和两个出口,判断条件书写在框内;处理框为一个矩形框,在框内书写具体的处理内容;流程线在流程图中用来表示执行的流向,它们是一些带箭头的线;连接点用来表示被切断的流程线的断点,在圈中可以标注一个字母或数字。

用流程图表述算法可以非常清晰地反映设计人员的思路,表达清晰准确,反映循环、选择等程序结构形象直观,在本书中出现的算法均采用流程图来描述。例3.2算法的流程图如图3.2所示,请读者仔细阅读并与例3.2对比,从中体会流程图描述的优越性。

例3.3　将例3.2对学生成绩处理的算法用流程图表示,如图3.2所示。

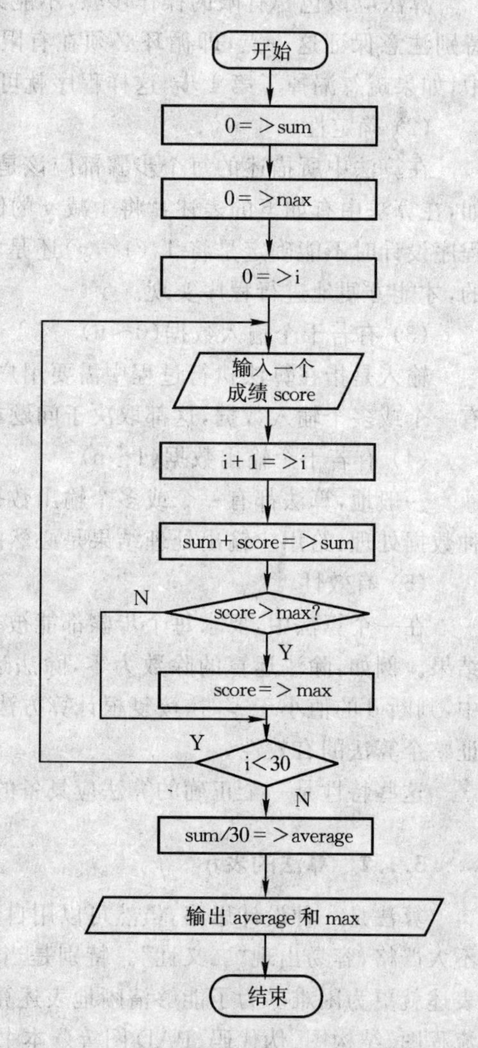

图3.2　学生成绩处理流程图

3.1.3　程序基本结构

程序设计技术随着计算机科学的发展而发展,在20世纪50年代,人们将注意力集中在计算机系统的硬件上,认为程序设计相对来讲是一个简单问题。然而到了60年代,人们突然发现,硬件矛盾由于大规模集成电路的出现而大大得到缓解,而软件开发则陷入了空前的困境。这种困境一方面是由于软件的工程管理上缺乏规范化的措施保证软件质量,由此,人们提出一系列的理论而诞生了软件工程;另一方面,程序的设计风格也对软件质量有巨大的影响,因为它直接影响软件的可读性和可维护性。

人们发现,过多的无规律的转移是导致可读性下降的主要原因,这一点是容易理解的,可以设想阅读某杂志上的一篇文章,如果不断地碰到"下转第×××页"的字样,读者会是什么感觉。为了提高算法的质量,必须限制流程的随意转向,但是,在算法中难免会包含必要的分支和循环。于是,人们希望规定出几种基本结构,整个算法由这些基本结构组成,通过这种方法提高算法的质量,进而提高程序的可读性和可维护性。因此,本节的内容十分重要,是学习程序设计的基础。

1966 年,Bohm 和 Jacopini 的研究表明,只用 3 种控制结构就能够编写所有的程序,即顺序结构、选择结构和循环结构。

1. 顺序结构

这是最简单的一种基本结构,如图 3.3 所示。顺序结构中的各部分是按书写顺序执行的。

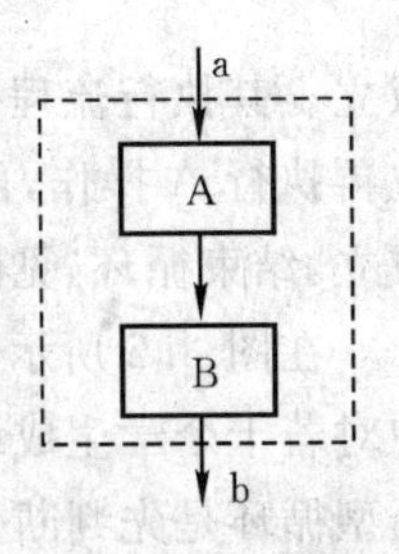

图 3.3　顺序结构

2. 选择结构

这种结构也称为分支结构,如图 3.4 所示。选择结构中包含一个判断框,执行流程根据判断条件 P 的成立与否,选择执行其中的一路分支。图 3.4(b)所示的是特殊的选择结构,即:一路为空的选择结构,这种选择结构中,当 P 条件成立时,执行 A 操作,然后脱离选择结构。如果 P 条件不成立,则直接脱离选择结构。请读者注意,在图 3.2 所示的学生成绩处理算法中,对是否最高分的处理就是一个一路为空的选择结构。

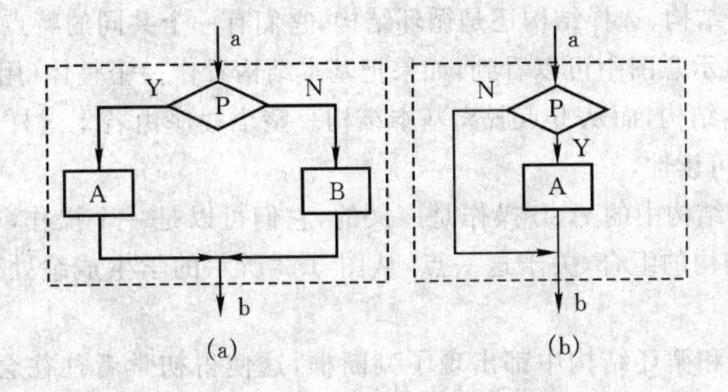

图 3.4　选择结构

3. 循环结构

它是指被重复执行的一个操作集合,如图 3.5 所示。

循环结构有两种形式。

(1) 当型循环。当型循环的含义可以用一句话说明:是当条件 P 成立时,重复执行 A 操作。其执行流程可以详细解释如下:首先判断条件 P 是否成立,若成立,则执行 A 操作,然后再判断条件 P 是否成立,若成立,再执行 A 操作,如此反复进行,直至某次判断 P 条件不成立,则不再执行 A 操作而脱离循环结构,见图 3.5(a)。

(2) 直到型循环。直到型循环的含义也可以用一句话说明:重复执行 A 操作,直至条件 P

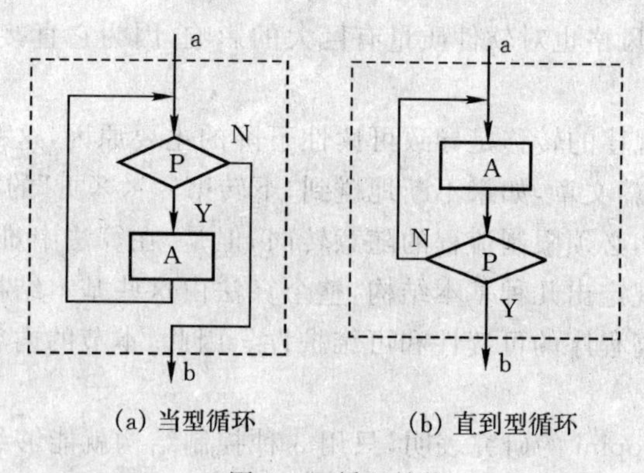

(a) 当型循环　　(b) 直到型循环

图 3.5　循环结构

成立。其执行流程可以详细解释如下:首先执行 A 操作,然后判断条件 P 是否成立,如果不成立再执行 A 操作,再判断条件 P 是否成立。如果不成立再执行 A 操作,如此反复直到条件 P 成立,结束循环,见图 3.5(b)。

在图 3.2 所示的学生成绩处理算法中,就包含有一个直到型循环结构,因为在这个问题中对若干个学生成绩的处理显然是一个重复性的工作。当型循环和直到型循环的区别在于:当型循环是先判断条件是否成立,再决定是否执行 A 操作(循环体);而直到型循环是先执行 A 操作,然后判断条件是否成立以决定是否继续循环。由此可见,直到型循环的循环体至少会被执行一次,而当型循环的循环体有可能不被执行。

关于 3 种基本结构,有以下几点说明。

(1) 无论是顺序结构、选择结构还是循环结构,它们有一个共同的特点,即:只有一个入口且只有一个出口。从示意图中可以看到,如果把基本结构看作一个整体(用虚线框表示),执行流程从 a 点进入基本结构,而从 b 点脱离基本结构。整个程序由若干这样的基本结构组合而成,必然具有良好的可读性。

(2) 在 3 种基本结构中的 A、B 操作是广义的,它们可以是一个操作,也可以是另一个基本结构或几种基本结构的组合,关于这一点,从图 3.2 所示的学生成绩处理算法中可以看得非常清楚。

(3) 在选择结构和循环结构中都出现了判断框,这使得初学者往往会混淆这两种结构。选择结构中会根据条件成立与否决定执行 A、B 操作之一,执行之后流程就会脱离该结构;而循环结构则会根据条件成立与否反复执行 A 操作。

3.1.4　结构化程序设计方法

在面临一个复杂的问题时,如何设计正确的算法,进而写出结构清晰的程序呢? 当然,这需要一个不断学习和积累的过程,同时,结构化的程序设计方法对思考问题和解决问题也是非常重要的。

结构化程序设计方法的基本思想是:把一个复杂问题的求解过程分步进行,后一步在前一步的基础上细化,这样每步所考虑的子问题都相对易于理解和处理。也可以把这种方法概括为:自顶向下,逐步求精的方法。

结构化程序设计方法解决问题的思路和我们对许多问题的处理是一致的,比如一本教材的编写，我们会首先考虑全书包含哪几章及各章主要内容，再考虑将各章细化到节，最后则是充实每节的内容；又比如，进行一个人物肖像素描，科学的方法是先勾画出粗线条的轮廓，再细化人物的五官。

下面通过一个例子说明这种方法的应用。

例 3.4　打印出 3～1000 之间的所有素数。

对于这个问题的算法可以采用自顶向下，逐步求精的方法得到。首先，需要了解一下数学中对素数的定义：如果一个数，除了 1 和它本身之外，再没有其他数能够整除该数，则这个数就是素数。

对于这个问题，容易想到的是下面一个并不精确的算法步骤：

(1) 取 x 等于 3；

(2) 如果 x 是素数，则打印 x；

(3) 取下一个 x，若 x＜＝1000，则转(2)。

仔细阅读这里的算法步骤，读者会发现在这里存在一个循环结构，只是还没有明确地表示出来。下面的流程图 3.6 可以看作一次求精的结果。

在图 3.6 的流程图中，仍然存在一个需要进一步求精的操作，那就是素数的判断。需要利用数学知识给出一个数 x 是否是素数的判断算法，容易想到的是根据素数的定义判别，用 2～x－1 依次去除 x，如果有一个数整除了 x，则 x 不是素数；如果均不能整除，则 x 是一个素数。用流程图表示判断 x 是否素数的算法如图 3.7 所示。

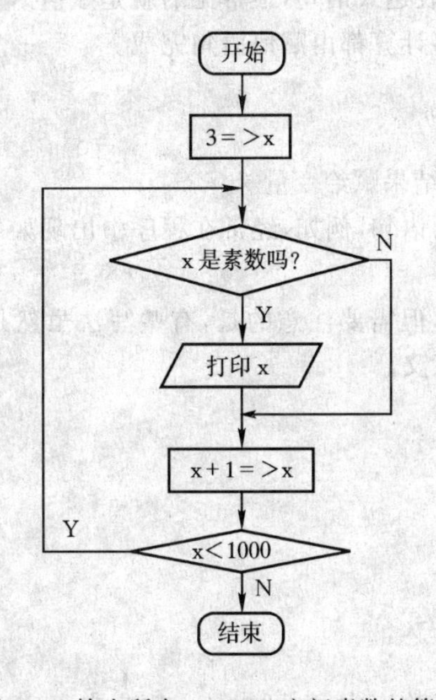

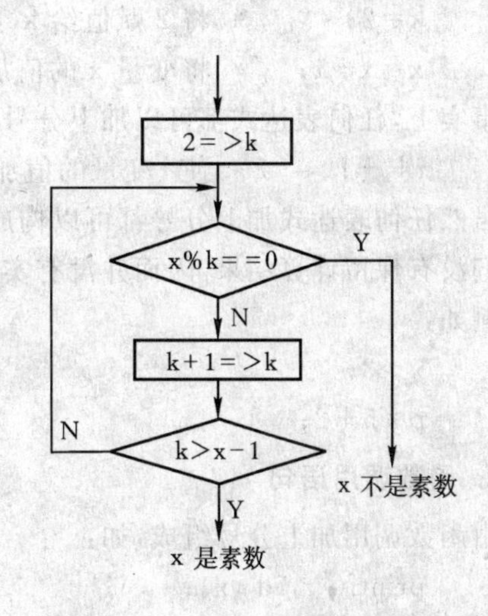

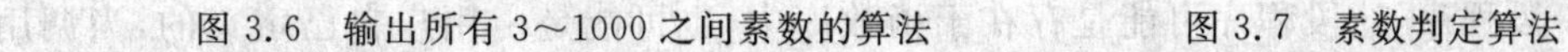
图 3.6　输出所有 3～1000 之间素数的算法　　　图 3.7　素数判定算法

在前面谈到，程序设计理论倡导采用 3 种基本结构，但这并不是僵化和不可逾越的。可以看到，这个素数的判定算法并不是一个标准的循环结构，因为它有一个入口，但存在两个出口，一个出口是直到型循环的正常出口，从这个出口退出可以断定 x 是素数；另一个出口是从 x％k＝＝0判断框直接跳出循环，可以断定 x 不是素数。虽然不是严格意义上的基本结构，但这个算法仅存在一个非正常跳转，它使得算法简明且容易理解。C 语言中提供语句支持这种循环的非正常出口。当然,也可以将这一算法转成标准的基本结构,这一问题在本章后面的例题中有所体现。

下面的工作就是将二次求精的结果体现成一个完整的算法,即用图3.7取代图3.6中关于是否素数的判断框,一个入口和两个出口分别对应,由于篇幅所限,这里不再给出完整的流程图,请读者自己练习一下。

通过这个例题的分析,可以看到自顶向下,逐步求精的结构化程序设计方法的典型应用。

3.2 顺序结构程序设计

顺序结构是3种基本结构中最简单的一种,仅包含顺序结构的程序会按照语句的书写顺序执行。

3.2.1 顺序执行语句概述

一个C程序是由若干语句组成的,每个语句以分号作为结束符。C语言的语句可以分为5类,它们是:控制语句、表达式语句、函数调用语句、复合语句和空语句,其中,除了控制语句外,其余4类都属于顺序执行语句,下面分别介绍。

1. 表达式语句

在表达式的后面跟一个分号就构成了一个表达式语句,最常见的就是赋值语句,它是由一个赋值表达式后跟一个分号形成,程序中的很多计算都由赋值语句完成。

例如:

```
k=2;       /* 将2赋值给k变量 */
x=x+1;     /* 将变量x的值加1的结果赋给变量x */
```

事实上,任何表达式都可以加上分号而成为语句,例如,经常在程序中出现如下的语句

```
i++;       /* 使i变量的值加1 */
```

虽然任何表达式加上分号都可以构成语句,但需要注意的是,有些写法虽然是合法的,但是它们没有保留计算结果,因而并没有实际的意义。

例如:

```
x>3;
p*5+2;
```

2. 函数调用语句

由函数调用加上分号组成,如:

```
printf("%5d",x);
```

函数是一段程序,这段程序可能是存在于函数库中,也可能是由用户自己定义的,当调用函数时会转到该段程序执行,但函数调用以语句的形式出现,它与前后语句之间的关系是顺序执行的。

3. 空语句

空语句是指只有一个分号的语句,也就是说:

```
;
```

它也是一个语句，它不产生任何动作。在程序中，如果并没有什么操作需要进行，但从语句的结构上来说，必须有一个语句时，可以书写一个空语句。

4. 复合语句

用{ }把一些语句括起来，对外看作一个语句，就构成了一个复合语句。

例如：

```
{
  x1=-(-b+sqrt(d))/(2*a);
  x2=-(-b-sqrt(d))/(2*a);
}
```

复合语句可以出现在允许语句出现的任何地方，在选择结构和循环结构中都会看到复合语句的用途。

3.2.2 数据的输入输出

输入输出都是以计算机为主体而言的，例如，输入是指将数据送入计算机，而输出是指将计算机处理的结果数据送出保存或显示出来。在本节中介绍的是通过标准输入/输出设备进行数据输入/输出的语句。

在C语言中，所有数据的输入和输出都是由库函数的调用完成的，因此属于函数语句。在使用C语言的库函数时，要用预编译命令将有关"头文件"包括到源文件中。使用标准输入输出库函数时要用到"stdio.h"文件(stdio是standard input & outupt的意思)，因此源文件开头应有以下预编译命令：

include <stdio.h> 或 # include "stdio.h"(两者的区别参见9.3.1节)

C语言中常用的输入输出库函数有：

字符输入输出的函数：getchar()和putchar()

字符串输入输出的函数：gets()和puts()

格式输入输出函数：scanf()和printf()

字符串输入输出函数将在第5章数组中介绍，本节仅介绍其中4个库函数。

1. putchar函数(字符输出函数)

putchar函数是字符输出函数，其功能是在显示器上输出单个字符。

其一般形式为：

putchar(字符量)；

例如：

```
putchar('B');       (输出大写字母B)
putchar(x);         (输出字符变量x的值)
putchar('\102');    (也是输出字符B)
putchar('\n');      (换行)
```

可以看出，putchar()函数可以输出字符常量，可以输出字符变量的值，也可以通过转义字符输出控制字符，对控制字符来讲，是执行相应的控制功能，而不在屏幕上显示。

2. getchar 函数(字符输入函数)

getchar 函数的功能是从键盘上输入一个字符。

其一般形式为:

```
getchar();
```

通常把输入的字符赋予一个字符变量,构成一个赋值语句,例如:

```
char c;
c=getchar();
```

需要注意的是,getchar 函数只能接受单个字符,输入的数字也按字符处理。输入多于一个字符时,只接收第一个字符。

3. printf 函数(格式输出函数)

(1) printf 函数的一般形式

printf 函数称为格式输出函数,其关键字中的最末一个字母 f 即为“格式”(format)之意。该函数的功能是按用户指定的格式,把指定的数据输出到显示屏幕上。

printf 函数调用的一般形式为:

```
printf("格式控制字符串",输出表列);
```

其中,格式控制字符串用于指定输出格式,它的合理使用可使得输出结果清晰易读,而输出表列则给出输出对象。格式控制字符串由格式字符串和非格式字符串两种组成。格式字符串是以%开头的字符串,在%后面跟有各种格式字符,以说明输出数据的类型、形式、长度、小数位数等。如:

"%d" 表示按十进制整型输出;

"%ld" 表示按十进制长整型输出;

"%c" 表示按字符型输出等。

非格式字符串在输出时会原样照印,它在程序中的作用是使得输出结果更清晰。

输出表列中给出了各个输出项,输出项可以为常量、变量和表达式。需要注意的是,格式控制字符串中格式字符串和输出项的数量要一致,类型要一一对应。

例 3.5 printf()中格式控制示例。

```
#include<stdio.h>
void main()
{
    int a=80,b=81;
    printf("%d %d\n",a,b);
    printf("%d,%d\n",a,b);
    printf("%c,%c\n",a,b);
    printf("a=%d,b=%d",a,b);
}
```

该程序的输出结果为:

```
80 81
80,81
```

```
P,Q
a=80,b=81
```

本例中 4 次输出了 a,b 的值,但由于格式字符串不同,输出的结果也不相同。第 5 行的输出语句格式字符串中,两个格式串“%d”之间加了一个空格(非格式字符),所以输出的 a,b 值之间有一个空格。第 6 行的 printf 语句格式字符串中加入的是非格式字符逗号,因此输出的 a,b 值之间加了一个逗号。第 7 行的格式串要求按字符型输出 a,b 值。第 8 行中为了提示输出结果又增加了非格式字符串,它们将会被原样照印。

(2) 格式字符

在 C 语言中格式字符如表 3-1 所示。

表 3-1　printf 格式字符

格式字符	意义
d	以十进制形式输出带符号整数(正数不输出符号)
o	以八进制形式输出无符号整数(不输出前缀数字 0)
x,X	以十六进制形式输出无符号整数(不输出前缀 Ox),用 x 则十六进制数码 a-f 以小写形式输出,用 X 则以大写形式输出
u	以十进制形式输出无符号整数
f	以小数形式输出单、双精度实数
e,E	以指数形式输出单、双精度实数。用 e 时指数以 e 表示,用 E 时指数以 E 表示
g,G	以%f 或%e 中较短的输出宽度输出单、双精度实数
c	输出单个字符
s	输出字符串

在使用表 3-1 所列的格式字符时,在%和格式字符之间可以根据需要使用下面几种附加字符,使得输出格式的控制更加准确。

① 字母 l,用于长整型数据的输出,可以加在 d、o、x、u 4 个格式字符的前面。

② 在格式字符的前面给出一个正整数 m,指定数据最小的输出宽度。若实际位数多于定义的宽度,则按实际位数输出,若实际位数少于定义的宽度则补以空格。若在格式符前面不指定输出宽度,则按数据的实际位数输出。

例如:

```
printf("%s%d","wangli",95);
```

的输出结果为:

```
wangli95
```

而 printf("%6s %6d","wangli",95);

的输出结果为:

```
wangli     95
```

比较这两个输出结果,可以看到指定数据输出宽度的意义。

③ 精度格式符以“.”开头,后跟十进制整数 n,可以用于限制 e 和 f 格式字符,用于实数指

定输出的小数位数;也用于字符串,表示截取的字符个数。对于实数,若不指定输出的小数位数,则由系统自动指定,不同的系统略有不同。对于"%f"一般是整数部分全部如数输出,小数部分输出6位数字。对于"%e"一般是输出占13列,其中指数部分5列,数值按规范化形式输出(即小数点前必须有且只有1位非零数字),输出6位小数。

例如:

```
float x=234.541;
printf("%f,%12f,%8.2f,%e,%10.2E\n",f,f,f);
printf("%s,%7.3s","technology","technology");
```

输出结果为:

```
234.541000, 234.541000, 234.54,2.345410e+002, 2.35E+002
technology, tec
```

④ 负号-,指定输出的数字或字符串在指定宽度内向左靠齐。

例如:

```
printf("%-15s,%-7.3s\n","technology","technology");
printf("%6d,%-6d",328,123);
```

输出结果如下:

```
technology ,tec
328,123
```

(3) printf()函数使用说明

在使用printf()函数时,需要特别注意格式字符串的使用,只有正确运用格式字符串,才能将结果正确、清晰,并按编程者的意愿显示出来。

① 根据要输出数据的类型决定使用的格式字符串,否则,可能出现错误或得到错误的显示结果。例如,不能用"%f"输出整数。

例如:

```
long d=135790;
printf("%ld,%f\n",d,d);
```

将显示运行错误,因为这里用%f格式字符串输出长整型数据,这是不允许的。

② 对于一个整型数据,用"%d","%o","%x","%u"进行输出将得到不同的显示结果。请注意下面的例题中格式字符的运用。

例3.6 格式字符的运用示例。

```
#include<stdio.h>
void main()
{
 unsigned int a=65535;
 int b=-2;
 printf("a=%d,%o,%x,%u\n",a,a,a,a);
 printf("b=%d,%o,%x,%u\n",b,b,b,b);
 }
```

该程序的运行结果为:

```
a=65535,177777,ffff,65535
b=-2,37777777776,fffffffe,4294967294
```

以 b 为例进行分析，我们知道，-2 在内存中的存放形式如下：

11111111111111111111111111111110

其中，最高位为符号位，这是-2 的补码形式。用格式符“%d”控制输出得到的显示结果是-2。但用“%o”,“%x”,“%u”作为格式字符串时，分别会被作为无符号八进制数、无符号十六进制数、无符号十进制数进行转换输出，由例 3.6 可见，对 a 变量使用“%u”格式字符串是正确的，而对 b 变量则应该用“%d”格式字符串，这是由数据类型决定的。

③ 对于 0～128 内的整数，当用“%d”作为格式控制符时，输出的是该整数值，当用“%c”作为格式控制符时，输出的是该整数值所对应的 ASCII 字符。因为，在内存中存放一个字符，实际存放的就是其对应的 ASCII 码值。

④ 使用 printf 函数时还要注意一个问题，那就是输出表列中的求值顺序，即当 printf 函数中的输出表列中有多个表达式时，先计算哪个表达式的问题。Turbo C 是按从右到左进行的，在 VC 环境中也是按照从右到左的顺序进行的，但在有些编译系统中不尽相同。

例 3.7 求值顺序示例。

```
#include<stdio.h>
void main()
{
    int i=5;
    printf("%d %d\n",i++,i);
    printf("%d\n",i);
}
```

程序的执行结果为：

```
5 5
6
```

4. scanf 函数（格式输入函数）

scanf 函数称为格式输入函数，即按指定的格式把数据输入到指定的变量中。

(1) scanf 函数的一般形式

scanf 函数是一个标准库函数，它的函数原型在头文件“stdio.h”中，与 printf 函数相同，在使用 scanf 函数之前必须包含 stdio.h 文件。

scanf 函数的一般形式为：

scanf("格式控制字符串",地址表列);

其中，格式控制字符串的作用与 printf 函数相同，但其中的非格式字符串不会显示出来，也就是说不能希望通过这种方式显示提示信息。地址表列中给出各变量的地址，地址是由地址运算符“&”后跟变量名组成的。

例如：

&a, &b

分别表示变量 a 和变量 b 的地址。

这个地址就是编译系统在内存中给 a,b 变量自动分配的地址，用户不必关心其具体的地址是多少。在C语言中,使用地址这个概念,这是与其他语言不同的。应该把变量的值和变量的地址这两个不同的概念区别开来。

例如,在赋值表达式中给变量赋值:

a=567

则a为变量名,567是变量的值,&a是变量a的地址。

例3.8　scanf函数示例。

```
#include<stdio.h>
void main()
{
    int a,b,c;
    printf("input a,b,c\n");
    scanf("%d%d%d",&a,&b,&c);
    printf("a=%d,b=%d,c=%d",a,b,c);
}
```

在本例中,先用printf语句在屏幕上输出提示,请用户输入a、b、c的值。接着执行scanf语句,等待用户输入数据。用户输入7 8 9后按下回车键,系统将这3个数据分别送入a,b,c三个变量所对应的内存单元,并继续执行后续语句。在scanf语句的格式串中由于没有非格式字符在“%d%d%d”之间作输入时的间隔,因此在输入时要用一个以上的空格或回车键作为每两个输入数之间的间隔。如:

7□8□9 ↙　　　　(□表示空格,按空格键即可;↙表示回车)

或

7↙

8↙

9↙

(2) 格式字符串

在scanf函数中格式字符串用来对输入数据的格式进行指定,其中的格式字符如表3-2所示。

表3-2　格式字符及意义

格式字符	意义
d	输入十进制整数
o	输入八进制整数
x	输入十六进制整数
u	输入无符号十进制整数
f或e	输入实型数(用小数形式或指数形式)
c	输入单个字符
s	输入字符串

对于表 3-2 中给出的格式字符,还可以用如下的附加字符对输入数据形式进行限制。

① "*"符:用以表示该输入项,读入后不赋予相应的变量,即跳过该输入值。

如:

```
scanf("%d %*d %d",&a,&b);
```

当输入为:1 2 3 时,把 1 赋予 a,2 被跳过,3 赋予 b。

② 宽度:用十进制整数指定输入的宽度(即字符数)。

例如:

```
scanf("%5d",&a);
```

输入:12345678 ↙

只把 12345 赋予变量 a,其余部分被截去。

又如:

```
scanf("%4d%4d",&a,&b);
```

输入:12345678 ↙

将把 1234 赋予 a,而把 5678 赋予 b。

③ 长度:长度格式符为 l 和 h,l 表示输入长整型数据(如%ld,%lo,%lx)和双精度浮点数(如%lf 或%le)。h 表示输入短整型数据。

(3) scanf 函数使用说明

① scanf 函数中没有精度控制,如:scanf("%5.2f",&a);是错误的。不能企图用此语句输入小数部分为两位的实数。

② scanf 中要求给出变量地址,如给出变量名则会出错。如 scanf("%d",a);是错误的,应改为 scanf("%d",&a);才是正确的。

③ 在输入多个数值数据时,若格式控制串中没有非格式字符作输入数据之间的间隔则可用空格,TAB 或回车作间隔。C 编译在碰到空格,TAB,回车或非法数据(如对"%d "输入 12A 时,A 即为非法数据)时即认为该数据结束。

④ 在输入字符数据时,若格式控制串中没有非格式字符,则认为所有输入的字符均为有效字符。

例如:

```
scanf("%c%c%c",&a,&b,&c);
```

输入为:

d□e□f ↙　　　　(□表示空格,按空格键即可)

则把'd'赋于 a, 空格(□)赋于 b,'e'赋于 c。

只有当输入为:

def ↙

时,才能把'd'赋于 a,'e'赋于 b,'f'赋于 c。

如果在格式控制中加入空格作为间隔,

如:

```
scanf ("%c□%c□%c",&a,&b,&c);
```

则输入时各字符数据之间可以加空格。

⑤ 如果格式控制串中有非格式字符,则输入时必须在相应位置输入该非格式字符。

例如:

```
scanf("%d,%d:%d",&a,&b,&c);
```

其中用非格式符","和":"作间隔符,故输入时应为:

```
5,6:7↙
```

又如:

```
scanf("a=%d,b=%d,c=%d",&a,&b,&c);
```

则输入应为:

```
a=5,b=6,c=7↙
```

3.2.3　顺序结构程序举例

例 3.9　从键盘输入三角形的三个边长,计算并输出三角形的面积。

从数学知识可知:已知三边 a,b,c,求三角形面积的公式为:

$$area=\sqrt{s(s-a)(s-b)(s-c)},其中\ s=(a+b+c)/2$$

要完成这样一个数值计算任务,程序中需要考虑输入、计算、输出三步,当然,首先需要考虑的是变量定义。

程序如下:

```
#include <math.h>                           /* 包含数学函数头文件 */
#include<stdio.h>
void main( )
{
    float a,b,c,s,area;
    printf("input a,b,c: ");
    scanf("%f,%f,%f",&a,&b,&c);
    s=(a+b+c)/2;
    area=sqrt(s*(s-a)*(s-b)*(s-c));   /* 调用求平方根的库函数 */
    printf("area=%7.2f\n",area);
}
```

程序的运行结果为:

```
input a,b,c:3,4,5↙
area=  6.00
```

程序说明:

(1) 程序中定义哪些变量,是根据问题决定的。在本例中,定义了 a,b,c 三个变量分别代表边长,定义 area 代表面积,并根据需要定义了中间变量 s。这些变量的命名都应该结合实际意义,以达到见名知义的效果。至于每个变量定义成什么类型,需要根据变量所代表的实际意义以及对变量所要进行的操作决定,在本例中,将 a,b,c,s,area 变量定义为 float 型,是较为合适的。

(2) 程序中,在给 a,b,c 三个变量输入数据的语句之前,书写了一个输出语句,执行效果是在读数前给出一个提示信息"input a,b,c:",这样用户在使用该程序时,看到该提示信息就知道该输入数据了。这种做法,以及在输出结果的语句中的格式控制都是为了提高程序的交互性。

(3) 程序中需要进行求平方根的计算,然而C语言中并没有求平方根的运算符,求平方根的计算需要调用C系统数学函数库中的sqrt( )函数实现。因此,必须用#include<math.h>将对应的头文件包含到程序中来。

(4) 在本例中,没有考虑输入数据的有效性问题,即从键盘输入的三个数据是否能构成一个三角形的问题。也就是说,任意输入的三个数据,如果能保证任意两个数据之和大于第三个数,它们才能作为三角形的三个边长,得到预期的输出结果,否则的话,sqrt函数会因为自变量小于零而出现运行错误。

例3.10 从键盘上输入一个字符,求出它的前导与后继字符,然后按由小到大的顺序输出这些字符及ASCII码值。

这是一个字符处理的问题,需要注意以下两点。

① 如果用字符的输入/输出函数,必须在程序开始处包含头文件stdio.h.

② C语言中字符型和整型数据可以互通,例如,对字符型可以进行加1、减1运算,对字符型数据可以用%c格式字符串输出,也可以用%d格式字符串输出。程序如下:

```
#include <stdio.h>
void main()
{
    char c;
    int c1,c2;
    c=getchar();
    c1=c-1;c2=c+1;
    printf("%c,%c,%c\n",c1,c,c2);
    printf("%d,%d,%d\n",c1,c,c2);
}
```

程序的运行情况如下:

```
P ↙
O,P,Q
79,80,81
```

本节介绍的顺序结构程序是严格按照语句的书写顺序执行的。然而仅利用顺序结构实现应用问题的求解是非常有限的,更多的程序中会出现选择结构和循环结构。

3.3 选择结构

选择结构的引入可以使程序根据给定的条件是否成立,决定执行两组(或多组)操作中的一组。C语言中有两个语句实现选择结构,它们是:用于实现二路分支的if-else语句和用于实现多路分支的switch语句。本节将介绍选择结构的程序设计。

3.3.1 关系运算和逻辑运算

选择结构是要根据给定的条件,决定执行两组操作中的一组,这里的条件往往是一个关系表达式或者逻辑表达式,这种表达式的运算结果将得到的是逻辑值:真或假,在C语言中没有逻辑型的数据,而是用整数1表示“真”,用整数0表示“假”。

1. 关系运算

关系运算是一种比较运算,有6个用于进行比较的运算符,它们是:

＞	大于
＞＝	大于等于
＜	小于
＜＝	小于等于
＝＝	等于
!＝	不等于

说明:

(1) 6个关系运算符都是双目运算符,即:要求有两个运算对象。当两个运算对象之间满足该关系,则表达式取得真值1,否则,表达式取得假值0。

例如:设有语句

int a＝2,b＝3;

则表达式a＜b的值为真,而表达式a＝＝b的值为假。

(2) 由一个关系运算符连接两个运算对象形成的表达式称为关系表达式。这两个运算对象可以是算术表达式、字符表达式等。如果关系运算的运算对象为算术表达式,则先完成算术运算,后比较运算结果数值的大小。例如:

有语句

int i＝3,j＝6;

则表达式i*i＋j*j＞100的运算结果为假。

如果关系运算的运算对象为字符数据,则比较是按其ASCII码值进行的,这是因为字符数据是按其ASCII码存储的。例如,表达式:'a'＞'b'的值为假。

(3) 运算符的优先级问题。

① 在6个关系运算符中,＞,＞＝,＜,＜＝的运算优先级相同,它们的级别高于＝＝和!＝,而＝＝和!＝的运算级别相同。

② 如果在表达式中含有算术运算、关系运算、赋值运算,则它们优先级依次为:算术运算、关系运算、赋值运算。例如:

int i＝3,j＝6,z;

z＝i*i＋j*j＞100;

则运算结果为0,z变量的值为0。

(4) 由于关系表达式的值为0或1,所以它可以看作一个整型值参与其他运算。

例如,判断x是否在区间(3,100)之内,数学上可以写成3＜x＜100,然而在C语言中关系表达式“3＜x＜100”是一个不违反C语言的语法,但是并不能得到正确结果的表达式。因为该表达式的两个关系运算符级别相同,系统将按从左向右的次序进行计算。如果x变量的值为2,则第一个关系运算“3＜2”的结果为0,而“0＜100”的运算结果为1。显然,这样的运算结果是错误的(因为,2不在区间(3,100)之内),下面引入逻辑运算符就是要解决类似问题。

2. 逻辑运算符与逻辑表达式

正如前面看到的，一个关系表达式中是不能出现两个关系运算符的。对于数学不等式“3＜x＜100”，在C语言中，需要写成两个关系表达式：“x＞3”和“x＜100”，并用逻辑运算符&&连接这两个关系表达式。由逻辑运算符连接两个运算对象而形成的式子称为逻辑表达式。

在C语言中有3个逻辑运算符，它们是：

&&　　逻辑与

||　　逻辑或

!　　逻辑非

它们的意义表示如下：

a && b　　当a和b同时为真时，该逻辑表达式的值为真。

a || b　　当a和b之一为真时，该逻辑表达式的值为真。

! a　　当a的值为真，则表达式的值为假。

说明：

(1) 可以看到，&&和||是双目运算符，它们有两个运算对象；而！是单目运算符，它只有一个运算对象。逻辑表达式与关系表达式的运算结果都是逻辑值真或假，如前所述，在C语言中没有逻辑型数据，作为运算结果，用1表示“真”，用0表示“假”。

需要注意的是，在进行判别时，C语言将“非0”作为“真”，将0作为“假”，也就是说，对于逻辑表达式a && b，只要a和b均为“非0”(真)，则该逻辑表达式的值为1(真)。

(2) 在3个逻辑运算符中，&&和||的运算级别低于关系运算符，而！的运算级别高于关系运算符，也高于算术运算符。例如，对于x＋y不大于100，不能用！x＋y＞100来表示，因为系统会首先进行！x的运算，正确的写法是：！(x＋y＞100)。

同时还必须注意到的是，&&和||的结合方向是从左向右，即在一个表达式中出现连续的几个&&和||时，按从左向右的次序处理；而！的结合方向是从右向左。可见运算符的优先级与结合性是一个复杂的问题，读者可以运用简单的方法处理，而不必记忆繁琐的规则，那就是：

① 在不能确定的情况下，添加括号来保证自己期望的运算次序。

例如，将x＞3&&x＜100写成：(x＞3)&&(x＜100)

② 尽量避免复杂繁琐的逻辑表达式。

3.3.2　if语句

if语句是C语言中用来实现选择结构的重要语句，它有两种形式，即不带else的if语句和if-else语句。

1. 不带else的if语句

语句形式：

　　if (表达式) 语句

这个if语句的执行过程为：当表达式的值为真(非0)时，执行其后的语句，然后执行if的下一个语句，否则直接执行if的下一个语句。这个执行过程可以用图3.8(a)示意。

这种if语句的形式适合于表达满足条件则执行某项工作的需求，例如，在例3.3所示的算法中，如果某一个学生成绩score大于max的值，则将这个score的值赋给max，就可以用这样的if语句完成：

if (score>max) max=score;

这个语句中，满足条件执行的是一个赋值语句，请读者注意，语句末尾的分号不可丢掉，因为没有这个分号，max=score就只是一个表达式而不是一个语句了。

2. if-else语句

语句形式：

```
if (表达式) 语句1
  else   语句2
```

if-else语句的执行流程是：当表达式的值为真(非0)时，执行语句1；否则，执行语句2。无论执行了哪一路分支之后，都执行if的下一条语句。这个执行流程可以用图3.8(b)表示。

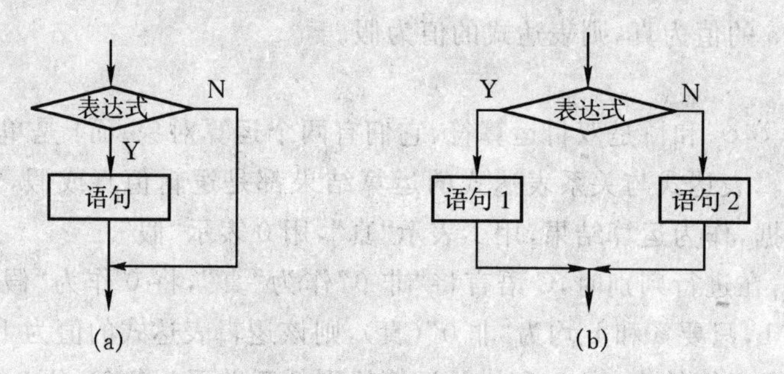

图3.8　if语句的执行流程

if-else语句用来表示条件满足和不满足分别执行不同的两组操作的情况。例如，如果要求输出x和y之中的大者，可以写成下面的语句：

```
if (x>y) printf("%d",x);
else printf("%d",y);
```

这里，条件满足和不满足执行的是不同的printf语句，末尾的分号仍然是语句的必要组成部分，不得省略。

3. if语句的说明

(1) if语句中的表达式一般为关系表达式或逻辑表达式，即：结果为真(1)或假(0)的式子。需要说明的是，C语言的语法中并没有做这种限制，因为C的逻辑值是靠非零和零来决定，所以，理论上可以允许任何表达式。

(2) 在两种if语句形式中的语句或语句1和语句2的位置上，均可以出现一个合法的C语句。请读者注意，这里强调的是一个。当需要用多个语句实现某些功能时，必须用复合语句表示。

例3.11　输入任意两个整数，按从大到小的次序输出。

用if语句的两种形式都可以完成题目要求，用带else形式的例句在前面已经出现，下面给出的是用不带else语句的实现。其中的核心思想就是当x<y时，交换x和y变量的值。这样就可以保证当执行最后的输出语句时，一定是x大而y小。

程序如下：

```
#include<stdio.h>
void main()
{
    int x,y,t;
    printf("input x and y:");
    scanf("%d,%d",&x,&y);
    if (x<y)
    {
       t=x;
       x=y;
       y=t;
    }
    printf("%d,%d\n",x,y);
}
```

程序的运行结果如下：

```
input x and y:3,5 ↙
5,3
```

这里，交换 x 和 y 的值是借助了第三个变量 t，用三个赋值语句完成的，那么，必须用{}将它们括起来构成复合语句，作为 if 的条件表达式成立时的执行语句。请读者思考，如果在这个程序中忘记了{}，会出现语法错误吗？会出现什么问题？

例 3.12　编程求解一元二次方程 $ax^2+bx+c=0$ 的根($a \neq 0$)。

在 3.1 节中的例 3.1 中已经给出了解决这个问题的算法，程序如下：

```
#include<math.h>
#include<stdio.h>
void main()
{
    float a,b,c,d,x1,x2,r,p;
    printf("please input a,b,c: \n");
    scanf("%f,%f,%f",&a,&b,&c);
    d=b*b-4*a*c;
    if (d>=0)
      {
         x1=(-b+sqrt(d))/(2*a);
         x2=(-b-sqrt(d))/(2*a);
         printf("x1=%7.2f\tx2=%7.2f\n",x1,x2);
      }
    else
      {
```

```
        r=-b/(2*a);
        p=sqrt(fabs(d))/(2*a);              /* fabs(d)函数值为d的绝对值 */
        printf("x1=%7.2f+%7.2fi\tx2=%7.2f-%7.2fi\n",r,p,r,p);
    }
}
```

这个程序算法比较简明,读者应特别注意输出格式的充分利用,以便用户在使用这个程序时感到交互顺畅,输出结果清晰。下面是这个程序的运行情况。

第一次运行结果:

```
please input a,b,c:
1,8,3 ↙
x1= -0.39        x2= -7.61
```

第二次运行结果:

```
please input a,b,c:
3,4,5 ↙
x1=-0.67+1.11i   x2=-0.67-1.11i
```

3.3.3 if语句的嵌套

前面谈到,在if语句中所包含的语句可以是任何合法的C语句,那么,是否允许是另一个if语句呢?回答是肯定的。在if语句中又包含一个或多个if语句称为if语句的嵌套。

例3.13 有一个函数如下:

$$y=\begin{cases}x, & (x<1)\\ 2x+1, & (1\leqslant x<10)\\ 5x-17, & (x\geqslant 10)\end{cases}$$

编写一程序,输入x值,输出y值。

图3.9给出的是这个问题的算法描述。

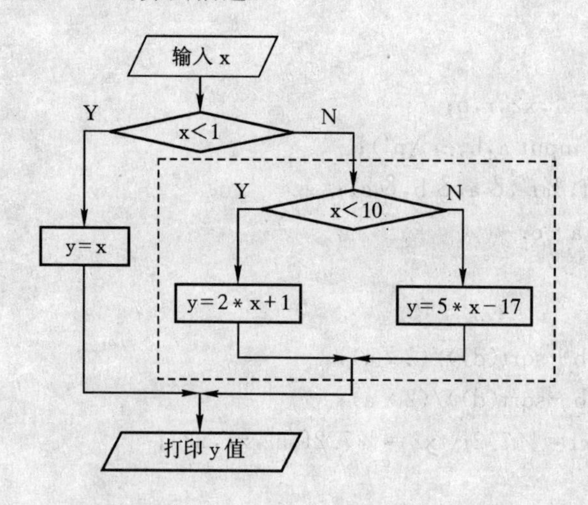

图3.9 例3.13算法流程图

可以看到，在这个流程图中如果把虚线框的部分看成一个整体，这是在一个 if 语句中嵌套的另一个 if 语句。

程序如下：

```
#include<stdio.h>
void main()
{
    float x,y;
    printf("please input x:");
    scanf("%f",&x);
    if (x<1)
      y=x;
    else if (x<10)
          y=2*x+1;
      else
              y=5*x-17;
    printf("y=%f\n",y);
}
```

程序运行结果：

第一次运行：

```
please input x:0 ↙
y=0
```

第二次运行：

```
please input x:8 ↙
y=17
```

第三次运行：

```
please input x:12 ↙
y=43
```

在使用 if 语句时，应该注意正确表达层次关系和正确书写逻辑表达式，例如，下面的 if 结构是错误的，并没有表示这个算法的真实思想。

```
if (x<1)
      y=x;
else if (1<=x<10)
          y=2*x+1;
    else
          y=5*x-17;
```

错误的原因在于逻辑表达式。如果用 0,8,12 三个输入数据进行测试，可以看到得到的数据是 0,17,25。对于数据 12 并没有按 y=5*x-17 求值，而仍然执行的是 y=2*x+1。这是因为，把 x 值 12 代入逻辑表达式 1<=x<10，从左到右依次计算，求得的逻辑值为真(1)，而

不是假(0)。这也就不难理解为什么会得到一个错误的结果。对于这样的逻辑错误,C 的编译系统不会报错。可见,逻辑表达式的正确书写非常关键。

在 if 语句的嵌套形式中更多看到的是如上所示的 if-else-if 的形式,嵌套的层数不限,除了 if-else-if 的嵌套形式之外,还可以出现 if-if-else 的嵌套形式,即如下的形式:

```
if (表达式 1)
    if (表达式 2)  ┐
        语句 1      │
    else            │
        语句 2      ┘
else
    语句 3
```

在这种形式中,需要注意的是,如果内嵌的 if 语句(用}括起的部分)为不带 else 的 if 语句,则需要用{}将内嵌部分括起来。这样做的原因在于,C 语言规定,else 会和就近的 if 语句匹配,这样,编译系统就会错误地将外层 if 的 else 去匹配内层 if ,从而产生逻辑错误。所以,如果内层的 if 语句是不带 else 的,有必要用复合语句表示。

3.3.4　条件运算符与条件表达式

在 C 语言中有一种特殊的表达式,即:条件表达式,它可以用来取代 if 语句,实现简单的二路分支结构。条件表达式是包含条件运算符的表达式,条件运算符是 C 语言中唯一的三目运算符,它要求有三个运算对象,其一般格式为:

表达式 1? 表达式 2:表达式 3

其中,“表达式 1”一般为逻辑表达式,? 和:为条件运算符。

条件表达式的意义为:如果表达式 1 为真(非 0),则条件表达式的值取表达式 2 的值,如果表达式 1 为假(0),则条件表达式的值取表达式 3 的值。

例如:

```
max=(a>b)? a:b
```

这个语句的语义就是根据表达式 a＞b 的结果,决定将 a 或 b 作为整个条件表达式的值赋给变量 max,如果 a＞b 为真,则将 a 赋给 max,否则将 b 赋给 max。可见,这个赋值语句的执行结果是将变量 a 和 b 之中的大者赋值给变量 max。

条件运算符的优先级高于赋值运算符,而低于关系运算符,也就是说在上面的赋值语句中,关系表达式中的括号可以省略,系统仍然会先求解关系表达式的值,并根据关系表达式的值决定整个条件表达式的值,并将其赋给 max 变量。

条件运算符的结合方向是自右向左,即在一个表达式中出现连续的条件运算符时,从右向左逐个计算,例如表达式:a＞b? a:c＞d? c:d,当 a=1,b=2,c=3,d=4 时,该表达式的值为 4。请读者思考原因。在前面曾经提到,当对运算符的优先级和结合性不能准确把握时,可以通过添加括号(可能是多余的)保证期望的运算次序。

可以看到,条件表达式可以部分实现 if 语句的功能,它适应于当条件成立和不成立时执行的操作比较简单,可以用表达式完成的情况。对于大量复杂的选择结构来说,if 语句还是主要的实现工具。

3.3.5　switch 语句

用 if 嵌套可以实现多路分支，而对于多路选择的问题，C 语言提供了更为简练的语句，即开关语句 switch，其一般形式为：

```
switch（表达式）
{
    case 常量 1：语句序列 1
                break；
    case 常量 2：语句序列 2
                break；
    ⋮           ⋮
    case 常量 n：语句序列 n
                break；
    default：   语句序列 n+1
}
```

switch 语句的执行过程是：首先计算表达式的值，若计算结果与某个 case 后面的常量相等，则执行其后的语句序列，当执行到 break 语句时，跳出 switch 语句；如果表达式的值与每个常量都不相等，则执行 default 后面的语句序列，直至"}"为止。

关于 switch 语句的说明：

(1) switch 语句中的表达式可以为任何类型，但是一般为整型或字符型，相应地常量的类型也应为整型或字符型；

(2) 在若干个 case 常量中，不得出现相同的值；

(3) 当表达式的值与某个 case 常量相等时，执行其后的语句序列，可以是多个语句，但在最后必须有一个 break 语句使得程序的执行流程跳出 switch，缺少了这个 break 语句，系统就会执行所有的语句序列，而不再进行是否相等的比较，因此，break 语句成为 case 语句中不可缺少的部分。

例 3.14　从键盘输入一个百分制的学生成绩，输出其相应的分数等级。

规则为：90～100　　A
　　　　80～89　　B
　　　　70～79　　C
　　　　60～69　　D
　　　　60 以下　　E

显然，这是一个要用选择结构处理的问题，它需要根据学生成绩的不同范围输出不同的字母。可以用 if 语句实现这个多路选择结构，但是，这样的 5 路选择需要至少 4 个 if 语句嵌套实现，当然，也可以用 5 个 if 并列实现。在这里，用 switch 语句处理这一问题。

用 switch 语句处理这一问题的难点在于：表达式的构造，即如何构造一个表达式，使得某分数段的学生成绩经过变换都与一个（或几个）整数相等。例如 80～89 的成绩经过处理都变成 8，很容易想到的方法是，缩小 10 倍再取整。

下面是这个问题的程序清单:

```
#include<math.h>
#include<stdio.h>
void main()
{
    float score;
    printf("please input student score:");
    scanf("%f",&score);
    if (score<60)                     /* 对于低于60的成绩单独处理 */
      printf("E\n");
    else
      switch ((int)score/10)
      {
       case 10:                      /* 对于100的成绩与90～99的成绩合并处理 */
       case 9: printf("A\n");
              break;
       case 8: printf("B\n");
              break;
       case 7: printf("C\n");
              break;
       case 6: printf("D\n");
              break;
       default: printf("error\n");
      }
}
```

注意:程序中switch语句中的表达式可以写成(int)(score/10),也可以写成(int)score/10,请读者分析原因。

3.4 循环结构程序设计

循环结构是重要的程序结构,它是指对某段程序的重复执行。在上一节的例3.14中对一个学生成绩进行了处理,如果要对一个班30个同学成绩依次进行处理,就需要用循环结构解决问题了。

C语言中提供了3种循环控制语句,它们是while语句、do-while语句以及for语句,下面分别进行介绍。

3.4.1 while语句

while语句用来实现当某个条件满足时,对一段程序进行重复执行的操作(当型循环)。

while语句的一般格式:

```
while (表达式)
    语句
```

while 语句的执行过程如图 3.10 所示。这个执行过程表明，当表达式的值为真(非 0)时，重复执行语句，直到表达式的值为假，跳出循环。

需要说明的是，在格式中的语句指的是一条语句，如果需要重复执行的部分(循环体)为多条语句，则需要构成一个复合语句。

例 3.15　计算并输出 e^x，lnx，其中 x＝1,2,…,10。

如果用流程图描述解题思路，如图 3.11 所示，可以看到，存在一个循环结构，这个循环的循环体需要被执行 10 次。

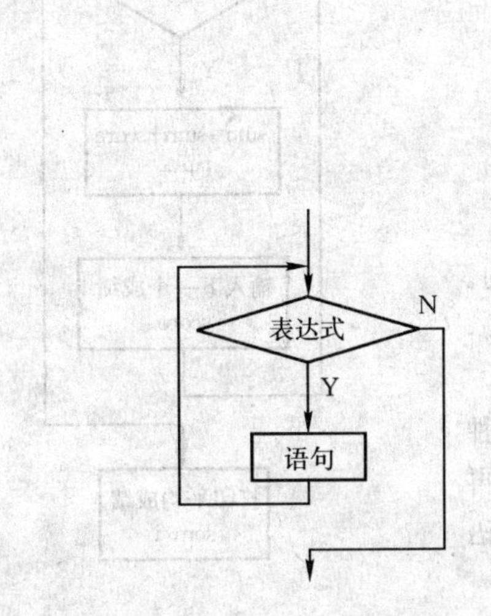

图 3.10　while 语句的执行流程

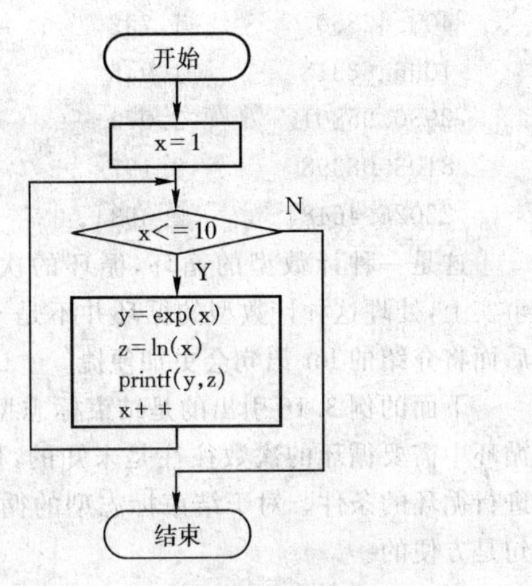

图 3.11　例 3.15 算法流程图

下面是用 while 语句实现的程序：

```
#include<stdio.h>
#include<math.h>
void main()
{
  int x;
  float y,z;
  x=1;
  printf("\n%15s\t%10s\n","exp(x)","ln(x)");
  while (x<=10)
  {
    y=exp(x);
    z=log(x);
    printf("%15.5f\t%10.3f\n",y,z);
    x++;
```

```
    }
  }
```

该程序的执行结果:

exp(x)	ln(x)
2.71828	0.000
7.38906	0.693
20.08554	1.099
54.59815	1.386
148.41316	1.609
403.42880	1.792
1096.63318	1.946
2980.95801	2.079
8103.08398	2.197
22026.46484	2.303

这是一种计数型的循环,循环的次数是明确的。事实上,处理这种计数型的循环并不是 while 的专长,后面将介绍的 for 语句会更加便捷。

下面的例 3.16 引出的是结束标志型的循环,这种循环中需要循环的次数往往是未知的,但是知道不再进行循环的条件。对于结束标志型的循环用 while 语句是方便的。

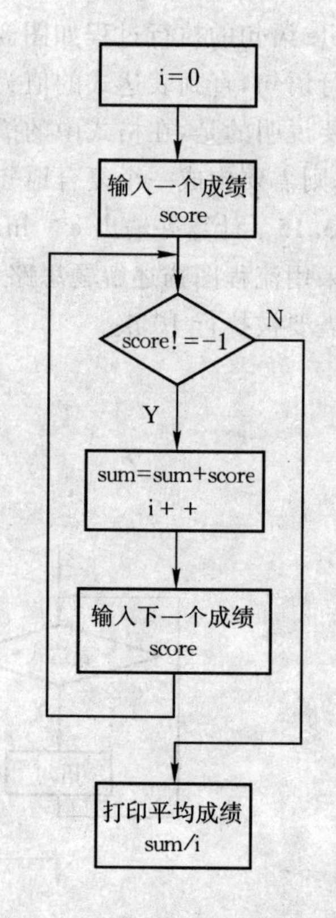

图 3.12　例 3.16 算法流程图

例 3.16　输入若干个学生成绩,以-1表示结束,求平均成绩。

由于学生人数是未知的,所以需要对读入的每个学生成绩进行判断,如果不等于-1,则为一个正常的学生成绩,将其累加到和计数器中,并且人数增1;当读入的值为-1时,说明所有的成绩已读入结束,可以计算并输出平均成绩。

程序设计思路如图 3.12 所示,用 while 语句书写的程序如下:

```
#include<stdio.h>
void main()
{
  int  i,score,sum=0;      /* 累加器 sum 置初值为 0 */
  i=0;
  printf("please input score:\n");
  scanf("%d",&score);
  while (score! =-1)       /* 当读入的学生成绩不是结束标志-1时,进行循环累加
                              处理 */
   {
     sum=sum+score;
     i++;
```

```
    scanf("%d",&score);            /* 读入下一个学生的成绩 */
  }
  printf("average=%f\n",(float)sum/i);
}
```

该程序的运行结果如下：

```
please input score:
89 90 87 78 67 90-1 ↙
average=83.5000000
```

在这个程序中，语句 scanf("%d",&score);在循环的前面和循环体中都有。请读者注意，它们的作用各不相同，不得省略其中的任何一个。如果省略了循环之前的 scanf("%d",&score);则在首次执行 while 时，变量 score 没有赋值；如果省略了循环体中的 scanf("%d",&score);则后续的学生成绩无法读入，而且会出现"死循环"。

在使用 while 语句时特别需要注意：

(1) 需要防止"死循环"的发生，为此，在循环体中一定要有使得循环逐渐趋向于结束的语句。例如，在上面的例 3.15 中，x++;就是这样的语句，因为 x 的值从初值 1 开始，每执行一趟循环进行一次 x++操作，才会使得表达式 x<=10 的值在某一次可能为假，从而结束这个循环。又如在例 3.16 中，循环体中的 scanf("%d",&score);，这个语句也不可丢掉，否则的话，只读入了第一个学生成绩，且会无休止地将这个成绩累加。

(2) 当循环体中包含两个以上的语句时，需要用花括号将这些语句括起来，如例 3.15 中所示，构成一个复合语句。如果丢掉了这个花括号，编译系统也不会检查出语法错误，因为它可以认为：y=exp(x);这一个语句是需要重复执行的，这样就客观上造成了"死循环"。

3.4.2　do-while 语句

C 语言中 do-while 语句的一般形式是：

```
do
    语句
while (表达式);
```

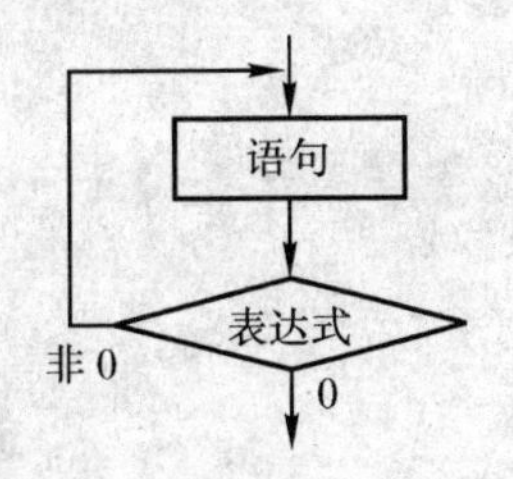

图 3.13　do-while 语句流程

do-while 语句的含义可以概括为一句话，即：执行语句，当表达式为真时(直到型循环)。具体的执行过程是：先执行 do 之后的语句，然后判断 while 中的表达式是否为真，若为真，则继续循环；否则，跳出循环(执行 while 下面的语句)。可以用图 3.13 表示这一执行过程。

可以看到，do-while 语句和 while 语句有类似之处，都是在表达式为真时重复执行循环体。它们的区别在于 while 语句是先判断表达式，后执行循环体，因此，循环体有可能一次也不执行；而 do-while 语句则是先执行循环体，再判断表达式是否为真，所以，do-while 语句中的循环体至少会被执行一次。

从应用上讲，大多数问题往往可以既可以用 while 语句，又可以用 do-while 语句。但是对于循环体必须至少执行一次的情况，用 do-while 书写会更顺手，而对有些问题用 while 处理则会更方便。请读者通过下面的例题体会。

例 3.17　任意输入一个正整数，将该数倒序输出。例如，输入 1234，输出 4321。

这个问题的处理采用的是除10求余的方法,依次从右边截取各位数字。程序设计思路如图3.14所示,下面分别给出用while语句和do-while语句编写的程序。

程序①:用while语句实现

```
#include<stdio.h>
void main()
{
  int number,digit;
  printf("please input data:");
  scanf("%d",&number);
  while (number! =0)
  {
     digit=number%10;          /* 取得number的个位数字 */
     printf("%d",digit);
     number=number/10;         /* 将number缩小10倍 */
  }
}
```

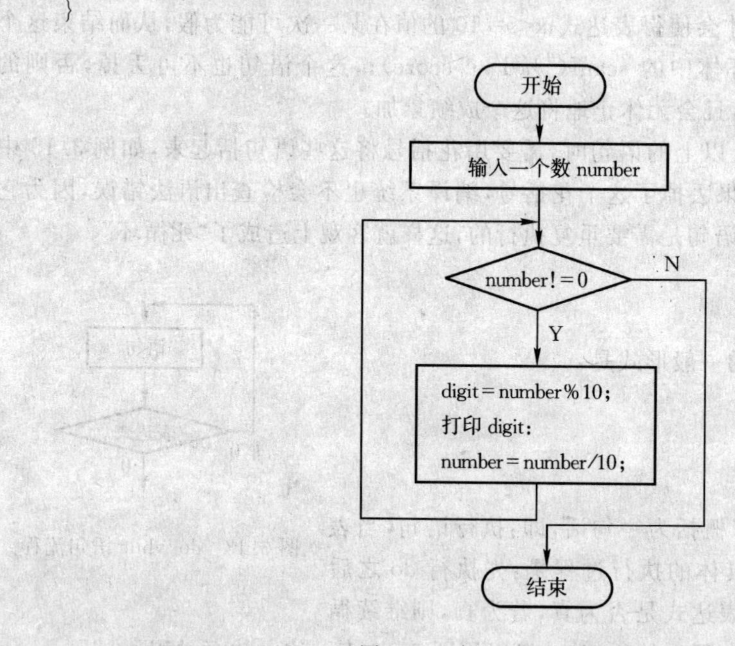

图3.14　例3.17while实现流程图

程序②:用do-while语句实现

```
#include<stdio.h>
void main()
{
  int number,digit;
  printf("please input data:");
  scanf("%d",&number);
```

```
  do
   {
     digit=number%10;
     printf("%d",digit);
     number=number/10;
    } while (number! =0);
}
```

由于这个问题中的循环体至少将被执行一次，所以，while 语句和 do-while 语句可以方便地替换。如果题目要求为：任意输入一个非负整数(包含 0)，将该数的各位数字颠倒输出。那么，上面的两个程序中，程序②仍然是可以的，因为输入 0 也能得到希望得到的结果；而程序①就不能满足要求了，输入 0 时就没有输出了。当然对程序①进行适当的修改，就可以满足新的要求，读者可以尝试完成。

再看前面的例 3.16，如果简单的将其用 do-while 语句写成如下的程序，就不能正确实现题目要求。请读者分析这里存在的问题。

```
#include<stdio.h>
void main()
{
    int   i,score,sum=0;
    i=0;
    do
      {
        scanf("%d",&score);
        sum=sum+score;
        i++;
      } while (score! = -1);
    printf("average=%f\n",(float)sum/i);
}
```

例 3.18　根据下面的泰勒多项式，求 $\sin x$ 的近似值，要求误差小于 10^{-6}。

$$\sin x=x-\frac{x^3}{3!}+\frac{x^5}{5!}-\frac{x^7}{7!}+\cdots+\frac{(-1)^i x^{2i+1}}{(2i+1)!}+\cdots$$

这是一个求累加和的问题，关于累加和的求法在前面的例题中已经有所体现。在这个问题的求解过程中，用到了典型的递推法，即后一项在前一项的基础上产生，这是程序设计中常见的做法之一。

通过观察求 $\sin x$ 的多项式，可以看出第 $i+1$ 项 T_i 和第 i 项 T_{i-1} 之间存在关系式：

$T_0=x$

$T_i=T_{i-1}*(-1)*x*x/(2i*(2i+1))$　　　　（其中，$i=1,2,3,\cdots$）

所以，可以在 T_0 的基础上得到 T_1，再在 T_1 的基础上得到 T_2，…，用一个循环完成，并在得到每一项时，将它们累加到和计数器中。根据循环次数不明确这一特征，考虑用 while 或 do-while 实现。

程序如下:

```
#include <math.h>
#include<stdio.h>
void main()
{
    int i;
    float s,t,x;
    scanf("%f",&x);
    i=1;
    s=x;
    t=x;
    do
    {
        t=t*(-1)*x*x/(2*i*(2*i+1));
        s=s+t;
        i++;
    } while(fabs(t)>1e-6);    /* fabs为数学库函数,其功能是取得一个浮点类
                                 型数据的绝对值 */
    printf("sinx=%f\n",s);
}
```

程序运行结果:

```
1.5707 ↙
sinx=1.00000
```

3.4.3 for语句

for语句是应用最为广泛的循环语句,for语句的一般形式为:

```
for(表达式1;表达式2;表达式3)
    语句
```

其中:表达式1的作用是为循环进行初始化,即给循环的控制变量赋初值;表达式2往往是一个逻辑表达式,其作用是给出是否继续循环的条件,如果该表达式为真,则循环继续进行,否则跳出循环;表达式3是对于循环控制变量进行增量或减量运算的表达式,它使得在有限次数内,循环可以正常结束。语句是需要重复执行的部分,称为循环体。这里要注意的是,只能是一个语句,多个语句需要构成复合语句。

for语句的执行过程如图3.15所示。

在for语句中,循环控制变量根据表达式1取得初始值,以表达式2作为是否循环的条件,根据表达式3进行增(减)量变化,达到对循环次数的控制。所以,对于计数型的循环来讲,用for语句会比while语句更方便。

例3.19 某人在其存款帐号上存入了1000元,年利率为2.18%。假定所有的利息都存在该帐号上,计算并打印10年内各年的存款数。

存款数计算公式为：

$$a = p(1+r)^n$$

公式中，p：本金 n：年数

r：年利率 a：n 年后的存款数

程序如下：

```
#include <math.h>
#include<stdio.h>
void main()
{
    int year;
    float amount,principal=1000,rate=0.0218;
    printf("%s%21s\n","year","amount on deposit");
    for (year=1;year<=10;year++)
    {
        amount=principal * pow(1.0+rate,year); /* pow 为一个数学库函数，
                                                  pow(x,y)的功能是返回 xy */
        printf("%4d%21.2f\n",year,amount);
    }
}
```

计算表达式 1

计算表达式 2

0

非 0

语句

计算表达式 3

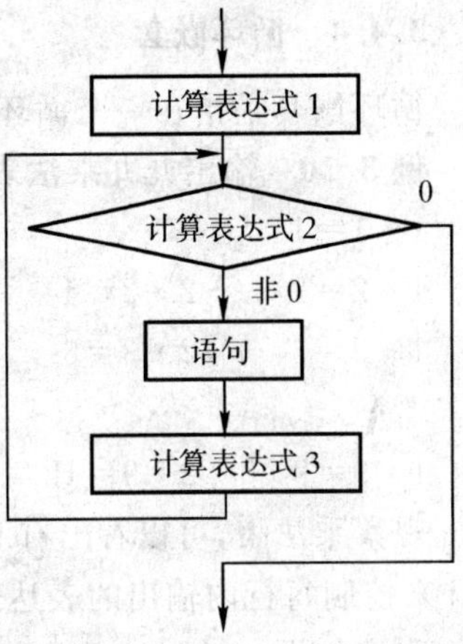

图 3.15 for 语句执行流程

程序的运行结果如下：

```
year     amount on deposit
1                  1021.80
2                  1044.08
3                  1066.84
4                  1090.09
5                  1113.86
6                  1138.14
7                  1162.95
8                  1188.30
9                  1214.21
10                 1240.68
```

请读者注意这个程序中对于输出格式的控制，域宽的使用可以使得各行输出结果与表头的提示信息占据同样的宽度，得到清晰、美观的输出效果。

在前面看到的例 3.15 也是典型的计数型循环，请读者自行写出用 for 语句实现的程序，并与 while 语句的程序比较，体会它们各自的特点。本节中仅介绍了 for 语句最基本的用法，事实上，for 语句中表达式的使用方式可以更加灵活，关于这部分内容请参见后续的综合扩展篇(9.1.2)。

3.4.4 循环嵌套

循环嵌套是指在一个循环的循环体中又包含另一个循环语句。

例 3.20 输出九九乘法表,形式如下:

```
1*1=1
1*2=2    2*2=4
1*3=3    2*3=6    3*3=9
 ...      ...      ...      ...
1*9=9    2*9=18   ...      ...      ...      ...      9*9=81
```

观察乘法表,可以看出有9行信息输出,用变量i控制行,同时,用i可以作为乘数。用变量j来控制每行内输出的表达式个数,它在1到i之间变化。

程序如下:

```
#include<stdio.h>
void main()
{
    int i,j;
    for (i=1;i<=9;i++)
      {
        for(j=1;j<=i;j++)
            printf("%2d*%2d=%2d", j,i,i*j);
        printf("\n\n");          /* 第i行和第i+1行之间再空一行,使输出清晰 */
      }
}
```

在这个程序中,出现的是两个for循环嵌套。事实上,3种循环结构可以互相嵌套,嵌套的层数不受限制。当程序中出现了循环的嵌套,同时其中可能包含选择结构,程序的结构就会复杂,例如,在这个程序中已经反映出明显的逻辑层次关系,请注意程序的书写风格,通过锯齿状缩进反映语句的层次关系,使得程序清晰易读。

3.4.5 break语句和continue语句

前面介绍的if语句和while、do-while及for语句描述了3种基本程序结构,它们严格地按照单入口、单出口的原则运行。然而,从有的算法中会看到,如果能够提供循环的非正常出口,算法的实现会更加方便。这一点,在3.1节中关于素数的判断算法中表现的尤其突出。

break语句和continue语句就是C语言中提供的,用来处理循环的非正常出口情况的语句。

1. break语句

break语句在C程序中只能出现在两种场合,其一,是已经介绍过的用于switch语句中,其作用是跳出switch语句;其二,是用于循环语句(while、do-while、for)中,它的作用是提前结束循环的执行,使流程转到循环的下一条语句。

例 3.21 打印出3~100之间的所有素数。

这个算法的流程图已经在3.1节的例3.4中给出，下面是实现程序：

```
#include <math.h>
#include<stdio.h>
void main()
{
    int m,i,k,n=0,flag;
    for (m=3;m<=100;m=m+2)
    {
        k=sqrt(m);
        flag=1;
        for(i=2;i<=k;i++)
          if (m%i==0)
          {
              flag=0;
              break;
          }
        if (flag==1)                /* flag=1说明其值未改变,m为素数 */
        {
            printf("%5d",m);
            n=n+1;                  /* n为素数个数的计数器 */
        }
        if (n%10==0)
            printf("\n");           /*如果输出数据个数达到10个,则换行*/
    }
    printf("\n");
}
```

下面是程序的运行结果：

```
3   5   7   11  13  17  19  23  29  31
37  41  43  47  53  59  61  67  71  73
79  83  89  97
```

如果存在循环嵌套，break语句的作用是跳出它所在的那一层循环，例如，在这个程序中，一旦有一个i整除了m，则断定m不是素数，并跳出内循环。程序中，变量flag起一个标志的作用，它的值为0标志着不是素数。

请读者观察运行结果，并体会程序中变量n的作用，需要掌握这种控制每行显示数据个数的方法。

在程序中并没有用2～(m－1)之间的数去除m，而是只用2～$\sqrt{m}$之间的数去除m，就可以下结论了，为什么？这里，应用了一点数学知识，因为假如m不是素数，必然有因子存在于2～$\sqrt{m}$之间。

2. continue 语句

continue 语句的一般形式是:

continue;

这个语句只能用于循环语句的循环体中,其作用是使执行流程跳过循环体中 continue 下面的语句,即提前结束本次循环,开始下一次循环。在 while 和 do-while 语句中,执行 continue 语句就立即测试是否继续循环的条件。在 for 语句中,执行 continue 语句后,先执行递增表达式 3,然后测试继续循环的条件。一般地,continue 语句都会位于一个 if 语句中,即可能对于满足某一条件的某次循环起作用。

例 3.22 打印出除 5 之外的 10 以内的自然数。

```
#include<stdio.h>
void main()
{
    int x;
    for(x=1;x<=10;x++)
    {
        if (x==5)
            continue;
        printf("%3d",x);
    }
}
```

输出结果为:

```
1  2  3  4  6  7  8  9  10
```

严格地讲,break 语句和 continue 语句并不符合结构化程序设计的规范,因为它们的使用使得程序结构不再保持单入口和单出口的特性。当然,也可以把这种结构转化成规范的单入口和单出口,例如,对于例 3.21 的程序可以改写成如下一个完全结构化的程序,其中,没有 break 语句形成的非正常出口。

```
#include <math.h>
#include<stdio.h>
void main()
{
    int m,i,k,n=0,flag;
    for (m=3;m<=100;m=m+2)
    {
        k=sqrt(m);
        flag=1;
        i=2;
        while (i<=k&&flag==1)
        {
            if (m%i==0)
```

```
            flag=0;
        i++;
        }
        if (flag==1)
        {
            printf("%5d",m);
            n=n+1;
        }
        if (n%10==0)
            printf("\n");
    }
    printf("\n");
}
```

请读者对比这两个程序，体会其中的不同，并掌握这种转换技巧，因为，在有些程序设计语言中并不提供类似 break 这样的非正常出口语句。

对于这两个语句客观的态度应该是，既不完全杜绝，也不在程序设计中滥用。恰当地使用 break 和 continue 语句，会使程序的效率更高。

3.5　程序设计举例

在前面的几节中介绍了基本程序结构，以及实现这些基本结构的语句，本节将通过一些典型的例题对这些内容进行综合运用。

例 3.23　输入一行字符，分别统计其中的字母、空格、数字及其他字符的个数。

这是一个典型的统计类的问题。对于这类问题，需要设几个计数器变量，每读到一个字符，识别它属于哪一类的，就给相应的计数器加 1。

可以看出，需要依次对读入的每个字符分别进行判断处理，必然需要一个循环结构，对于这种循环次数不明确的情况，while 语句更适合。

下面的程序中，letter、space、digit、other4 个变量分别用于统计字母、空格、数字及其他字符的个数。

```
#include<stdio.h>
void main()
{
    int letter=0,space=0,digit=0,other=0;
    char c;
    printf("input:");
    while ((c=getchar())!='\n')        /* 键盘输入的字符赋值给变量 c，并判断
                                          是否为'\n' */
    if (c>='A'&&c<='Z'||c>='a'&&c<='z')
        letter++;
```

```
    else if (c=='□')                  /*用□表示空格*/
        space++;
        else if (c>='0'&&c<='9')
            digit++;
            else
                other++;
printf("letter=%d,space=%d,digit=%d,other=%d\n",letter,space,digit,other);
}
```

程序运行结果如下:

```
ewr446 dfg 89? =sdfg ↙
letter=10,space=2,digit=5,other=2
```

请读者注意,判断一行字符输入结束的方法。逻辑表达式(c=getchar( ))! ='\n'表示的意义是,从键盘读入一个字符,赋值给c变量,并当输入字符不是'\n'时,逻辑表达式取得真值。在这里,必须有括号保证先赋值,后比较;否则的话,执行表达式c=getchar( )! ='\n'之后,变量c的值将不再是读入的字符,而会是0或1,必将导致统计结果的错误。

例3.24 打印出2～1000之间的所有完数。所谓完数,是指这样的数,该数的各因子之和正好等于该数本身,例如:

6=1+2+3

28=1+2+4+7+14

所以,6、28都是完数。

本题及例3.21都是典型的枚举问题。先考虑对于一个整数m,如何判断它是否完数。从数学知识可以知道,一个数m的除该数本身外所有因子都在1～m/2之间。算法中要取得因子之和,只要在1～m/2之间找到所有整除m的数,将其累加起来即可。如果累加和与m本身相等,则说明m是一个完数,可以将m输出。

使得m在2～1000之间取值,对于每个m进行判断,即可以完成题目要求。

可见,这是一个双重循环并在循环体中包含选择结构的复杂程序结构。

程序如下:

```
#include<stdio.h>
void main()
{
    int m,i,s;
    for(m=2;m<=1000;m++)
    {
        s=0;              /* 判断每个数m时,累加器s都要重新清0 */
        for(i=1;i<=m/2;i++)
            if (m%i==0)   /* 如果i能够整除m,就将其累加到s中*/
                s=s+i;
        if (m==s)         /* 如果因子之和与数字m相等,则是完数*/
            printf("%6d",m);
```

```
    }
}
```

程序运行结果如下：

```
6    28   496
```

在这个程序中，变量 s 的作用是求累加和，请注意，对于每一个 m 来讲，该变量必须从 0 开始求和，所以需要在进入内循环求和之前置 0。

请读者思考：程序中的语句 s=0；是否可以写到第一个 for 语句的前面？为什么？

小　结

1. 程序设计的基本方法和基本程序结构

- 结构化程序设计方法：自顶向下，逐步求精的方法。
- 三种基本程序结构：顺序结构，选择结构和循环结构。

2. 顺序结构

最基本的程序结构，其中包括表达式语句、函数调用语句等。

3. 选择结构

根据输入数据或某一中间结果的情况，选择一组语句执行。在 C 语言中，用于实现选择结构的语句有 if 语句和 switch 语句。

if 语句可以用来实现一个二路分支，也可以用多个 if 嵌套实现多路分支。

switch 语句用来实现多路分支，使用它的难点在于其中表达式的构造。

4. 循环结构

循环结构是程序设计中使用很多，也很重要的结构。

在设计含有循环结构的程序时，需要特别注意，什么事需要在进入循环之前做，循环处理什么事，在循环后完成什么事等。

在 C 语言中提供了 3 种语句实现循环结构，即：for 语句、while 语句和 do-while 语句。

For 语句的循环次数由其中的 3 个表达式决定，特别适合实现明确循环次数的循环结构。

While 和 do-while 语句特别适合于实现已知结束条件的循环。

5. 良好的程序书写风格是非常重要的

良好的程序书写风格可以总结为以下几点：

每行一个语句，并按照逻辑关系呈锯齿状排列；

程序中给出必要的注释信息，以利于程序的阅读和理解；

输入数据之前给出必要的提示；

输出结果力求清晰美观。

习　题

1. 阅读程序，写出运行结果。

```
#include<stdio.h>
void main()
{
    int x=2;
    while (x--);
    printf("%d\n",x);
}
```

2. 阅读程序,写出运行结果,设输入ABCdef ↙

```
#include<stdio.h>
void main()
{
 char ch;
 while((ch=getchar())!='\n')
 {
    if (ch>='A'&&ch<='Z')
      ch=ch+32;
      else if((ch>='a'&&ch<='z')
      ch=ch-32;
    printf("%c",ch);
 }
 printf("\n");
}
```

3. 以下程序的功能是:从键盘输入若干个学生的成绩,统计并输出最高成绩和最低成绩,当输入为负数时结束输入。请填空。

```
#include<stdio.h>
void main()
{
   float x,amax,amin;
   scanf ("%f",&x);
   amax=x;
   amin=x;
   while (__________)
   {
     if (x>amax) amax=x;
     if (__________)amin=x;
     scanf ("%f",&x);
   }
   printf ("\namax=%f\namin=%f\n",amax,amin);
}
```

4. 编一程序，求两点之间的距离，已知直角坐标系中求两点(x_1，y_1)和(x_2，y_2)之间距离的公式为：$d=\sqrt{(x_2-x_1)^2+(y_2-y_1)^2}$。

5. 编一程序，将输入的摄氏温度转换为华氏温度和绝对温度。转换公式为：

$$F=\frac{9}{5}C+32$$

$$K=273.16+C$$

6. 编一程序，将 3 个整数 a、b、c 由键盘输入，输出其中的最大者。

7. 编程按下式计算 y 的值，x 的值由键盘输入。

$$Y=\begin{cases}\sin x & 0\leqslant x<10\\ \cos x & 10\leqslant x<20\\ e^x-1 & 20\leqslant x<30\\ \ln(x+1) & 30\leqslant x<40\\ \text{无定义} & \text{其余值}\end{cases}$$

8. 编一程序，输入一个百分制的成绩，按要求输出相应的字符串信息，对应关系为：

excellent	90～100
good	80～89
middle	70～79
pass	60～69
fail	60 以下

9. 编一程序，利用公式求 π 的值，公式为：

$$\frac{\pi}{4}=1-\frac{1}{3}+\frac{1}{5}-\frac{1}{7}+\cdots+\frac{1}{4n-3}-\frac{1}{4n-1}$$

要求取 $n=10000$。

10. 编一程序，从键盘输入两个正整数 m 和 n，可求得它们的最大公约数及最小公倍数。

11. 编一程序，求 $S_n=a+aa+aaa+\cdots+aaa\cdots a$ 的值，其中 a 为一个数字。例如，2+22+222，此时 a=2，$n=3$，a，n 由键盘输入。

12. 有一分数序列

$$\frac{2}{1},\frac{3}{2},\frac{5}{3},\frac{8}{5},\frac{13}{8},\frac{21}{13},\cdots$$

即：后一项的分母为前一项的分子，后项的分子为前一项的分子与分母之和，编程求该数列的前 20 项之和。

13. 编一程序，找出 2～999 之间的所有同构数。所谓同构数是指这样的数，它出现在它的平方的右侧，如 $5^2=25$，25 的右端是 5，所以 5 是一个同构数。

14. 编一程序，使得从键盘输入 10 个数，可以输出其中的所有负数，并输出所有负数的和。

15. 编一程序，对于任意输入的 n 个数，可输出其中的最大数和最小数，并输出它们在序列中的位置序号。

16. 编一程序，用牛顿迭代法求解方程 $x^4-3x^3+1.5x^2-4=0$ 在 $x=2.0$ 附近的一个根。

第4章 函 数

通过基本结构程序设计可以看到，处理的问题越复杂，main 函数中的语句就会越多，编写程序的难度就越大。为了将程序的难点分解，程序设计技术中往往将一个大的任务分解到几个独立的程序块中完成，这种独立的程序块称为模块，这样的程序设计方法称为模块化程序设计。

在C语言中，函数是实现程序模块化的必要手段，一个C程序就是由若干函数组成的。本章介绍C语言的函数知识。

4.1 概述

4.1.1 C程序的结构

在前面几章中，接触更多的是只有一个 main 函数的C程序。然而，函数这个概念并不陌生，因为，一个程序即使非常简单，也要跟C的标准库函数打交道，例如，需要调用 scanf 函数完成信息的输入，需要调用 printf 函数完成信息的输出等。

程序设计人员不仅可以调用C的标准函数，还可以根据需要自己定义函数并进行调用，这样，在一个程序中就会出现多个函数。所以，从宏观上看，一个C程序的结构可以描述为：一个C语言的程序是由若干个函数组成的，其中有且仅有一个名为 main 的函数。在这些函数中，main 函数是系统执行这个程序的入口，它在整个程序中起着总体控制的作用。在 main 函数中，可以调用其他函数完成总的设计目标，其他函数之间也可以相互调用。

C程序的这种函数结构，可使程序设计人员将一个复杂的问题分解成若干个相对独立而简单的子问题，每个子问题分别由不同的函数实现，这些函数甚至可以由不同的编程人员完成，从而达到模块化程序设计的目的。

考虑一个单位的例子可以更好地理解这一问题。如果单位规模很小只有几个人，那么老板可以作到事必躬亲，亲自指挥每个员工；如果单位的规模大到一定程度，必然需要将单位分为若干个部门，每个部门有特定的职责范围，每个部门有部门主管向老板负责。当单位有一个总任务时，老板将会向部门主管分配子任务，由部门主管指挥本部门完成子任务，并向老板反馈任务的完成结果。

模块化程序设计是在大型软件开发中普遍采用的方法，其优点突出表现在三个方面。一是模块化使得程序的开发更易于管理，因为一个函数完成一个特定的功能，这给软件的调试和维护工作带来方便；二是避免在程序中使用重复代码，把语句组成函数后，就可以通过函数的函数名在程序的多个地方调用该段程序；三是提高软件的可重用性，即可以用现有的函数作为新程序的程序块。

4.1.2　函数分类

在C语言中可从不同的角度对函数进行分类。例如，根据一个函数有无返回值，可以把函数分为有返回值函数和无返回值函数两种；从主调函数和被调函数之间数据传送的角度看，函数又可以分为无参函数和有参函数两种；关于这些函数类型，将在下一节中结合它们的实现方式进行讨论。

从函数定义的角度，函数可以分为库函数和用户定义的函数两种，这是更加普遍的分类方法。

1. 库函数

库函数是由C系统提供的，用户无须定义，也不必在程序中进行类型说明，只需在程序前包含该函数原型所在的头文件，就可以在程序中直接调用。在前面各章的例题中反复用到printf、scanf、getchar、putchar、sqrt等函数均属于此类。

事实上，C的每个库函数都是一段完成特定功能的程序，由于这些功能往往是程序设计人员的共同需求，所以这些功能被设计成标准的程序块，并经过编译后以目标代码的形式存放在若干个文件(也称为头文件)中。如果在编写程序时调用了某个库函数，则在程序经过编译之后进行连接时，系统将该库函数的目标代码插入程序的目标代码中，得到一个可执行程序。

程序设计人员应多熟悉C的标准库函数(参见附录Ⅲ)，掌握函数的调用方法，以充分利用这些标准函数，减少编程的工作量。

注意：

(1) 如果在程序中要调用某个库函数，则需要用预处理命令＃include将该函数所在的头文件包含到程序中，以便编译系统可以顺利找到该库函数的目标代码，生成可执行文件。例如，要使用数学函数，需要用＃include ＜math. h＞将数学函数头文件包含到程序中，要使用字符串处理函数，则需要用＃include ＜string. h＞将字符串处理头文件包含到程序中。

(2) 要正确使用一个库函数，取得预期的结果，程序设计人员需要准确理解库函数，特别应注意的是函数的功能描述和函数原型。函数的功能描述告诉读者这个函数可以用来干什么，而函数原型则告诉读者如何正确使用它(参见附录Ⅲ)。

例如，数学函数abs，其功能是求一个整数x的绝对值，其函数原型为：

```
int abs(int x)
```

根据这个函数的原型可以得知：abs函数调用时需要给定一个整型的实在参数(简称实参)，这里的实参可以是常量也可以是变量，甚至可以是一个表达式。通过该函数的调用可以得到一个整型的函数值，函数返回值的类型决定着下一步可以参加的运算和操作。根据此函数原型可以知道，printf("%f",abs(3))语句中存在错误，请读者分析错误的原因。

(3) 需要说明的是，ANSI C标准定义了标准库函数，不同的C语言编译环境均对于这些标准函数提供支持，使用它们可以使程序具有良好的移植性。除了这些基本函数外，不同的C语言编译系统还可能提供一些特有的函数，比如DOS下的Turbo C提供许多图形方面的函数，UNIX系统下的C则提供了一些进程管理函数，在不同环境下需要充分利用这些特殊函数时，则需要查阅相关的参考手册。

2. 自定义函数

虽然标准函数库为用户提供了丰富的函数，但是不可能穷尽所有的应用需求。例如，标准函数中没有一个求阶乘的函数,用户可以通过自定义函数的调用取得一个实在参数的阶乘值。自定义函数就是程序设计人员自己定义的函数,并在定义这个函数之后可以对这个函数进行调用。

如何定义一个函数,以及如何正确调用一个函数正是本章要讲述的主要内容。

4.2 函数的定义与调用

4.2.1 函数定义

函数定义的一般形式为:

```
类型说明  函数名(含类型说明的形式参数表)
{
   说明部分
   执行部分
}
```

其中,第一行称为函数首部,它定义了函数的函数名、函数返回值的类型以及调用该函数时需要给出的参数个数以及参数的类型等。

用花括号括起来的部分称为函数体,它包括函数的说明部分和执行部分。这里的说明部分,是对函数内部使用的变量等进行说明,换句话说,这里说明的变量等仅在函数内部有效。执行部分是函数具体功能的描述。

例 4.1 输入两个正整数 $m,n(m>n)$,计算从 m 个元素中任取 n 个元素的组合数 C_m^n。

计算公式为:$C_m^n=\dfrac{m!}{n!\ (m-n)!}$

在该问题的求解中,需要三次计算阶乘值,这很容易使人想到:如果有一个函数可以提供求阶乘的功能,调用三次就可以解决问题了。然而在C的函数库中,并没有这样的求阶乘函数。那么,编程者可以自行编写求阶乘的函数。

阶乘函数定义如下:

```
long  fac(int x)
{
    int i;
    long f=1;                /* 乘数积 f 置初值 1 */
    for(i=1;i<=x;i++)
       f=f*i;
    return (f);              /* 返回计算结果 */
}
```

在这个函数的定义中,第一行称为函数首部,它说明的是函数的外部特征,fac为函数名,long为函数返回值的类型,括号中x为形式参数,int是对x的类型说明。下面说明几个与函数相关的概念。

1. 主调函数与被调函数

C语言中,main函数是一个程序的执行入口,也就是说,一个程序的执行是从main函数开始的,其他的函数都必须由 main 函数(或其他函数)调用才能得到执行。函数的调用关系可以通过图 4.1 示意。

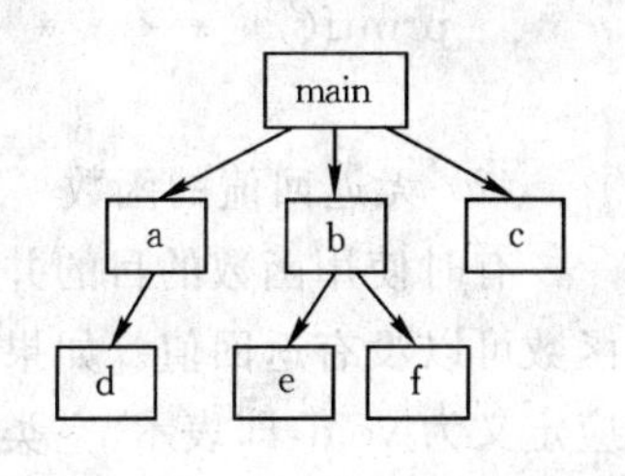

图 4.1　函数调用关系示意图

在图 4.1 中表示一个程序包含的七个函数,其中 main 函数调用 a、b、c 三个函数,a 函数调用了 d 函数,b 函数调用了 e、f 两个函数。

规定:在一对调用关系中,调用其他函数的函数称为主调函数,被其他函数调用的函数称为被调函数。实际上,主调函数与被调函数是一个相对的概念。例如,在图 4.1 中,a 函数相对与 main 函数来讲,是被调函数,而相对于 d 函数来讲,则是一个主调函数。

2. 形式参数与实在参数

在函数定义的函数首部,函数名后的括号中说明的变量称为形式参数,简称形参。形参的个数可以有多个,多个形参之间用逗号隔开。与形参相对应,当一个函数被调用的时候,需要在调用处给出对应的参数,这些参数称为实在参数,简称实参,实参往往是具有明确值的常量、变量或表达式等。

在编译程序时,系统并不给形参分配内存空间。只有在函数被调用时,形式参数才临时占有存储空间,并从对应的实在参数获得值。例如,在求阶乘的函数定义中,x 即为形式参数。在这个函数定义中,并不需要给这个形式参数赋初始值,当某次调用这个函数时,与 x 相匹配的实在参数的值将被传送给形式参数 x,就可得到需要的实参的阶乘值。

3. 函数值的返回

在函数体中,对形式参数接收的数据进行具体操作,并应该在函数体的最后将处理结果返回给主调函数。返回处理结果必须采用 return 语句完成。

return 语句的形式为:

    return (表达式);

或

    return 表达式;

该语句的执行过程是:计算表达式的值,如果该表达式的类型与函数首部中定义的返回值类型一致,则直接将结果返回主调函数中;否则,系统自动将结果的类型转换成定义的函数返回值类型,并将结果返回给主调函数。

从执行流程上来讲,return 语句执行后,程序将退出被调函数,将函数值返回主调函数,在主调函数中继续执行。在一个 C 函数中允许有两个以上的 return 语句,当执行流程达到哪个 return,哪个 return 语句就会起作用。

4. 无参函数与无返回值的函数

(1) 无参函数

一个函数的定义中可以没有形式参数,这样的函数称为无参函数。没有形式参数,意味着在函数调用时不需要传入数据,在调用时也就不需要给出对应的实在参数。例如,下面的函数定义:

```
void printstar( )
{
```

```
    printf("* * * * * * * * * * * * * *\n");
}
```

(2) 无返回值的函数

有时使用函数的目的并不是要得到一个运算结果,而是为了执行一段独立的程序,这时的函数可以没有返回值。如果一个函数没有返回值,那么在函数定义的首部,函数返回值的类型应定义为 void,即表示"空类型",在函数体中,return 语句可以省略。例如,上文中的 printstar 函数。

例 4.2 设计一个函数,其功能是分解并打印出参数 x 的各个素数因子。例如:36= 1×2×2×3×3。

程序设计如下:

```
void divisor(int x)
{
    int i;
    printf("%d=1", x);
    for(i=2;i<=x;i++)
    {
        while (x%i==0)
        {
            printf("*%d",i);
            x=x/i;
        }
    }
}
```

4.2.2 函数调用

函数调用是使函数实际执行的过程。函数的调用格式为:

函数名(实在参数表)

这里的实在参数表中是一组有真实值的量,它们可以是常量,变量或表达式等,多个实参之间用逗号分隔。它们与形式参数相对应,进行值的传递。

可以编写如下的 main 函数,调用例 4.1 的求阶乘的函数 fac,求得组合值 C_m^n。

```
#include<stdio.h>
long fac(int x);                              /* 函数原型说明 */
void main()
{
    int m,n,c;
    printf("input m,n:");
    scanf("%d%d",&m,&n);
    if (m>n)
    {
```

```
        c=fac(m)/(fac(n)*fac(m-n));
        printf("c(%d,%d)=%d\n",m,n,c);
    }
    else
        printf("input data error\n");
}
```

与函数调用相关的几个问题说明如下。

1. 函数之间的位置关系问题

在一个程序中有多个函数,那么,哪个函数放在前面,哪个函数放在后面呢? C 语言规定以下的几种写法都是合法的。

(1) 被调函数在前面,主调函数在后面。例如,在例 4.1 的求组合数的程序中定义了两个函数,一个 main 函数,一个 fac 函数,可以将 fac 函数写在前面,而将 main 函数写在后面。

(2) 主调函数在前面,被调函数在后面。这时,需要对将要调用的函数进行原型说明,可以在主调函数的说明部分,也可以在程序的开始处(main 函数之前)进行,例如,上面 main 函数前面的第一行 long fac(int x);就是这个作用。

常用的函数原型说明方法是:函数定义中的函数首部即第一行,再加上一个分号。另一种做法,也可以省略函数首部中的形参名,但必须保留形参的类型,例如,可以写成 long fac(int);

在这里,推荐的做法是如下的程序形式:

```
long fac(int x);  }      /*对在程序中除 main 之外的所有函数进行原型说明*/
  ⋮               }
int cmn(int m,int n);
void main()              /*main 函数*/
{
    int m,n,c;
    ⋮
}
long  fac(int x)         /*fac 函数*/
{
    int i;
    long f=1;
    ⋮
}
int cmn(int m,int n);    /*cmn 函数*/

{
    ⋮
}
```

推荐这样的书写风格,原因在于以下两点。

① 函数之间存在复杂调用关系时，这样在所有函数定义之前进行函数原型说明后，这个说明对所有函数均有效，就不必在每个函数中都进行说明。例如，假设 main 函数中要调用 fac 函数，在 cmn 函数中也要调用 fac 函数，就不必在 main 函数和 cmn 函数的说明部分均对 fac 函数的原型说明，而可以将原型说明放在所有函数之前。

② 这样的书写风格符合 C++的规范。遵循这一点，可以使得程序移植到 C++环境中变得更容易。

2. 根据函数有无返回值，可以将调用方式分为两种

(1) 对于有返回值的函数的调用，通常作为表达式的一部分。正如在例 4.1 中看到的，这种函数的调用目的是得到一个返回的函数值。这种函数调用可以出现在允许表达式出现的所有场合。例如，定义一个 max 函数，其功能是返回两个值中的大数，那么，用 max(a,max(b,c))这样的函数调用，可以得到 a,b,c 三者中的大者。可以看到，一次函数调用能够作为另一次函数调用的实参。

(2) 对于无返回值的函数，即，函数返回值类型定义为 void，函数的调用通常作为一个语句，例如，对于例 4.2 所示的函数可以给出如下的 main 函数进行调用：

```
#include<stdio.h>
void divisor(int x);             /* 函数原型说明 */
void main()
{
    int n;
    printf("input n:");
    scanf("%d",&n);
    divisor(n);
}
```

3. 函数的调用过程

函数的调用过程实际是使函数得到执行的过程，具体有以下步骤：

(1) 根据函数名找到被调函数，若没找到，系统将报告出错信息；

(2) 计算实在参数的值；

(3) 将实在参数的值传递给形式参数；

(4) 中断在主调函数中的执行，转到被调函数的函数体中开始执行；

(5) 遇到 return 语句或函数结束的花括号时，返回主调函数；

(6) 从主调函数的中断处继续执行。

4. 参数的结合问题

从函数的调用过程可以看出，在函数调用时，要将实参的值传给对应的形参，所以实参应该在以下几个方面与形参保持一致。

(1) 实参的个数和形参的个数应该相等，也就是说，在函数定义中有几个形参，在函数调用时就应该给几个实参。

(2) 参数的个数在两个以上时，实参与形参应该在顺序上一一对应，因为实参与形参的结合是按照位置对应关系进行的，即，第一个实参的值传递给第一个形参，第二个实参的值传递给第二个形参，依次类推。

(3) 实参的类型一般应该与对应形参的类型相同，如果所给实参的类型与对应的形参类型不同，系统将对实参的类型进行类型转换，然后将转换结果传递给对应的形参。

(4) C语言中实参与形参的结合是一种传值方式，即将实参的值拷贝一份传递给对应的形参。这意味着，在函数的调用过程中，如果形参的值发生改变，这一改变不会影响实参的值。

例4.3　参数结合示例。

```
#include<stdio.h>
int change(int x,int y);
void main()
{
    int a,b,m;
    printf("input two data:");
    scanf("%d %d",&a,&b);
    m=change(a,b);
    printf("a=%d b=%d m=%d",a,b,m);
}
int change(int x,int y)
{
    x++;
    y--;
    return x*y;
}
```

程序运行结果：

```
input two data:3 5 ↙
a=3 b=5 m=16
```

分析这个程序的运行结果，可以看到，在调用change函数时，在主函数中a和b两个实参将它们的值对应传送给形参x和y，在change函数中x和y的值发生了改变，并通过return语句将x与y的乘积返回给变量m，而形参x和y的变化并没有影响实参a和b的值，也就是说a和b的值仍然是3和5。结合本例，函数调用中的参数结合方式可以用图4.2表示。

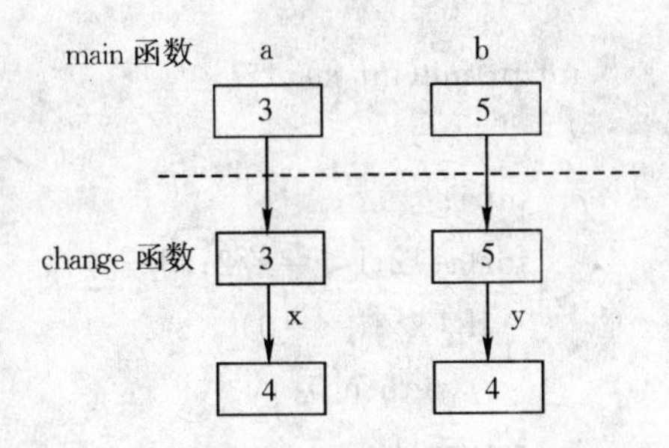

图4.2　例4.3的参数结合示意图

传值调用方式使得函数只有一个入口，即实参把值传给形参；一个出口，即函数的返回值。它使得外界对函数的影响减小到最低限度，从而保证了函数的独立性。但是，由于传值方式形参值的改变不能反映给实参，只能从函数返回一个函数值，所以有时并不能满足程序设计的要求。

除了传值调用，在很多高级语言中都提供传引用的调用。传引用调用时，对形参操作可以达到改变实参变量值的效果。然而在C语言中,所有的调用都是传值调用。在第7章指针中会看到,用地址运算符可以模拟传引用,数组也会自动地模拟传引用调用,到那时,就可以达到形参的变化影响实参的目的。

4.2.3 函数应用举例

例4.4 在一定数值范围(6~10000)内验证命题:任一个大偶数可以分解为两个素数之和。

分析:根据题目要求,要对6~10000内的每个偶数,逐个进行验证,需要通过循环得到偶数值n,利用枚举法找出一对i和n-i,条件是:i和n-i必须均为素数。可见,在这里,需要用到判断一个数是否为素数的函数,并两次调用分别判断i和n-i是否为素数。

程序如下:

```
#include<stdio.h>
int prime(int x);                          /* 判断一个数是否素数的函数原型说明 */
void main()
{
    int n,i;
    for (n=6;n<=10000;n=n+2)
    {
        for (i=3;i<=n/2;i++)
          if (prime(i)==1&&prime(n-i)==1) /* 如果i和n-i同时是素数 */
          {
              printf("%d=%d+%d\n",n,i,n-i);
              break;
          }
    }
}
int prime(int x)
{
    int i;
    for(i=2;i<=x/2;i++)
      if (x%i==0)
        return 0;                          /* 如果x可以被整除,函数返回值为0 */
    return 1;                              /* x为素数时,函数返回值为1 */
}
```

程序的运行结果:

```
6=3+3
8=3+5
10=5+5
⋮
```

```
9998=31+9967
10000=59+9941
```

从这个例题中,可以明显看出使用函数的意义。prime 函数用于判断一个数 x 是否为素数,函数值为 1 说明 x 是素数。在 main 函数中,分别用 i 和 n-i 为实参,两次调用 prime 函数,用于判断它们是否素数。

例 4.5　输入一串字符,对输入的字符进行加密输出,加密变换规则为:每个字符转成其后的第 n 个字符,并进行循环处理。例如:

a→b,b→c,…,z→a

这里 n 值为 1。

在这个问题中,将一个字母的加密变换设计为一个函数,程序如下:

```
#include<stdio.h>
char trans(char ch,int n);                    /* 字符加密转换函数的原型说明 */
void main()
{
    int n;
    char c;
    printf("\nplease input n\n");
    scanf("%d",&n);
    getchar();                                /* 读走数字输入之后的回车符 */
    while ((c=getchar())! ='\n')
    {
        c=trans(c,n);
        putchar(c);
    }
}
char trans(char ch,int n)
{
    if ((ch>='a'&&ch<='z')||(ch>='A'&&ch<='Z'))  /* 判断 ch 的值是一
                                                    个英文字母 */
    {
        ch=ch+n;
        if ((ch>'Z'&&ch<='Z'+n)||ch>'z')
            ch=ch-26;
    }
    return ch;
}
```

程序运行结果:

```
please input n
2 ↙
```

happy new year

jcrra pgy agct

在这个程序中的第9行,有一个getchar();语句,请读者注意它的作用。这个程序中首先要求输入一个数字,以确定加密规则,然后输入一个源字符串。例如,首先输入2<回车>,系统在读到回车符,才会认为数字输入完成而将数字2赋给变量n,请注意,回车符则会被作为输入字符由后续的getchar()函数读取,所以,如果没有这个语句,while语句将会因为读到了回车符而立即跳出,无法读取随后输入的字符串。

例 4.6 编写一个可以打印任何一年日历的程序。

分析:设计日历打印程序必须解决的问题有两个:一是必须判断这一年是否是闰年。因为闰年和平年的天数是不一样的;二是必须确定这年的第一天是星期几。在这个程序设计中,可以将这两个问题的解决分别用两个函数完成,主函数完成日历的打印输出。

函数isleap用于判断某年(year)是否是闰年,返回1表示是闰年。

其算法为:一个年份如果可以被4整除,但是不能被100整除,则是闰年;或者该年份可以被100整除,也能被400整除,则是闰年。

函数week_of_firstday用于求元旦是星期几,返回值为0~6之间的整数,返回0表示为星期天。

其算法为:根据一个基准年份推算当年的第一天是星期几,设基准年份为1900,已知该年的元旦为星期一。平年为365天,即52星期又一天。而闰年为366天,则是52星期又两天。

则year与1900年之间的年数为:n=year-1900;

假设所有的年均为平年,也就是,每年都是52星期又一天,则n年多出n天。

在这些年中有闰年(n-1)/4个,则共多出来的天数为n+(n-1)/4。

已知1900年元旦为星期一,所以,year年的元旦为(1+n+(n-1)/4)%7。

整个程序清单如下:

```
#include<stdio.h>
int isleap(int year);                    /* 判断闰年的函数原型说明    */
int week_of_firstday(int year);          /* 计算每年的第一天是星期几的函数原型说明 */
int len_of_month(int year,int month);    /* 计算某年某月的天数的函数原型说明 */
void main()
{
  int year,month,day,weekday,days_of_month,i;
  printf("\nplease input year:");
  scanf("%d",&year);
  printf("\n\n      %d\n",year);
  weekday=week_of_firstday(year);          /* 确定这年的元旦是星期几 */
  for(month=1;month<=12;month++)           /* 控制12个月的输出 */
  {
        printf("\n                %d\n",month);
        printf("------------\n");
        printf("SUN MON TUE WED THU FRI SAT \n");
```

```
        printf("------------\n");
        for (i=0;i<weekday;i++)              /* 确定当月 1 日的打印位置 */
            printf("□");                     /*□为一个空格*/
        days_of_month=len_of_month(year,month); /* 调用函数确定本月的天数 */
        for (day=1;day<=days_of_month;day++)
        {
            printf(" %2d ",day);
            weekday=(weekday+1)%7;
            if (weekday==0)
              printf("\n");                  /* 满一个星期换行 */
        }
        printf("\n");                        /* 月日历打印结束 */
    }
}
/* 根据年份判断并返回是否是闰年 */
int isleap(int year)
{
 int leap=0;
 if (year%4==0&&year%100!=0||year%400==0)
   leap=1;
 return leap;
}
/* 根据给定的年份计算该年元旦为星期几,以 1900 年元旦是星期一为基准 */
int week_of_firstday(int year)
{
  int n=year-1900;
  n=n+(n-1)/4+1;
  n=n%7;
  return n;
}
/* 计算并返回某年某月的天数,其中调用了闰年的判断函数 */
int len_of_month(int year,int month)
{
  int daynumber;
  if (month==4||month==6||month==9||month==11)
    daynumber=30;
  else if(month==2)
      if (isleap(year))               /* 如果为闰年,函数返回值为 1,即真 */
        daynumber=29;
```

```
        else
            daynumber=28;
          else
            daynumber=31;
    return daynumber;
  }
```

程序运行结果如下:

```
please input year:2003↙

                              2003
                               1
-----------------------------------------------------------------
   SUN   MON   TUE   WED   THU   FRI   SAT→
-----------------------------------------------------------------
                          1     2     3     4
   5     6     7     8     9     10    11
   12    13    14    15    16    17    18
   19    20    21    22    23    24    25
   26    27    28    29    30    31

                               2
-----------------------------------------------------------------
   SUN   MON   TUE   WED   THU   FRI   SAT→
-----------------------------------------------------------------
                                            1
   2     3     4     5     6     7     8
   9     10    11    12    13    14    15
   16    17    18    19    20    21    22
   23    24    25    26    27    28
     …                              …
```

通过这个例题可以清楚地看到模块化程序设计在复杂程序设计中使用的意义:3 个函数 isleap,week_of_firstday,len_of_month 分别完成特定的任务,主函数中调用了函数 week_of_firstday 和 len_of_month,在函数 len_of_month 中又调用了 isleap 函数。从这一例题可以看出,这个程序由 4 个函数构成,主函数的程序流程图如图 4.3 所示。

4.3 变量作用域

当一个程序中有两个以上的函数时,一个不容回避的问题就是变量的作用域问题。所谓变量的作用域,是指一个变量有效的范围。根据变量作用范围的不同,可以将变量分为局部变

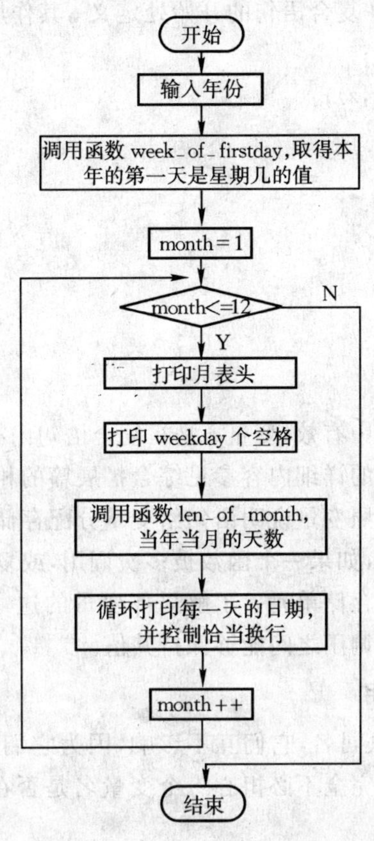

图 4.3　例 4.6 程序流程图

量和全局变量。

4.3.1　局部变量

所谓局部变量,是指定义在一个程序块(函数)中的变量,它的作用范围只是定义它的程序块。这种变量一旦定义,系统就为其分配相应的内存空间,在本程序块执行结束时,系统就会收回其占用空间。本节之前的程序中所出现的变量都是属于局部变量。

1. 局部变量的定义位置及作用域

① 在函数体的开始处。

② 在复合语句的开始处。

例如:

```
int max(int a,int b);
void main()
{
  int x,y;        /* 在函数体的开始处定义,其作用域在 main 函数中 */
  ...
  if (x>y)
   {
```

```
            int z;     /* 在复合语句的开始处定义 ,其作用域在复合语句中 */
            z=x*x-y*y;
            printf("%d\n",z);
        }
        ...
    }
    int max(int a,int b)
    {
    ...
    }
```

变量x和y是在main函数中有效,变量z是在复合语句内有效。这种变量属于C语言中的自动存储类别,关于存储类别的详细内容参见综合扩展篇的相关知识。对于自动变量,是当执行一个函数或复合语句时,按照变量说明语句给变量分配存储空间,当函数退出或复合语句结束时,就释放存储单元。这样,如果一个函数被多次调用,或复合语句被多次执行,变量就会被多次分配存储单元,多次释放存储单元。了解局部变量的这一特点,有助于对程序的理解,例如,不能希望变量在两次函数调用之间能够保持其值。

2. 对于局部变量的补充说明

(1) 不同函数中的变量可以同名,它们互不影响,因为它们的作用范围不同。这样,程序设计者在编写每个函数时,可以完全不必担心一个变量名是否在其他函数中使用过。这一点对于多个人分工协作更有意义。

(2) 形式参数也属于局部变量,例如,上面程序中,max函数中的形参a和b,也只在max函数内有效。

(3) 局部变量规则同样适合于main函数,也就是说,main函数中定义的变量也只能在main函数中有效,并不会因为是"主函数"而有什么特殊性。在main函数中,也不能引用其他函数中定义的局部变量。

3. 局部变量的初始值与初始化

对于自动变量来说,在定义时所分配的存储单元中原来存放的值就是该变量的初始值,这往往是一个不确定的值,所以,我们强调变量必须先赋值,后引用。

所谓变量的初始化就是在定义变量的同时,给该变量一个确定的值。例如:

```
int i,s=0;
for (i=1;i<=10;i++)
  s=s+i;
```

在这个程序段中,给变量s赋一个初始值0,就非常必要,否则在循环首次执行s=s+i语句时,就可能多加了一个未知的值,导致最终计算结果的错误。

另外,需要说明的是,可以用常量给变量赋初值,也可以用有确定值的表达式给变量赋初值。

例如:

```
int n=10;
```

```
    …
    if ( … )
      {
          int k=n-1;
          for (i=1;i<k;i++)
      …
      }
```

4.3.2 全局变量

全局变量是指在任何函数之外定义的变量,这种变量的使用不局限于某一个函数,而是从定义开始,直至整个程序结束,所以称为全局变量,或全程变量。定义全局变量的目的就是让多个函数可以共享。

1. 全局变量的定义

在函数外定义,例如:

```
int a,b=3;
void main()
{
    int i,j;
    …
}
char ch;
float add(float x,float y)
{
    …
}
```

其中,a、b 和 ch 都是全局变量,变量 a 和 b 的作用域为 main 和 add 两个函数,而变量 ch 的作用域为 add 函数,即在 main 函数中不能使用变量 ch。

需要说明的是,定义全局变量不能重名,但是允许全局变量与某个函数内部的局部变量重名。在这种情况下,C 语言规定:在函数内部对变量的访问是指对局部变量的访问,也就是说,在函数内,局部变量与全局变量重名时,全局变量暂时失去作用。这个规定也适用于复合语句。

例 4.7 分析下面程序的运行结果。

```
#include<stdio.h>
void f1(void);
int a=1;
void main()
{
    int  a=2;
    f1();
    {
```

```
        int a=3;
        printf("a=%d\n",a);
    }
    printf("a=%d\n",a);
}
void f1(void)
{
    printf("a=%d\n",a);
}
```

程序运行结果:

```
a=1
a=3
a=2
```

2. 全局变量的初始值

与局部变量不同,全局变量是在程序的编译阶段分配内存,在程序的执行阶段不释放,所以全局变量只进行一次初始化,并且只能用常量。如果程序中没有给全局变量初始化,系统自动置0。请读者注意,这一点与局部变量不同。

3. 全局变量的作用

在程序中定义全局变量的目的是增加函数间数据的联系通道以及数据共享。主要表现在:

(1) 如果在一个程序的开始处定义了全局变量,则这个程序中的所有函数都能引用全局变量的值,所以,如果在一个函数中改变了全局变量的值,其他函数中就可以访问这个改变了的变量,这样,就相当于多了一个数据传递的通道;

(2) 由于函数的调用只能带回一个返回值,在需要带回两个以上的结果时,可以使用全局变量。

例 4.8　利用函数完成交换两个变量的值。

```
#include<stdio.h>
int a,b;
void main()
{
    void swap(void);
    scanf("%d,%d",&a,&b);
    printf("a=%d,b=%d\n",a,b);
    swap();
    printf("a=%d,b=%d\n",a,b);
}
void swap(void)
{
```

```
    int c;
    c=a; a=b; b=c;
}
```

这个程序的运行结果为：

```
3,5
a=3,b=5
a=5,b=3
```

在这个程序中，利用全局变量，通过 swap 函数完成了两个变量值的交换。可见，定义全局变量，可以增加函数间数据传递途径。当然，由于全局变量自身的缺陷，这种方法并不是最好的解决途径，在引入指针之后，有更好的方法可以解决此类问题。

4. 全局变量的缺点

可以看到，当程序中的多个函数之间，需要传递数据时，除了使用实参与形参的结合，全局变量也是可行的手段之一。但是，必须避免全局变量的滥用，只在必要时才使用全局变量。原因在于：

(1) 全局变量是静态的，在程序的整个运行过程中都要占用内存单元，因此有可能造成不必要的内存资源浪费；

(2) 从例 4.8 中可见，使用全局变量使得函数的通用性较差，如 swap 函数，它只能完成变量 a 和 b 的交换，假如变量 x 和 y 还要交换，就不方便使用；

(3) 在编写大型程序时遇到的一个主要问题是，由于某一变量在别处被引用而导致变量的值偶然改变。大量使用全局变量，很容易产生这种副作用，使程序出错，而且这种错误往往防不胜防，很难控制。从程序设计方法的角度讲，最根本的原因在于，各模块之间除了用参数传递信息外，还增加了许多意想不到的渠道，造成模块之间的联系太多，降低了模块的独立性，给程序设计、调试和维护工作造成困难。

4.4　函数的嵌套与递归

4.4.1　函数的嵌套调用

在 C 语言中，函数调用允许嵌套，所谓函数的嵌套调用是指在一个函数调用另一个函数的过程中，被调函数又调用了另一个函数。

图 4.4 所示的是一个 3 个函数嵌套调用的示意图。在 C 语言中没有对嵌套的层数进行限制。

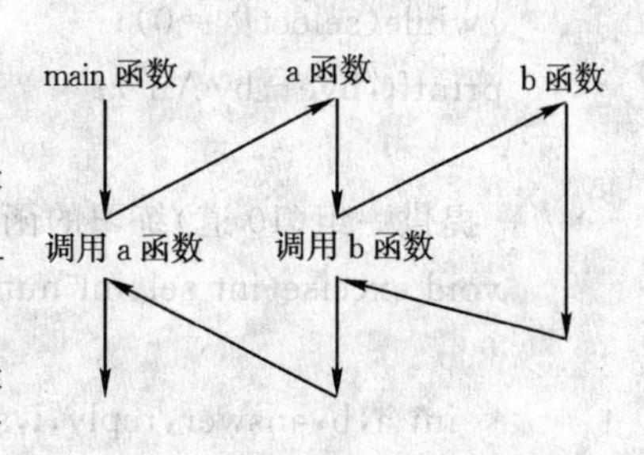

图 4.4　函数的嵌套调用

注意：函数都是分别独立定义的，它们的调用关系是嵌套的。例如：在例 4.6 中，main 函数中调用了 len_of_month 函数，而在该函数中又调用了 isleap 函数。

例 4.9　编写一个供小学生进行加减乘除练习的程序，可以进行二位数以内的运算。每十道题为一组，并可以评判学生成绩。

分析：在这个程序中，需要进行随机出题，可以采用随机函数 rand()得到两个随机数。rand()是包含在 stdlib. h 中的函数,其功能是产生一个界于 0 到 RAND_MAX 之间的随机整数,RAND_MAX 是在头文件<stdlib. h>中定义的一个符号常量,在 Turbo C 环境及 VC 环境中测试,该符号常量的值均为 32767。

需要说明的是,函数 rand()产生的随机数实际上是伪随机数,如果反复调用该函数将得到重复的一个数,为了避免这种情况,需要用 srand 函数对其进行随机化,即在每次调用 rand()函数之前,调用 srand 函数,并给出一个实参以设置不同的随机数种子。

程序如下:

```
#include<stdlib.h>
#include<stdio.h>
int fun(int num);                  /* 产生一个指定位数的随机数的fun函数原型声名 */
void execise(int sel,int num);     /* 提供一组(10道)练习的 execise 函数原型声名 */
void main()
{
 int select,num;
 do
  {
    printf("1----add\n");
    printf("2----sub\n");
    printf("3----multiply\n");
    printf("4----devided\n");
    printf("0----exit\n");
    printf("please select(0-4):\n");
    scanf("%d",&select);                    /* 读入用户希望进行的练习类型 */
    if (select! =0)
    {
      printf("please input digit number:\n");
      scanf("%d",&num);                    /* 读入用户希望进行几位数字的练习 */
      execise(select,num);                 /* 调用 execise 函数进行设定的一组练习 */
    }
  }while(select! =0);
  printf("bye-bye\n");
 }
/* 提供一组(10道)练习的函数定义 */
 void execise(int sel,int num)
 {
   int a,b,answer,reply,i,score=0;
   for(i=0;i<10;i++)                      /* 每组十道练习题 */
   {
     srand(time(NULL)+i);                 /* 设置随机数种子 */
```

```
        a=fun(num);
        srand(time(NULL)+i*100);          /* 重新设置随机数种子 */
        b=fun(num);                       /* a,b 为产生的两个随机整数 */
        switch (sel)
        {
        case 1: printf("%d%c%d%c",a,'+',b,'=');
                answer=a+b;
                break;
        case 2: printf("%d%c%d%c",a,'-',b,'=');
                answer=a-b;
                break;
        case 3: printf("%d%c%d%c",a,'*',b,'=');
                answer=a*b;
                break;
        case 4: printf("%d%c%d%c",a,'/',b,'=');
                answer=a/b;
                break;
        }
        scanf("%d",&reply);                       /* 接收用户输入的回答 */
        if (reply==answer) score=score+10;        /* 如果正确则成绩增加 10 分 */
    }
    printf("score=%d\n",score);                   /* 显示本组(10 道)练习的得分 */
    return;
  }
/*  产生一个指定位数的随机数的函数定义 */
  int fun(int num)
  {
    int number;
    number=(num-1)*10+rand()%9;                   /* 限制产生数的范围 */
    return number;
  }
```

在程序中 time 函数的功能是提取计算机的时钟值,用它作为随机数的种子,可以使得产生的数字更具随机性。

可以看到,这是一个函数嵌套调用的例子,在 main 函数中调用了 execise 函数,进行一组练习。在 execise 中多次调用了 fun 函数用于产生一定范围内的随机数。

4.4.2　函数的递归调用

一个函数在它的函数体内调用它自身称为递归调用,这种函数称为递归函数。在递归调用中,主调函数又是被调函数。执行递归函数将反复调用其自身,每调用一次就进入新的一层。

例如有函数f如下：

```
int f(int x)
{
    int y;
    y=x*f(x-1);
    return y;
}
```

这个函数是一个递归函数，运行该函数将无休止地调用其自身，这当然是不正确的。因为每一次函数调用都会占用内存资源，系统资源终究会被消耗殆尽。为了防止递归调用无终止地进行，必须在函数内有终止递归调用的手段。常用的办法是加条件判断，满足某种条件后就不再作递归调用，然后逐层返回。

下面举例说明递归调用的执行过程。

例 4.10 用递归法计算 $n!$。

分析：求解 n 的阶乘实际上有两种方法，一种是递推法，它是基于公式：

$$n! = 1 \times 2 \times 3 \times \cdots \times n$$

实现方法是用循环语句完成。

另一种方法是递归方法，它是基于公式：

$$n! = \begin{cases} 1 & (n = 0,1) \\ n \times (n-1)! & (n > 1) \end{cases}$$

可以看出，这是一个递归的定义。按公式可编程如下：

```
#include<stdio.h>
long fac(int n);                          /* 求阶乘函数原型声明 */
void main()
{
    int n;
    long y;
    printf("\ninput a integer number:\n");
    scanf("%d",&n);
    if (n<0)
        printf("data error\n");
    else
    {
        y=fac(n);
        printf("%d! =%ld",n,y);
    }
}
long fac(int n)
{
    long f;
```

```
    if(n ==1)
        f=1;
    else
        f=fac(n-1) * n;
    return(f);
}
```

在这个程序中，对于 fac 函数是一个逐层调用，又逐层返回的过程。图 4.5 说明了该程序的执行过程。

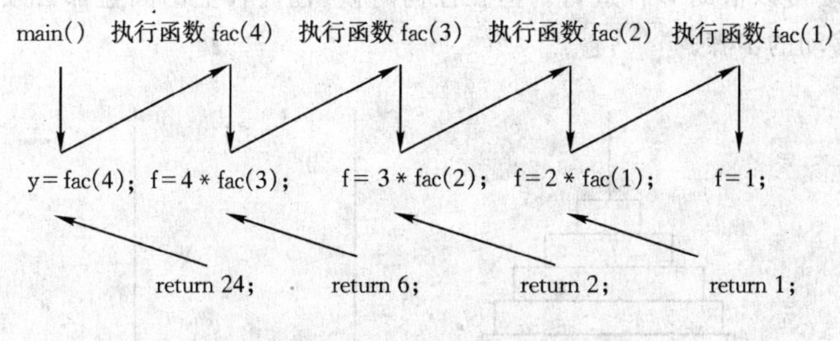

图 4.5　递归调用函数的执行过程

例 4.11　编制一个程序，可以从键盘输入一串字符，倒序输出。例如：输入 ABCD，输出 DCBA。

分析：这个问题实质上可以描述为一个递归函数 rev：读入一个字符 ch，如果 ch 为换行符，则返回，否则调用函数 rev。

程序如下：

```
#include <stdio.h>
void rev(void);
void main()
{
    rev();
}
void rev(void)
{
    char c;
    c=getchar();
    if (c! ='\n')
    {
       rev();
       printf("%c",c);
    }
}
```

这个程序的运行结果：

asdffd

dffdsa

注意:变量c是在每一次rev函数调用中定义的局部变量,这一点对于理解这个程序非常重要,设想一下,如果将这个c变量定义为全局变量,这个程序还能完成拟订的功能吗?

对于以上两个问题来讲,既可以用递推法实现,也可以用递归法实现,递推法比递归法更容易理解。但是有些问题则只能用递归算法才能实现。典型的递归问题是Hanoi塔问题。

例4.12 Hanoi塔问题。一块板上有3根杆,A,B,C。A杆上套有64个大小不等的圆盘,大的在下,小的在上。如图4.6所示。要把这64个圆盘从A杆移动C杆上,每次只能移动一个圆盘,移动可以借助B杆进行。但在任何时候,任何杆上的圆盘都必须保持大盘在下,小盘在上。求移动的步骤。

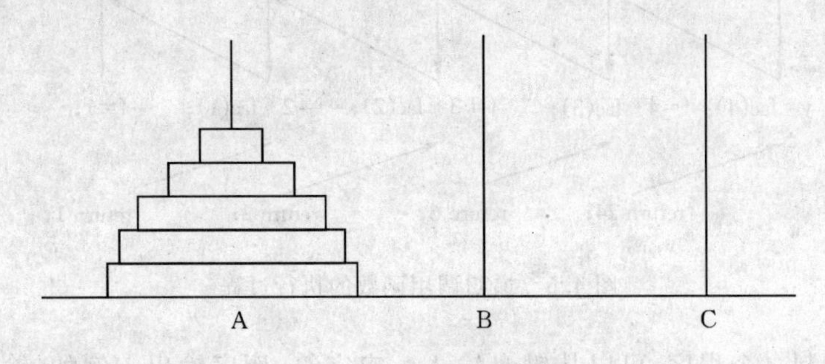

图4.6 Hanoi塔问题示意图

分析:移动盘子的算法如下:

假设要将n个盘子按题目中的规定从A杆移动到C杆。模拟这一个过程的算法称为move(n,a,b,c),则移动步骤为:

第一步:把$n-1$个盘子设法借助C杆放到B杆,记做move($n-1,a,c,b$)。

第二步:把第n个盘子从A杆移动到C杆。

第三步:把B杆上的$n-1$个盘子借助A杆移动到C杆,记做move($n-1,b,a,c$)。

显然这是一个递归过程,据此算法可编程如下:

```
#include<stdio.h>
void move(int n,int x,int y,int z);    /* 将n个盘子借助z杆从x杆移到y杆的函数原
                                           型声明 */
void main()
{
    int h;
    printf("\input number:\n");
    scanf("%d",&h);
    printf("the step to moving %2d diskes:\n",h);
    move(h,'a','b','c');
}
void move(int n,int x,int y,int z)
{
```

```
    if(n==1)
        printf("%c-->%c\n",x,z);
    else
    {
        move(n-1,x,z,y);
        printf("%c-->%c\n",x,z);
        move(n-1,y,x,z);
    }
}
```

从程序中可以看出,move函数是一个递归函数,它有4个形参n,x,y,z。n表示圆盘数,x,y,z分别表示3根杆。move函数的功能是把x上的n个圆盘移动到z上。当n=1时,直接把x上的圆盘移至z上,输出x→z。如n!=1则分为3步:递归调用move函数,把n-1个圆盘从x移到y;输出x→z;递归调用move函数,把n-1个圆盘从y移到z。在递归调用过程中n=n-1,故n的值逐次递减,最后n=1时,终止递归,逐层返回。当n=4时程序运行的结果为:

```
input number:
4↙
the step to moving 4 diskes:
a→b
a→c
b→c
a→b
c→a
c→b
a→b
a→c
b→c
b→a
c→a
b→c
a→b
a→c
b→c
```

小　结

1. C库函数的调用方法

函数名(实在参数)

在程序开头必须包含该函数所在的头文件,实在参数必须是有确定值的常量、变量或表达式。

2. 自定义函数的定义方法

函数定义的一般形式:

类型说明 函数名(含类型说明的形式参数表)

{

  说明部分

  执行部分

}

3. 函数的调用方法

函数名(实在参数表)

函数调用是使函数得到实际执行的过程。实在参数必须是有确定值的常量、变量或表达式。

4. 变量的作用域,是指一个变量有效的范围

局部变量,是定义在函数体中的变量,它的作用范围只是定义它的函数。

全局变量,是在任何函数之外定义的变量,它的作用范围是从定义开始,直至整个程序结束。

5. 函数的递归调用

递归是一个函数在它的函数体内调用它自身称为递归调用。有时,递归是解决问题的一个有效方法。

本章仅讲述了函数相关的基本内容,还有部分内容,如变量的存储类别,main函数的参数问题等参见本书的综合扩展篇。

习 题

1. 阅读程序,写出运行结果。

```
#include<stdio.h>
void fun(int a,int b,int c)
{ a=456; b=567; c=678;}
void main()
{
    int x=10,y=20,z=30;
    fun(x,y,z);
    printf("%d,%d,%d\n",x,y,z);
}
```

(A) 30,20,10　　(B) 10,20,30

(C) 456,567,678　　(D) 678,567,456

2. 阅读程序,写出运行结果。

```
#include<stdio.h>
int abc(int u,int v);
void main()
{
    int a=24,b=16,c;
    c=abc(a,b);
    printf("%d\n",c);
}
int abc(int u,int v)
{
    int w;
    while(v)
    { w=u%v;u=v;v=w;}
    return u;
}
```

(A) 6　　(B) 7　　(C) 8　　(D) 9

3. 阅读程序,写出运行结果。

```
#include<stdio.h>
void fun( int k);
void main()
{
   int w=5;
   fun(w);
   printf("\n");
}
  void fun( int k)
  {
      if (k>0)  fun(k-1);
      printf("%d",k);
  }
```

(A) 54321　　(B) 012345　　(C) 12345　　(D) 543210

4. 阅读程序,写出运行结果。

```
#include<stdio.h>
void f(int x,int y,int z)
{
   z=x+y;
}
void main()
{
```

```
    int a;
    f(5,6,a);
    printf("%d\n",a);
}
```

(A) 0　　(B) 11　　(C)12　　(D) 不确定

5. 阅读程序,写出运行结果。

```
#include<stdio.h>
float f(int n)
{
    int i; float s=0.0;
    for(i=1;i<=n;i++)
       s+=1.0/i;
    return (s);
}
void main()
{
    int i; float a=0.0;
    for (i=1;i<3;i++)
       a+=f(i);
    printf("%f\n",a);
}
```

(A) 2.500000　　(B) 3.000000　　(C) 2.5　　(D) 4.000000

6. 写一个函数,用于判断一个数是否为"水仙花数"。所谓"水仙花数"是指一个3位数,其各位数字的立方和等于该数本身。调用该函数打印出所有水仙花数。

7. 写两个函数,分别求两个整数的最大公约数和最小公倍数,用主函数调用这两个函数,并输出结果。

8. 编写一个函数重复打印给定的字符 n 次。

9. 编写一个函数,给出年、月、日,计算该日是本年的第几天。

10. 求 Fibonacci 数列前20个数。Fibonacci 数列的前两个数为1,1,以后每个数都是其前面两个数之和。Fibonacci 数列前面 n 个数为1,1,2,3,5,8,13,…。用递归方法实现。

11. 编写一个函数,用于判断一个数是否是回文数。所谓回文数,是指从左向右读和从右向左读是一样的数。调用该函数,从键盘输入一个整数,输出判断结果。

12. 编写求 x^n(n 为正整数)的递归函数。

13. 用递归方法求 n 阶勒让德多项式的值,递归公式为:

$$p_n(x)=\begin{cases}1 & (n=0)\\ x & (n=1)\\ ((2n-1).x-p_{n-1}(x)-(n-1).p_{n-2}(x))/n & (n\geqslant 1)\end{cases}$$

14. 阅读下面计算 $x-x^2+x^3-x^4+\cdots+(-1)^{n-1}x^n$ 值的递归函数,将函数补充完整。

```
float px(float x,int n)
```

```
{
    if (n==1) __________;
    else return (x*(__________));
}
```

15. 阅读程序,填空

函数 primedec(m)输出整数 *m* 的所有素数因子。例如 *m* 为 120 时,输出为:

2,2,2,3,5

程序如下:

```
void primedec(int m)
{
    int k=2;
    while (k<=m)
        if (m%k __________)
        {
            printf("%d,",k);
            __________;
        }
        else
            __________;
}
```

第5章　数　组

利用C语言的各种基本语句和函数机制，就已经可以解决形形色色的问题，但所用到的变量均为基本类型(整型、实型、字符型)的简单变量，难以解决复杂的问题。在数值计算和非数值计算领域中，经常会遇到大量同类型的数据，例如：将很多学生成绩从高到低进行排序，或者求解拥有很多个系数的高阶线性方程组等。这些问题就需要用到大量的简单变量，即使不同的变量有着相同的操作，也无法采用同一语句来处理，程序将变得十分冗长。

在数学中处理这类问题时，为了使运算过程的表达简洁，是用一组带下标的变量来表示数据的。同样，C语言提供了一种构造类型数据——数组(一组带下标的变量)来表示这组数据，对各个变量的相同操作可以利用循环结构改变下标值，从而进行重复处理，使程序变得简明清晰。数组、结构体和共用体都是构造类型的数据，是由基本类型数据按照一定规则组成的，因此又称"导出类型"。

数组是由固定数目的同类型的变量按一定顺序排列而构成的。C语言中用同名的带下标的变量组成一个数组，带下标的变量由数组名和方括号中的下标共同来表示，称为数组元素。同一数组的各个元素只是下标不同，通过数组名和下标可直接访问数组的每个元素。下标的个数称为数组的维数，带一个下标的是一维数组，带多个下标的统称多维数组，其中带两个下标的也称二维数组，带三个下标的也称三维数组，依此类推。

5.1　一维数组

当数组的元素只带一个下标时，称此数组为一维数组，这是最常见的数组类型。

定义格式：

　　元素类型名　数组名[常量表达式]〖={元素初值列表}〗；

元素类型名指定该数组各元素的类型。数组名的命名方法同变量名，应符合标识符命名规则。用方括号[ ]括起来的常量表达式的值表示该数组含数组元素的个数，称为数组长度。常量表达式中可包含常量和符号常量，C语言中不允许数组长度为变量。

例如：　int　m[20]；

表示整型数组m有20个元素：m[0]，m[1]，…，m [19]。注意元素的下标范围为0～19。

　　float　x [10]；

表示实型数组x有10个元素：x[0]，x[1]，…，x[9]。

下面定义是错误的：

```
int a(20);   float b[10.0];      /* 错误，不能用( )，长度不能用实型 */
int x;    double[x+5];         /* 错误，表达式中有变量 */
```

当数据已知的情况下，可以在定义数组时，对数组进行初始化，例如：

① 对全部元素赋初值:int m[10] = {10, 11, 12, 13, 14, 15, 16, 17, 18, 19};

② 可对部分元素赋初值:int m[10] = {0, 1, 2, 3, 4}; 前5个元素初值由初值列表确定,后5个元素由系统设置为0。

③ 如对数组元素赋同一初值,也必须一一列出:

int m[10]={2, 2, 2, 2, 2, 2, 2, 2, 2, 2}; 不可写成:int m[{10 * 2}];

④ 若全部元素都赋初值,可省略方括号中的常量表达式,数组长度由初值个数确定。

int m[ ]={0, 1, 2, 3, 4, 5}; /* 花括号中有6个数,表示一维数组m的长度为6 */

⑤ 存储方式:一维数组各元素按下标的顺序连续地分配在内存单元之中。图5.1表示下列数组的存储结构:int a[15]={1, 2, 3, 4, 5, 6, 7, 8, 9, 10, 11, 12, 13, 14, 15};

1	2	3	4	5	6	7	8	9	10	11	12	13	14	15
a[0]	a[1]	a[2]	a[3]	a[4]	a[5]	a[6]	a[7]	a[8]	a[9]	a[10]	a[11]	a[12]	a[13]	a[14]

图5.1 一维数组的存储结构图

编译器看到这条定义语句,就会为该数组分配一块能存放15个整型数据的连续空间。

5.1.1 一维数组元素的引用

无论数组的类型是int、float、char或是其他类型,都可以像使用普通变量一样,使用这些数组的元素,比如给它们赋值、在屏幕上显示、参与数学运算等。

数组元素的引用格式: 数组名[下标]

数组元素等价于一个同类型的变量。下标为整型表达式,由它确定被引用元素的序号。下标从0开始编号,小于等于数组长度减1,引用时需特别注意下标不得越界。这类错误只能通过细心编程和认真测试来发现,编译器对于下标是否越界不进行检查。

例5.1 修改数组元素的值。

```
#include  <stdio.h>
int main( )
{
  int m[10] = {1, 2, 3, 4, 5, 6, 7, 8, 9, 0};
  m[9] = m[3] * 6;        /* √正确,赋值后m[9]的值为24 */
  m[m[3]] = m[0] * 5 + m[2 * 4] * 6;  /* √正确,赋值后m[4]的值为59 */
  m[6] = m[10];           /* ×不正确,m[10]下标上越界,结果无法预测 */
  m[9] = m[m[1] - 5];  /* ×不正确,m[m[1]-5]下标下越界,结果无法预测 */
  printf ("%d, %d, %d, %d\n", m[4], m[5], m[6], m[9]);
  return 0;
}
```

例5.1的运行结果:

```
59, 6, 1245120, -858993460
```

例5.1的程序虽然可以编译运行,但运行结果中只有前两个数结果正确,后两个数因为数组下标越界而导致不可预知。另外,在C89标准中,void main( )的形式是可以接受的,表示无返回值。但C99标准更严格,必须写为int main( ),返回时用"return 整数值"传递给调用者一个返回码。通常返回0值表示正常退出,返回非0值表示发生异常,由程序员定义每个非0值代表的异常信息。

当数组中的元素都执行相同的操作时,就需要用循环结构遍历数组中的每个元素。由于数组长度已知,故循环次数已知,通常使用for结构完成定数循环。比如:

```
int a[10];
for (i=0; i<10; i++)
    scanf("%d",&a[i]);
```

一定要避免下标越界问题:for循环中i的初值为0,与数组第一个元素a[0]的下标相等;数组元素的下标是等差数列,步进值为1,故使用i++或者++i均可;i的最大取值为9,故循环终止条件为i<10或i<=9均可。

例5.2 从键盘输入5个学生的成绩,求平均分并输出大于平均分的成绩。

程序的结构分为三段:输入部分、运算部分和输出部分,流程图如图5.2所示。输入部分利用循环将数据存入数组中,接下来的运算部分就可以多次使用这些数据,用来计算总和、计算平均分,最后输出大于平均分的成绩。

```
#include  <stdio.h>
#define  N  5    /*数组长度*/
int main ( )
{
    /*变量定义(声明)区域*/
    int i, score[N];    /*i循环变量,score成绩数组*/
    float average = 0;  /*存放平均分*/
    /*输入部分*/
    printf ("请输入%d个学生的成绩:\n", N);
    for (i = 0; i < N; i++)
    { /*输入一个成绩*/
      printf ("第%d个:", i + 1);
      scanf ("%d", &score[i]);
    }
    /*运算部分*/
    for (i = 0; i < N; i++)   /*计算总和*/
      average += score[i];
    /*计算平均分*/
    average /= N;
    /*输出部分*/
    printf ("平均值=%2.1f\n", average);
    printf ("大于平均分的成绩有:\n");
    for (i = 0; i < N; i++) /*输出大于平均值的成绩*/
      if (score[i] > average)
        printf ("%4d", score[i]);
```

```
    printf ("\n----运算结束----\n");
    return 0;
}
```

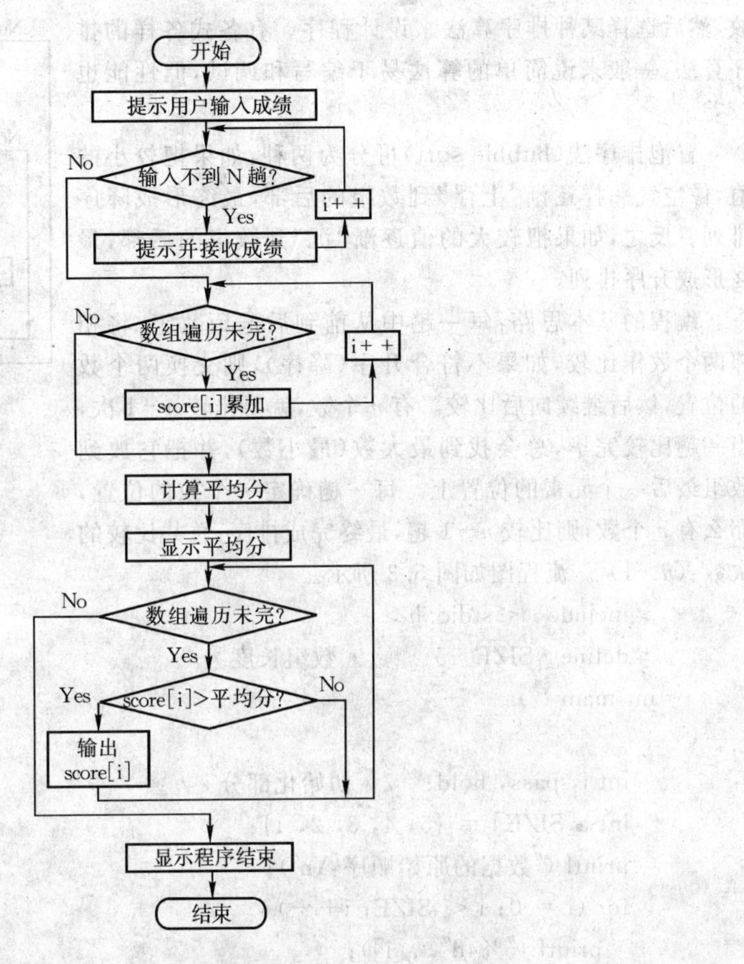

图 5.2　例 5.2 流程图

例 5.2 的运行结果：

```
请输入 5 个学生的成绩:
第 1 个:11
第 2 个:22
第 3 个:33
第 4 个:44
第 5 个:55
平均值=33.0
大于平均分的成绩有:
44  55
----运算结束----
```

例 5.3　冒泡排序。

排序在数据处理领域中应用十分广泛。所谓数据排序,就是按照某种特定的顺序排列数据,如升序(从小到大)或降序(从大到小)。这些数据通常都使用数组来存放,然后选择某种排序算法来设计程序。有各式各样的排序算法,一般来说简单的算法易于编写和调试,但性能也较差。

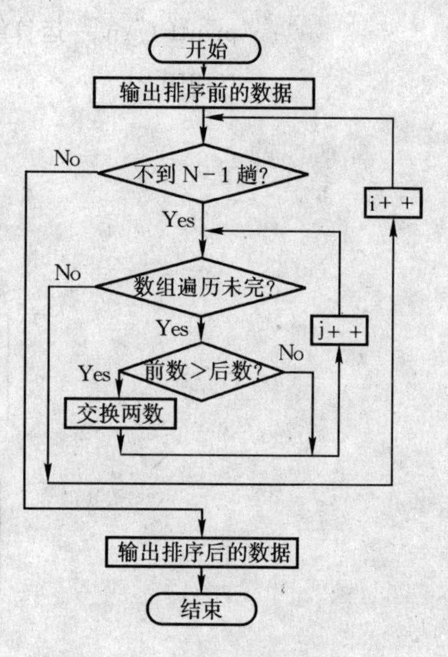

图5.3　冒泡排序法

冒泡排序法(bubble sort)可分为两种:如果把较小的值,像空气一样逐渐"上浮"到数组的后部,最终形成降序排列。反之,如果把较大的值逐渐"沉"到数组的后部,最终形成升序排列。

编程的基本思路:每一趟中从前到后遍历数组,将相邻两个数作比较,如果不符合升序(降序),则交换两个数的位置,然后继续向后比较。有 n 个数,就要比较 $n-1$ 次,当一趟比较完毕,总会找到最大数(最小数),并把它放到数组最后一个元素的位置上。每一趟确定一个数的位置,那么有 n 个数,则比较 $n-1$ 趟,最终完成排序,总共比较的次数:$(n-1)^2$。流程图如图5.3所示。

```
#include  <stdio.h>
#define  SIZE  5      /* 数组长度 */
int main ( )
{
  int i, pass, hold;  /* 初始化部分 */
  int a[SIZE] = {5, 4, 3, 2, 1};
  printf ("数据的原始顺序:\n");
  for (i = 0; i < SIZE; i++)
    printf ("%4d", a[i]);
  /* 比较N-1趟 */
  for (pass = 0; pass < SIZE-1; pass++)
  {
    for (i = 0; i < SIZE-1; i++)   /* 比较N-1次 */
    {
      if (a[i] > a[i+1]) /* 比较相邻两个数 */
      {/* 交换两个数的位置 */
        hold = a[i];
        a[i] = a[i+1];
        a[i+1] = hold;
      }
    }
  }
```

```
    printf ("\n 升序排列后:\n");
    for (i = 0; i < SIZE; i++)
        printf ("%4d", a[i]); /* 输出排序结果 */
    printf ("\n----排序完毕! ----\n");
    return 0;
}
```

例 5.3 运行结果:

```
数据的原始顺序:
5    4    3    2    1
升序排列后:
1    2    3    4    5
----排序完毕! ----
```

请读者思考:能否不用数组就实现排序?

例 5.3 实现了升序排列,要变成降序排列,有两种方法:

① 修改排序算法中的比较条件:if(a[i] > a[i+1]),将大于号改为小于号即可。

② 修改输出方式:排序完成后,数组中是升序排列,只要在输出的时候,按照从后向前的顺序依次读取每个元素,就能够获得降序排列的结果,即将最后的 for 循环语句:

for(i=0; i<SIZE; i++) 改为:for(i=SIZE-1; i>=0; i--)

冒泡排序算法简单,但性能很低,这里列举两种改进的思路,供学有余力的读者参考。

① 每趟比较,逐次减少比较的次数,这样总共比较的次数:$(n-1)+(n-2)+\cdots+1=n(n-1)/2$。提示:让内层循环的终止条件随外层循环的计数器值的增加而改变。

② 如果在某一趟比较中,没有发生数据交换,说明已经完成排序任务,则提前结束。提示:设立标记变量(Flag),每趟比较之前清零,在数据交换的时候置 1。这样如果没发生数据交换,则标记变量仍然为零,即可提前终止循环。

排序算法一直是计算机科学的重要研究方向。冒泡排序法是最典型的一种算法,适用于数据量小的情况下。在数据量很大的情况下,一般要选择更先进的算法,以提高程序的性能,如减少程序运行时间、降低存储空间等消耗等。

5.1.2 一维字符数组

用来存放字符型数据的数组就是字符数组,数组的每一个元素存放一个字符,与 int、float 等数值类型的数组相同,字符数组也可以分为一维数组和多维数组。

一维字符数组的定义格式: char 数组名[常量表达式];

字符数组的元素类型是字符,所以元素类型名是 char。例如:char c[20]; 其中 char 是元素类型名,c 是字符数组名,常量表达式 20 是元素个数,即数组的长度。

当数据已知的情况下,可以在定义数组时,直接给出字符数组中的各字符,对数组进行初始化,例如:char a[5]={'G', 'o', 'o', 'd'}; 对字符数组初始化的时候,如有空格字符,也必须用单引号括起来。

例 5.4 输入 10 个字符,然后显示到屏幕上。

```
#include <stdio.h>
```

```
#define  N  10     /*数组长度*/
int main ( )
{
  int i;         /*i循环变量*/
  char b[N];  /*b字符数组*/
  /*输入部分*/
  printf ("请输入%d个字符:\n", N);
  for(i = 0; i < N; i++)
    scanf("%c", &b[i]);
  /*输出部分*/
  for(i = 0; i < N; i++)
    printf("%c", b[i]);
  printf("\n----程序结束! ----\n");
  return 0;
}
```

例 5.4 运行结果:

```
请输入10个字符:
abcdefghij ↙
abcdefghij
----程序结束! ----
```

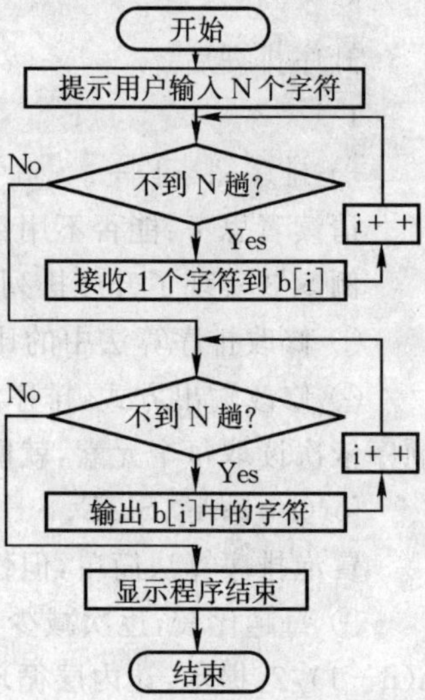

图 5.4　输入N个字符并输出

程序的流程图见图 5.4 所示,程序包含两个相同次数的循环,一个控制输入,一个控制输出。显然,这种字符数组的输入输出方式不够灵活,因为程序中规定要处理 10 个字符,就必须输入 10 个字符,在 5.4 节对于这一问题将有更好的处理方式。

5.1.3　应用举例

例 5.5　已知 8 次多项式的各项系数,重复输入 x 的值,计算各多项式的结果

$$p(x) = 8.8x^8 + 7.7x^7 + 6.6x^6 + 5.5x^5 + 4.4x^4 + 3.3x^3 + 2.2x^2 + 1.1x + 100$$

如果直接计算各项值再累加,共需要加法 8 次,乘法 1+2+…+7+8=36 次,若用秦九韶公式,则只需要加法 8 次,乘法 7 次,显然效率提高了许多:

$$\begin{aligned} p_n(x) &= a_n x^n + a_{n-1}x^{n-1} + \cdots + a_1 x + a_0 \\ &= (\cdots((a_n x + a_{n-1})x + a_{n-2})x + \cdots + a_1)x + a_0 \end{aligned}$$

定义实型变量 x 和 p 存储自变量和多项式的值,定义实型数组 a 并给它赋初值存储各项系数。输入一个 x,若非 0 则进入 while 循环,按此 x 值计算多项式值并输出。然后输入下一个 x,若非 0 则 while 循环继续运算,直到 x 为 0 循环结束。计算多项式时,p 的初值为 a_0,用 for 循环累加。流程图见图 5.5 所示。

```
#include <stdio.h>
#define  N  9     /*多项式系数的个数*/
int main( )
```

```
{
    int i;
    double a[N] = {100, 1.1, 2.2, 3.3, 4.4, 5.5, 6.6, 7.7,8.8};
    double x, p;
    /*输入部分*/
    printf ("请输入 x=");
    scanf ("%lf", &x);
    while (x != 0)
    { /*运算部分*/
      p = 0;
      for (i = N-1; i>=0; i--)
         p = p * x + a[i];
      printf ("p=%.1f\n", p);
      /*输入部分*/
      printf ("下一个 x=");
      scanf ("%lf", &x);
    }
    printf ("----运算结束! ----\n");
    return 0;
}
```

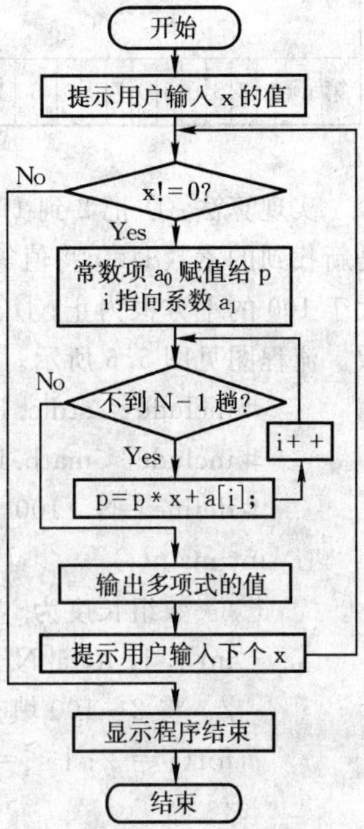

图 5.5　计算多项式的值

例 5.5 运行结果：

```
请输入 x=1
p=139.6
下一个 x=2
p=4044.6
下一个 x=3
p=81293.2
下一个 x=0
----运算结束! ----
```

例 5.6　筛法求 100 以内的素数，并按每行 10 个数输出。

筛法，是求不超过自然数 N(N>1)的所有质数的一种方法。据说是古希腊的埃拉托斯特尼(Eratosthenes)发明的，又称埃拉托斯特尼筛子。

筛法求 100 以内的素数的过程如下：① 第一个数 2 是素数，把后面的 2 的整数倍的数全部筛去；② 从 2 向后找出一个最小的未被筛去的数，就是素数 3，把后面的 3 的整数倍的数全部筛去；③ 从 3 向后找出一个最小的未被筛去的数，就是素数 5，把后面的 5 的整数倍的数全部筛去。不断重复这个过程直到新找到的素数大于 100 的平方根为止，剩余的未被筛去的数都是素数。

表 5-1　筛法求 1000 以内的素数的过程

第一趟	2	3	4	5	6	7	8	9	10	11	12	13	14	15	16	17	18	19	20	21	22	23	24	25	…	97	98	99	100
第二趟	2	3	0	5	0	7	0	9	0	11	0	13	0	15	0	17	0	19	0	21	0	23	0	25	…	97	0	99	0
第三趟	2	3	0	5	0	7	0	0	0	11	0	13	0	0	0	17	0	19	0	0	0	23	0	25	…	97	0	0	0
												…				…					…								
第 n 趟	2	3	0	5	0	7	0	0	0	11	0	13	0	0	0	17	0	19	0	0	0	23	0	0	…	97	0	0	0

实现算法:① 把 2 到 100 的整数放到 a[2] 到 a[100] 中;② 找出最小的非 0 数 a[i],它就是新找到的素数 i;③ 将值等于 2i, 3i, …, n＊i 的下标对应的元素都置 0;重复②和③直到 i 大于 100 的平方根为止;④ 最后按格式输出 a 数组中的非 0 数。流程图见图 5.6 所示。

```
#include <stdio.h>
#include <math.h>
#define  N  100   /* 数组长度 */
int main( )
{ /* 数组长度为 N+1,使下标和所存数字相符 */
  int i, j, n, a[N+1] = {0};
  /* 将 2~100 填充到数组 */
  for(i = 2; i <= N; i++)
  {
    a[i] = i;
  }
  /* 计算部分。筛法求 100 以内的素数 */
  for(i = 2; i <= sqrt(N); i++)
  {
    for(j = i + i; j <= N; j += i)
    {
      a[j] = 0;
    }
  }
  /* 输出部分 */
  printf("----筛法求 100 以内的素数----\n");
  for(i = 2, n = 0; i <= N; i++)
  {
    if(a[i] != 0)
    { /* 如果非零,说明是素数,则输出 */
      printf("%6d", i);
```

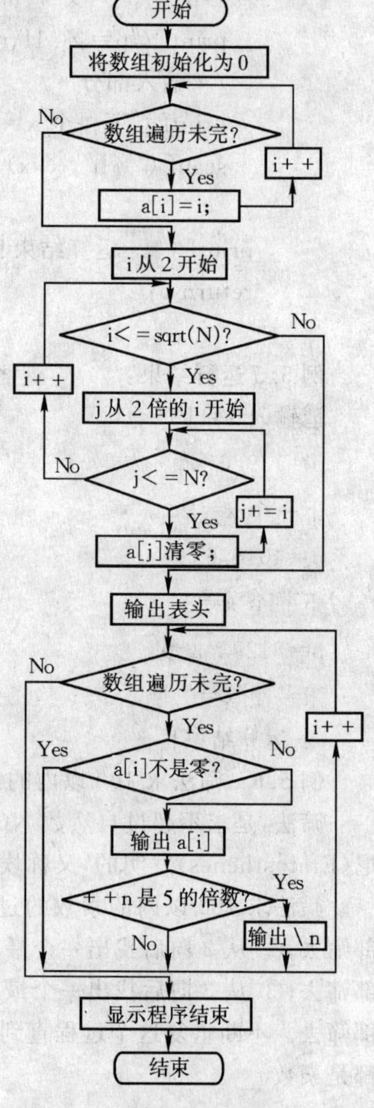

图 5.6　筛法求素数

```
        if ( (++n) % 5 == 0) /* 每5个数换行 */
        {
            printf("\n");
        }
      }
    }
    printf("\n----运算结束! ----\n");
    return 0;
}
```

例 5.6 运行结果：

```
----筛法求100以内的素数----
 2     3     5     7     11
13    17    19    23     29
31    37    41    43     47
53    59    61    67     71
73    79    83    89     97
----运算结束! ----
```

5.2　二维数组

多维数组经常用来表示按行和列格式存放信息的数值表，二维数组是最常见的形式。数组可以有多个下标，ANSI C 标准至少支持有 12 个下标的数组。当用二维数组存储矩阵时，每个元素都带两个下标，称此数组为二维数组。

定义格式：

元素类型名　数组名　[常量表达式 1]　[常量表达式 2]；

元素类型名指定该数组各元素的类型。数组名的表示方法同变量名，应符合标识符命名规则。常量表达式 1 的值表示数组行数，常量表达式 2 的值表示数组列数。常量表达式中可包含常量和符号常量。不允许有变量。引用时，数组元素的每个下标都从 0 开始编排。例如：

```
int a[4][10];     /* 4行10列共40个整型元素，不可写为 int a[4,10] */
float x[5][2*8]; /* 5行16列共80个实型元素 */
```

不管数组的下标有多少个，所有的元素都是在内存中连续存放的。二维数组的存放方式为：按行存放，即第二行元素是接着第一行元素存放的。对二维数组来说，每一行实际上是一个一维数组，如图 5.7 所示。

b[0]					b[1]					b[2]				
1	2	3	4	5	6	7	8	9	10	11	12	13	14	15
b[0][0]	b[0][1]	b[0][2]	b[0][3]	b[0][4]	b[1][0]	b[1][1]	b[1][2]	b[1][3]	b[1][4]	b[2][0]	b[2][1]	b[2][2]	b[2][3]	b[2][4]

图 5.7　二维数组的存储结构图

对二维数组初始化有四种方式：

① 按行给二维数组赋初值。

int a[3][4]={{1,2,3,4},{5,6,7,8,},{9,10,11,12}};

② 可以去掉其中内层的{ },但前几行的元素必须填满。

int a[3][4]={ 1,2,3,4,5,6,7,8,9,10,11,12};

③ 可以对部分元素赋初值,其余自动为0。如：

int a[3][4]={{1,2},{3},{8}},等价于:int a[3][4]={{1,2,0,0},{3,0,0,0},{8,0,0,0}}

④ 可通过赋初值决定数组大小。多维数组只可省略第一维的大小。如：

int a[ ][4]= {{1,2},{3},{8}};　　/* 3行4列 */

int b[ ][4]={1,2,0,0,3,0,0,0,8};　　/* 3行4列初值与a数组相同 */

int c[ ][2][3]={1,2,3,4,5,6,7,8,9,10,11,12}; /* 相当于c[2][2][3] */

5.2.1 二维数组元素的引用

与一维数组元素一样,二维数组元素相当于同类型的简单变量。必须在引用数组元素之前,先定义该数组。大部分情况下只能逐个引用数组元素,不能单独用数组名引用整个数组,也不能给数组整体赋值。

引用格式：　　数组名[行下标][列下标]

其中的行下标和列下标均为整型表达式,最小下标都是0,最大下标分别等于数组定义的行数减1和列数减1,引用时行下标和列下标都不得越界。

例5.7 在3×4的矩阵中找出最大的元素,显示所在的行号、列号和元素的值。

先将第一个数存入变量max中,当作已知的最大值,row记录最大值的行号,column记录最大值的列号。然后依次用a[i][j]与max相比较,如果发现更大的数,则更新max、row和column的值。算法见图5.8所示。

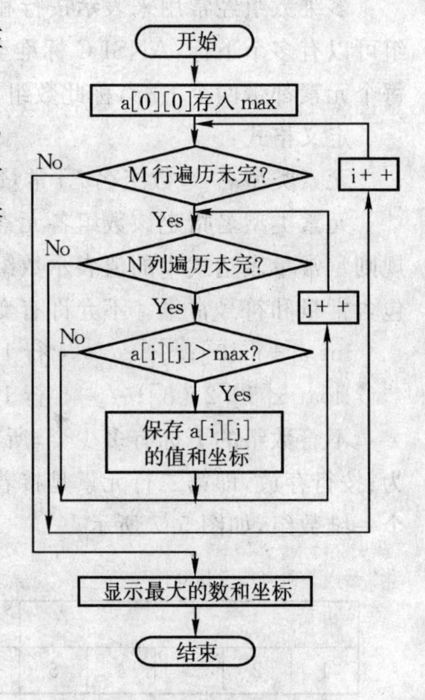

图5.8 找出最大数

```
#include <stdio.h>
#define M 3 /*二维数组3行4列*/
#define N 4
int main ( )
{
    int a[M][N] = {
        { 1,  2, 3,  4},
        { 9,  8,  7,  6},
        {-10,  7,  10, -5}  };
    int i,j,row=0,column=0,max=a[0][0];
    for (i = 0; i < M; i++)
```

```
    {
      for (j = 0; j < N; j++)
      {
        if (a[i][j] > max)
        {
          max = a[i][j];
          row = i;
          column = j;
        }
      }
    }
    printf ("max=%d,", max);
    printf ("row=%d, column=%d\n", row, column);
    return 0;
}
```

例 5.7 运行结果：

```
max=10, row=2, column=2
```

5.2.2　二维字符数组

二维字符数组最常见的用途是存放用符号组成的二维图形，比如菱形。由于英文字母是半角字符，体型细长，故使用“%2c”输出。

例 5.8　输出一个用星号组成的菱形图案。

先将空格和星号组成的图案存入二维数组 a 中，然后输出即可，算法如图 5.9 所示。

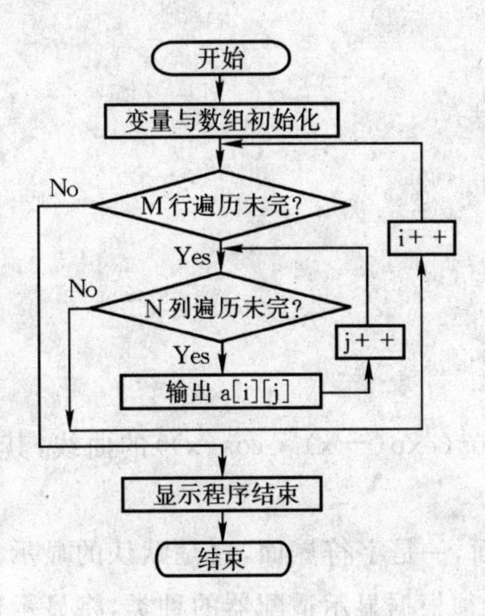

图 5.9　显示二维图案

```
#include <stdio.h>
#define N 5    /*二维数组5行5列*/
int main ( )
{
   int i, j;
   char a[N][N] = {
      {' ', ' ', '*'},
      {' ', '*', ' ', '*'},
      {'*', ' ', ' ', ' ', '*'},
      {' ', '*', ' ', '*'},
      {' ', ' ', '*'}  };
   /*输出部分*/
   for (i = 0; i < N; i++)
   { /*输出每行的字符*/
      for (j = 0; j < N; j++)
      {
         printf ("%2c", a[i][j]);
      }
      printf ("\n");   /*换行*/
   }
   printf ("----程序结束! ----\n");
   return 0;
}
```

例5.8运行结果:

```
    *
  *   *
*       *
  *   *
    *
----程序结束! ----
```

例5.9 打印函数 y=abs(exp(-x) * cos(x))的曲线,其中x从0变化到3.5π,间距π/18。

C语言一般分成两种界面,一是字符界面,这是默认的显示界面;另一个是图形界面。当需要使用图形界面的时候,必须根据显示适配器的种类,将显示器设置为某种图形模式,然后才可以调用图形函数进行绘图。在ANSI C中没有对图形库函数的要求,因此不同的C语言编译器提供的图形库函数都不相同,采用字符界面可以避开这个问题。

借助数学工具软件(商业软件如 Matlab, Mathematica, Maple, Mathcad 等;开源软件如 Scilab, Octave, Maxima 等)画出示意图,如图 5.10(a)所示,可以确定图形大小。我们可以用 * 号以点带线,将整个图形存放在二维字符数组。因为 C 语言的字符界面是 80 * 25 个字符,故 Y 坐标长度<=25 取 23,X 坐标长度>= 3.5 * 18=63 取 68。为此可以定义一个二维字符数组s[23][68],纵坐标在 0 列,横坐标在 22 行。

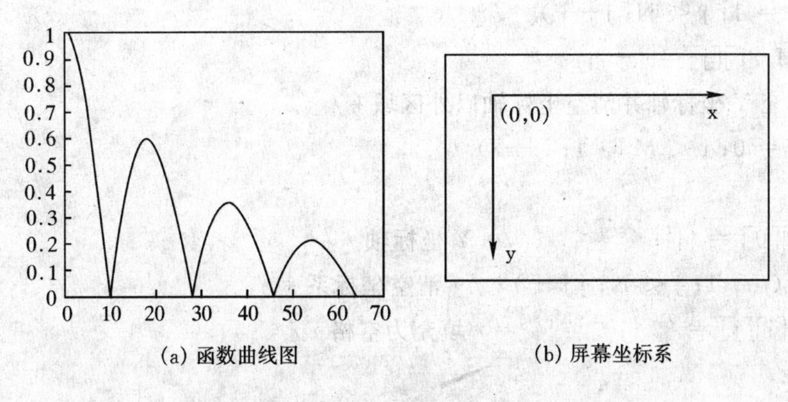

(a) 函数曲线图　　(b) 屏幕坐标系

图 5.10 函数曲线图与屏幕坐标系

在字符界面下,使用 printf()、putc()、puts()和 putchar()等输出函数是以整个屏幕为窗口的,无法用函数随意控制输出的位置。只能在光标所在处开始输出,当输出行右边超过窗口右边界时会自动换行,当然也可以输出回车符提前换行。当换行到屏幕的底部边界时,窗口内的内容会自动上卷,直到全部输出完毕。在显示图形之前,需要进行坐标转换,将 X—Y 坐标系变成屏幕坐标系,如图 5.10(b)所示,否则图像将会上下颠倒。只需要转换 x 坐标,y 坐标不用转换,套用公式:x′ = 屏幕高度-x,即可完成转换。

二维数组 s 相当于画布,先填充好 x 轴和 y 轴,并清空其他区域,然后将 x 的值依次代入方程式,算出 y 值后,套用公式进行图像翻转,在对应坐标处存入′*′,就画好一个点了。等算出所有的点之后,将 s 数组全部显示到屏幕上。程序的流程图如图 5.11 所示。

```
#include  <stdio.h>
#include  <math.h>
/* Y坐标长度 <=25 */
#define  M  23
/* X坐标长度 >= 3.5*18=63,必须小于 80 */
#define  N  68
#define  PI  3.14159265   /*圆周率*/
int main ( )
{ /*变量声明*/
  int i,j;
  char s[M][N];
```

```
    /* X从0开始,h为步进值 */
    double x, y, h = PI/18;
    /* 填充数组,即准备画布 */
    s[M-1][0] = '+';   /* 零点 */
    /* 填充X坐标轴 */
    for (j = 1; j < N; j++)
      s[M-1][j] = '-';
    /* 填充Y坐标轴并清空坐标轴以外区域 */
    for (i = 0; i < M - 1; i++)
    {
      s[i][0] = '|';              /* Y坐标轴 */
      for (j = 1; j < N; j++)   /* 清空坐标系 */
        s[i][j] = ' ';            /* 填充为空格 */
    }
    /* 计算函数值,用'*'画点。N-4=64,因为x范围0~63 */
    for (j = 0, x = 0.0; j<N-4; j++, x += h)
    { /* 为了防止图形过于狭长,将e的指数缩小6倍 */
      /* 算出y值 */
      y = fabs((M-1) * exp(-x/6.0) * cos(x));
      i = (int)((M-0.5) - y); /* 将图形上下翻转 */
      s[i][j] = '*';    /* 画点 */
    }
    /* 输出图形 */
    printf ("\t\t\tf(x) = abs(exp(-x) * cos(x))");
    for (i = 0; i < M; i++)
    { /* 把二维数组显示到屏幕上 */
      printf ("\n%2d", M-i-1);
      for (j = 0; j < N; j++)
        printf ("%c", s[i][j]);
    }
    getchar ( );   /* 暂停,按回车继续 */
    return 0;
}
```

例5.9运行结果:

f(x)=abs(exp(-x) * cos(x))

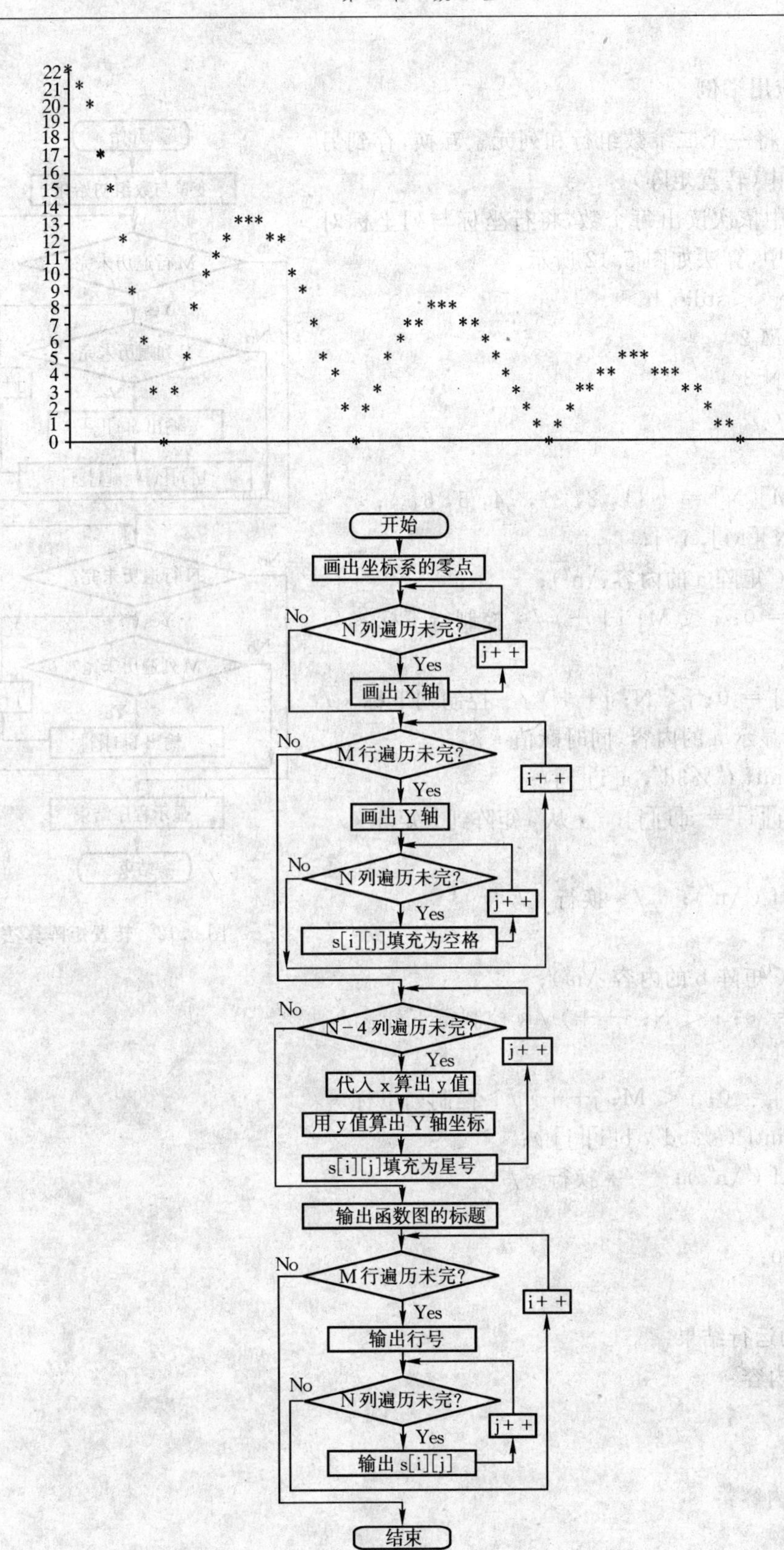
开始
画出坐标系的零点
N列遍历未完?
Yes
No
j++
画出X轴
M行遍历未完?
i++
画出Y轴
N列遍历未完?
s[i][j]填充为空格
N-4列遍历未完?
代入x算出y值
用y值算出Y轴坐标
s[i][j]填充为星号
输出函数图的标题
输出行号
输出s[i][j]
结束

图 5.11 画函数曲线图

5.2.3 应用举例

例 5.10 将一个二维数组行和列元素互换,存到另一个二维数组中(转置矩阵)。

从数组 a 中依次读出每个数,将行坐标与列坐标对调存入数组 b 中,算法如图 5.12 所示。

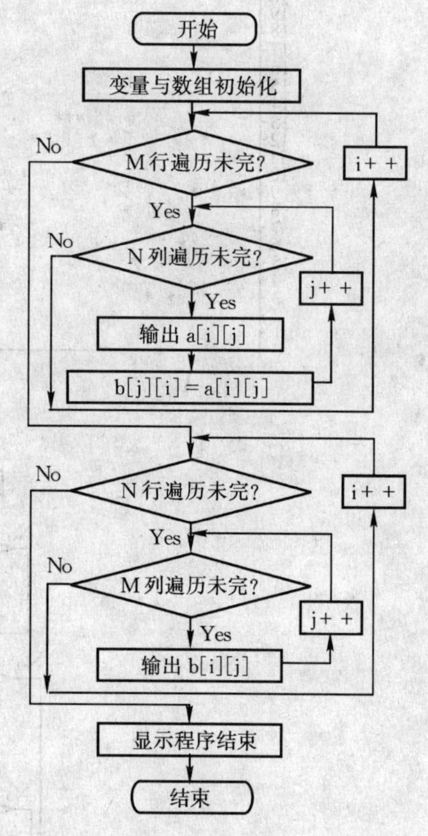

图 5.12 转置矩阵算法

```
#include <stdio.h>
#define M 2
#define N 3
int main ( )
{
  int a[M][N] = { {1, 2, 3}, {4, 5, 6} };
  int b[N][M], i, j;
  printf ("矩阵 a 的内容:\n");
  for (i = 0; i < M; i++) /* 控制行下标 */
  {
    for (j = 0; j< N; j++) /* 控制列下标 */
    {/* 显示 a 的内容,同时赋值 */
      printf ("%3d", a[i][j]);
      b[j][i] = a[i][j]; /* 从 a 矩阵到 b 矩阵 */
    }
    printf ("\n");    /* 换行 */
  }
  printf ("矩阵 b 的内容:\n");
  for (i = 0; i < N; i++) /* 控制行下标 */
  {
    for (j = 0; j < M; j++) /* 控制列下标 */
      printf ("%5d", b[i][j] );
    printf ("\n" );    /* 换行 */
  }
  return 0;
}
```

例 5.10 的运行结果

```
矩阵 a 的内容:
  1  2  3
  4  5  6
矩阵 b 的内容:
    1    4
    2    5
```

3　6

例 5.11　杨辉三角。

杨辉三角是(a＋b)^{n}展开后各项的系数。如:(a＋b)^{4}展开后各项的系数为 1,4,6,4,1。它的特点是:0 列和对角线元素都是 1。其余均为上一行的同列元素与前一列元素之和。算法如图 5.13 所示。

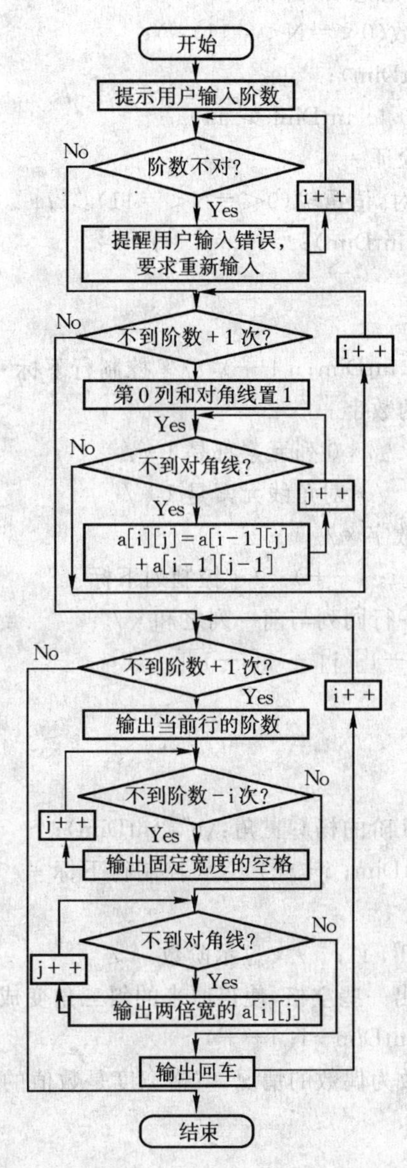

图 5.13　杨辉三角算法

```
#include <stdio.h>
    #define N 12
    int main ( )
    {
```

```
/*变量声明*/
int i, j, intDim;
int a[N][N];
/*输入部分*/
printf ("杨辉三角,您想看几阶? \n");
printf ("请输入阶数(0<=N<=11):");
scanf ("%d", &intDim);
while (intDim < 0 || intDim > 11)
{ /*输入有效性验证*/
  printf ("输入不对,请重输(0<=N<=11):");
  scanf ("%d", &intDim);
}
/*计算部分*/
for (i = 0; i <= intDim; i++)  /*控制行下标*/
{ /*先填充两边的数字*/
  a[i][0] = 1;     /*0列元素都是1*/
  a[i][i] = 1;     /*对角线元素是1*/
  /*计算内部的数字*/
  for (j = 1; j < i; j++)  /*控制列下标*/
  { /*当前=上一行同列与前一列之和*/
    a[i][j] = a[i-1][j] + a[i-1][j-1];
  }
}
/*输出部分*/
printf ("下面是%d阶的杨辉三角:\n", intDim);
for (i=0; i<=intDim; i++)  /*控制行下标*/
{
  printf ("n=%2d", i);  /*显示阶数 */
  /*每行前面输出一些空格,使得原来的斜三角变成等腰三角形*/
  for (j=0; j < intDim-i; j++)
  { /*为适应阶数为偶数的情况,空格宽度是数值的一半*/
    printf ("%3c", ' ');
  }
  /*输出当前行的所有元素*/
  for (j=0;j<=i;j++)
  { /*此处的宽度是空格宽度的两倍*/
    printf ("%6d",a[i][j]);
  }
  printf ("\n");  /*换行*/
```

```
    }
    return 0;
}
```

例 5.11 运行结果：

```
杨辉三角,您想看几阶?
请输入阶数(0<=N<=11):15 ↙
输入不对,请重输(0<=N<=11):4 ↙
下面是 4 阶的杨辉三角:
n=0                 1
n=1              1     1
n=2           1     2     1
n=3        1     3     3     1
n=4     1     4     6     4     1
```

该算法还可以用一维数组实现,各行共同使用一个一维数组,节省存储单元。先将 0 号元素置 1,其他元素置 0,一维数组中存储的是首行的值,输出该行。再以此行的值为基础,从后向前计算新行的每个元素值,它等于此元素原值与前一元素值之和,直到 1 号元素,这样就算出新的一行各元素值,输出此行。然后,重复此步骤,直到所有行输出完为止。

5.3 数组与函数

当程序需要处理的问题比较复杂时,不可避免地需要利用函数实现程序的模块化。而复杂的问题往往伴随着大量数据的存储,这需要用数组来实现,由此带来的一个问题就是,数组作为函数参数的问题。

数组作为函数参数有两种情况:①数组元素作为函数参数。编译系统的处理机制是从实参到形参的值传递方式,这等同于简单变量作为函数参数;②数组名作为主调函数的实参。对应的被调函数的形参也定义为数组名,实参数组的首地址将会传递给形参。转入被调函数执行后,形参数组不分配新的存储空间,而是与实参数组共享存储空间,因此被调函数在函数中修改数组元素时,就是在修改实参数组的元素。

这种方式为不同函数之间共享大量数据提供了手段,且对提高性能是有意义的。如果用传值的方式传递数组,则每一个元素都会拷贝一份,对于频繁传递的大型数组来说,对数组进行拷贝就会消耗不少时间,同时占用大量的存储空间,造成数据冗余。

通常数组不需要通过 return 语句返回,因为数组不能整体赋值,只能用单个变量接收函数的返回值。因此即使用“return 数组名”方式,最多也只能返回数组的首地址。

例 5.12　调用选择排序法函数,实现降序排列。

选择排序法也是一种常见的排序算法,它与前面介绍的冒泡排序法相似,都是简单的排序算法,易于编写和调试,适用于数据量小的情况下。通常情况下,选择排序法的性能略优于冒泡排序法。

需将 n 个数从大到小顺序排列,需要扫描 n－1 趟,每次找出一个数放到恰当的位置上:

①第1趟将第1个元素和其后的元素比较,有更大的则交换,结果从n个元素中,找出了最大的数并把它换到第1个元素中;② 第2趟用同样方法,在剩下的n－1个元素中,找出第2大的数并把它调换到第2个元素中;③ 第i趟用同样方法,在剩下的n－i＋1个元素中,找出第i大的数,把它调换到第i个元素中。重复此过程直至最后一个元素。

选择排序法的流程图如图5.14所示,外层循环确定第i个元素,内循环将它和其后的元素比较,不符合顺序则交换两个数。在调用排序函数的时候,将有效数字的个数传入,就可对数组进行部分排序。由于数组名作为函数参数时,是传引用方式调用,故主调函数中的数组a和被调函数中的数组a共享同一存储区域,无需return语句。

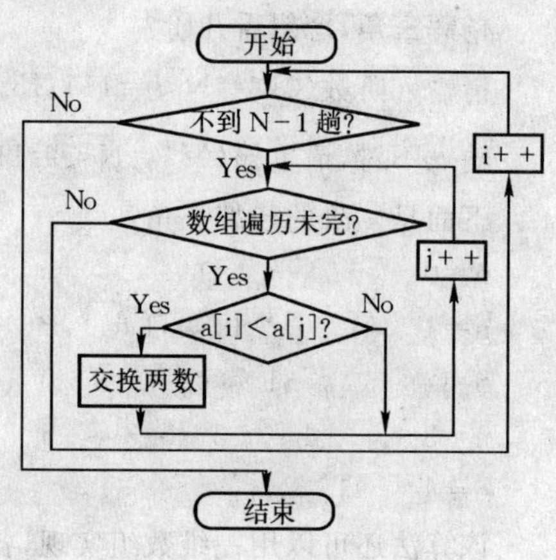

图5.14 选择排序法

```
#include <stdio.h>
#define N 10   /*数组长度*/
/*选择排序函数*/
void SelectSort ( int [ ], const int );
int main( )
{
    int i, n;
    int a[N] = {7, 9, 5, 6, 8}; /*待排序数字*/
    printf ("排序前的结果:\n");
    for ( i = 0; i < N; i++ )
        printf ("%4d", a[i]);
    printf ("\n 您要排序前几个数:");
    scanf ("%d", &n);
    SelectSort ( a, n ); /*调用选择排序函数*/
    /*输出排序后的结果*/
    printf ("\n 排序后的结果:\n");
    for (i = 0; i < n; i++)
        printf ("%4d", a[i]);
    printf ("\n----程序结束! ----\n");
    return 0;      /*返回操作系统*/
}
/*选择排序函数
参数2个:a－要排序的数组,num－数字个数
返回值:无*/
void SelectSort ( int a[ ], const int num )
{
    int i, j, t;   //i,j 循环计数器,t 临时变量
    for (i = 0; i < num-1; i++)
```

```
    {/*循环N-1次,确定第i个数字*/
        for (j = i+1; j < num; j++)
        { /*从i+1开始继续向后*/
            if (a[i] < a[j])
            {/*如果不符合降序,就交换两个数*/
                t = a[i]; a[i] = a[j];   a[j]=t;
            }
        }
    }
}
```

例5.12运行结果:

```
排序前的结果:
  7  9  5  6  8  0  0  0  0  0
您要排序前几个数:5

排序后的结果:
  9  8  7  6  5
----程序结束!----
```

编写成函数的时候,可以只设置数组名这样1个参数,在数组长度N已知的情况下,即可以实现全部排序。也可以设置数组名和要排序元素的个数这样2个参数,就可以指定前几个数进行排序。还能设置数组名、开始下标和终止下标这样3个参数,就能实现数组中任意连续的几个数进行排序。请读者们自行修改程序,实现上述功能。

有时候可能不允许函数修改数组元素,则可以用const限定符作为数组参数的前缀,这样数组元素就成为函数中的常量,在该函数体中任何修改数组元素的企图都会导致编译错误。这样程序员就能根据编译错误修改程序,从而避免在函数体中修改数组元素。

例5.13 输入N个学生三门课程的成绩,求每个学生的平均分,按平均分降序输出每个学生各门课程的成绩和平均成绩。

学生成绩表 s[10][3]

姓名	语文	数学	物理
1			
2			
……			
10			

平均分表 a[10]

平均分
……

图5.15 成绩排序问题数据存储结构

这里需要两个表格,如图5.15所示,二维数组score用于存储成绩,一维数组average存储平均成绩。用for循环控制,从键盘按行输入每个学生三门课的成绩,存入score数组中;然后计算出平均成绩,存入数组 average 中对应下标的元素。对平均成绩排序时,应同时整行交换三门课程的成绩。为了提高排序效率,可以用变量 k 存储第 i 趟成绩最高者的下标,每趟只交换一次,这是一种改进的选择排序算法,如图 5.16 所示。

```
#include <stdio.h>
#define  N 3   /*学生人数*/
#define  M 3   /*课程数目*/
/*成绩录入函数*/
void scoreInput (int [N][M]);
/*平均分计算函数*/
void calcAverage (int [N][M], float [N]);
/*选择排序法函数*/
void SelectSort2Array (int [N][M], float [N]);
/*成绩输出函数*/
void scoreOutput (int [N][M], float [N]);
int main ( )
{
  int s[N][M];          /*二维成绩数组*/
  float a[N];          /*一维平均分数组*/
  scoreInput (s);   /*输入成绩*/
  calcAverage (s, a);        /*计算平均值*/
  SelectSort2Array (s, a); /*按平均分排序*/
  scoreOutput (s, a);        /*显示成绩*/
  return 0;   /*返回操作系统*/
}
/*成绩录入函数
参数1个:二维成绩数组,无返回值。*/
void scoreInput (int s[N][M])
{
  int i;
  printf ("每行输入%d门课成绩(%d个人):\n", M, N);
  for (i = 0; i < N; i++)    /*输入成绩*/
    scanf("%d%d%d", &s[i][0], &s[i][1], &s[i][2]);
}
/*平均分计算函数
参数2个:二维成绩数组,一维平均分数组,无返回值。*/
void calcAverage (int s[N][M], float a[N])
{
  int i;
  for (i = 0; i < N; i++) /*求每个学生的平均分*/
```

```
    a[i] = (float)( (s[i][0]+s[i][1]+s[i][2]) / 3.0);
}
/*选择排序法函数
参数2个:二维成绩数组,一维平均分数组,无返回值。*/
void SelectSort2Array (int s[N][M], float a[N])
{
  int i, j, k, m;
  float t;
  for (i = 0; i < N - 1; i++)
  { /*循环N-1次按平均分对多门成绩排序*/
    for (k = i, j = i + 1; j < N; j++)
    { /*从i+1开始继续向后*/
      if (a[k] < a[j])
      { /*用k存储第i趟平均分最高的下标*/
        k = j;
      }
    }
    /*将找到的平均分最高者交换到i行*/
    if (k != i)
    { /*不在同一个位置则交换*/
      for (j = 0; j < M; j++)
      { /*交换三门课的成绩*/
        m = s[i][j];
        s[i][j] = s[k][j];
        s[k][j] = m;
      }
      /*交换平均分*/
      t = a[i];
      a[i] = a[k];
      a[k] = t;
    }
  }
}
/*成绩输出函数
参数2个:二维成绩数组,一维平均分数组,无返回值。*/
void scoreOutput (int s[N][M], float a[N])
{
  int i;
  printf ("排序后的成绩:\n");
```

```
    for (i = 0; i < N; i++)
    { /* 输出学生的成绩 */
        printf ("%5d%5d%5d", s[i][0], s[i][1], s[i][2]);
        printf ("%7.1f\n", a[i]);   /* 输出学生的平均分 */
    }
}
```

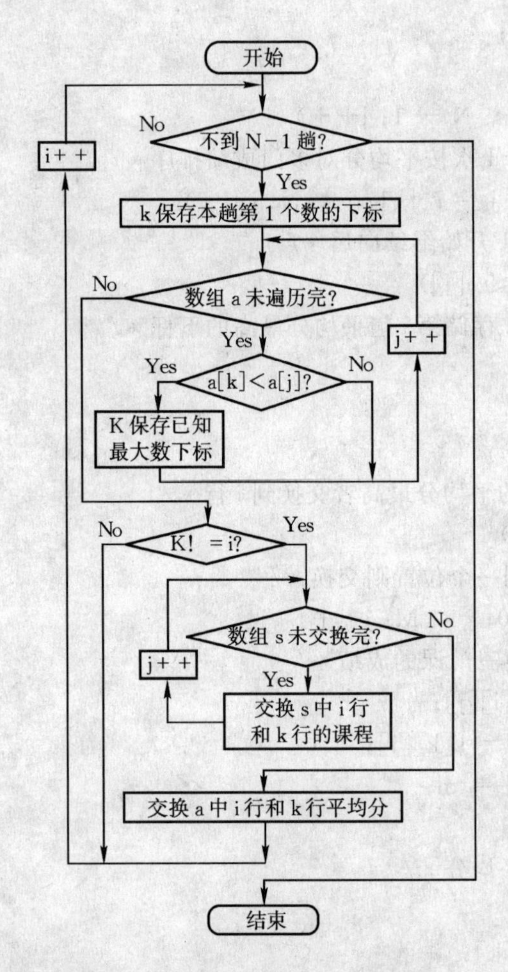

图5.16　对多门成绩按平均分排序

例5.13运行结果：

```
每行输入3门课成绩(3个人)：
71  72  73
81  82  83
91  92  93  ↙
排序后的成绩：
  91  92  93  92.0
  81  82  83  82.0
```

```
71 72 73 72.0
```

5.4 字符串数组

字符数组可以存放字符串。不论存放单个字符数据，还是存放一条字符串常量，字符数组的每个元素只存放一个字符，并且它的长度应大于存在其中的字符序列的长度。

使用者往往关心的是存在其中的字符序列的有效长度。为了测定有效长度，C语言规定，用 '\0' 字符作为字符串结束标志。如果定义了一个长度为20的字符数组，有效字符为8个，则将这些有效字符存储在数组的前8个元素中，第9个元素存 '\0' 字符，系统整体处理字符数组时，从头开始处理遇到 '\0' 字符结束，它的有效长度为8。

字符串常量表示为双引号扩起来的字符序列。存储时与字符数组相似，将其中的字符顺序存放在连续的内存单元中，并且在最后自动加一个字符串结束符 '\0'，字符串常量的存储长度等于字符序列长度加1。可以说字符串常量是以 '\0' 结束的内容固定的字符序列。

数值数组不能整体输入/输出，而字符数组可以整体输入/输出。字符串常量和存储了以 '\0' 结束的字符序列的字符数组统称为字符串。字符数组中如果没有字符串结束符 '\0'，不能当作字符串整体处理，否则可能出错。

5.4.1 字符串数组

用于存放字符串的数组，可以在定义的时候进行初始化：

char x[ ]="Hello world"; 或者 char x[ ]={"Hello world"};

数组 x 的长度为 11+1=12(双引号内的字符数加1)，等价于：

char x[ ]={'H','e','l','l','o',' ','w','o','r','l','d','\0'};

若一个字符数组准备多次存放不同长度的字符串，就应该指定数组长度，并初始化为空字符串，例如：char x[100]="";

数组长度应该等于最长的字符串的长度加一。在初始化时，若给出的字符数小于数组长度，则后面自动补空字符'\0'，若给出的字符数大于数组长度，则编译时出语法错。

不能给字符数组整体赋值。除了在输入输出和函数调用语句中可以用数组名引用字符数组外，在其他地方都不能整体引用字符数组，只能引用数组元素，引用一个元素相当于引用一个字符变量。用 scanf( )和 printf( )输入/输出字符数组时，可以用如下两种格式符：

%c——逐个元素输入/输出字符(char)；

%s——整体一次输入/输出字符串(string)。

① 用格式符%c 逐个元素输入/输出字符

将 scanf( )和 printf( )放在循环中，用%c 指定格式，输入/输出项用数组元素。用此法输入时系统不会自动给字符数组加'\0'，必须将最后一个有效字符后面紧跟着的元素，单独赋值为'\0'，就可当作字符串使用了。注意：在 scanf( )中数组元素前应加地址符 &。

如果数组中没有'\0'，最好改用%c 格式输出各元素，否则用%s 整体输出数组时会出现乱码。例如：

```
char c[ ] = {'G', 'o', 'o', 'd'};
printf ("%s", c);      /* ×，输出结果在 Good 之后会有乱码 */
```

```
printf ("%c%c%c%c", c[0], c[1], c[2], c[3]);      /* √,正确 */
```

② 用格式符%s整体输出字符数组

在printf( )中用格式串"%s",输出项直接写数组名。例如:

```
char c[20] = "student";
printf ("%s",c);
```

在输出时,即使数组长度大于字符串长度,只要遇到'\0'即结束,后续的字符都不输出。若数组中有多个'\0',输出时遇到第一个'\0'即停止输出。

③ 用格式符%s整体输入字符串

在scanf( )中用格式串"%s",输入项直接用数组名。例如:

```
char c[20];
scanf ("%s",c);
```

数组名本身就代表该数组的首地址,也是下标为0的元素的地址,所以scanf( )中数组名前不允许再加地址符&。输入字符串时,系统自动加上'\0'。输入多个字符串,可用空格隔开。例如:

```
char s1[10], s2[10], s3[10];
scanf ("%s%s%s", s1, s2, s3);
```

若输入 You are happy! ↙

则:s1中:"You"　　s2中:"are"　　s3中:"happy!"

用此法输入带空格的字符串时,只有第一个空格前的字符串有效,例如:

```
char str[20];
scanf ("%s", str);
```

输入 You are happy! ↙

则str中只存了4个字符:'Y','o','u','\0',如果要把带空格的字符串全部输入str中,则应使用gets( )函数。

5.4.2 字符串处理函数

C语言程序库中提供了一些专门处理字符串的函数。

① 字符串整行输入函数gets( )

格式:gets(字符数组名);

功能:从键盘将带空格的字符序列(以回车键结束)全部输入到指定的字符数组中,并自动加字符串结束符'\0'。函数的返回值是字符数组的首地址。此函数与使用%s的scanf( )作用相近,优点是能输入包含空格的字符串,故经常用到gets( )。例如:

```
char str[20];
gets(str);
```

运行时从键盘输入一行:Hello world ↙

则此字符序列11个字符和'\0'字符,共12个字符将顺序存入str。

② 字符串整体输出函数puts( )

格式:puts(字符串);

功能:将指定的字符串(以'\0'结束)作为一行输出到终端,会自动换行。字符串可以是字符串常量或字符数组(存有'\0'),字符串中可以有转义字符。此函数与使用%s的printf( )作用相同,后者更加灵活方便,故很少用到puts( )。例如:

```
char s[ ]="I am a student\n";
puts(s);   puts("He is a teacher\n");
printf("%s", s);   printf("%s", "He is a teacher\n");
```

③ 字符串连接函数strcat( )

格式:strcat(字符数组1,字符串2);

功能:将字符串2连接到字符数组1中的字符串后面。字符数组1只能是字符型数组名,其中必须要存在带'\0'的字符串,哪怕是空字符串。字符串2可以是字符串常量、字符型数组名。此函数的返回值是字符数组1的首地址。连接时两个字符串后面的'\0'自动删除,但是在字符数组中新字符串的最后会自动增加一个'\0'。显然字符数组1应该有足够的长度,以便能存放下更长的新字符串,否则将会带来不可预知的错误,甚至系统崩溃。例如:

```
char s1[20]= "You are a ";
puts(strcat(s1,"teacher."));
```

运行时输出: You are a teacher.

④ 字符串复制函数strcpy( )

格式:strcpy(字符数组1,字符串2);

功能:将字符串2复制到字符数组1中,字符串2可以是字符串常量、字符型数组名,而字符数组1只能是字符型数组名。此函数的返回值是字符数组1的首地址。字符数组1应该有足够的长度,以便能存放下字符串2。例如:

```
char s1[20]
strcpy(s1,"teacher.");
puts(s1);
```

运行时输出: teacher.

⑤ 字符串比较函数strcmp( )

格式:strcmp(字符串1,字符串2);

功能:字符串比较,返回比较结果。对字符串1和字符串2从左向右逐个字符,按其ASCII码值进行比较,一直到字符值不相等或遇到字符串结束符'\0'为止。如果两个字符串相等,则函数返回整数0,如果两个字符值不相等,若字符串1的字符大函数返回正整数,否则函数返回负整数。注意,大写字母比小写字母的ASCII码值小。

```
char s1[20]= "teacher.";
printf("%d   %d\n",strcmp(s1,"Teacher."),strcmp("abccd","abcd");
```

运行时输出: 1 −1

⑥ 测字符串长度函数strlen( )

格式:strlen(字符串);

功能:返回字符串有效长度,不包括'\0'。例如:char s[10]= "abcd"; 则strlen(s)返回值为4,strlen("worker")返回值为6。

还有其他字符串处理函数,可在string.h头文件中找到。同样的,对于单个字符处理,可查看ctype.h头文件。

例 5.14　字符串处理函数举例。

```
# include <stdio.h>
# include <string.h>
int main ( )
{
  char s1[50] = "1234567", s2[ ] = "abcdefg";
  printf ("数组 s1=%s,字符串长度=%d\n", s1, strlen (s1));
  printf ("数组 s2=%s,字符串长度=%d\n", s2, strlen (s2));
  printf ("数组 s1 和 s2 比较的结果=%d\n", strcmp (s1,s2));
  puts ("s2 的内容拷贝到 s1:");
  strcpy (s1, s2);
  printf ("数组 s1=%s,数组 s2=%s\n", s1, s2);
  printf ("请输入新的字符串:");
  gets (s1);
  strcat (s1, s2);
  printf ("%s","连接后的新数组 s1=");
  puts (s1);
  puts ("----运行结束----");
  return 0;      /*返回操作系统*/
}
```

例 5.14 运行结果:

```
数组 s1=1234567,字符串长度=7
数组 s2=abcdefg,字符串长度=7
数组 s1 和 s2 比较的结果=-1
s2 的内容拷贝到 s1:
数组 s1=abcdefg,数组 s2=abcdefg
请输入新的字符串:12ab34
连接后的新数组 s1=12ab34abcdefg
----运行结束----
```

5.4.3　应用举例

例 5.15　输入一行字符,统计其中有多少个单词。

算法如图 5.17 所示,输入的单词之间用空格分隔开,用 gets( )函数全部存入数组中。变量 k 初值为 0,若是空格,也会置 0,表示当前不在任何单词中。开始统计时,从数组中依次读取每个字符,进行判断。若是空格,k 置 0,表示当前不在任何单词中。若不是空格,则进行下一步判断。当 k 中为 0,说明刚开始统计,或者前一个字符是空格,则 k 置为 1,表示进入某个单词内,同时单词数 n 加 1。当 k 为 1,说明是单词中第一个字符以外的其他字符,不作处理。

如此循环，直到所有的字符都判断完毕，变量 n 中就是统计出的单词数。

```
#include <stdio.h>
#define SIZE 81
int main ( )
{
    /* 变量声明 */
    char c, string[SIZE];
    int i, n = 0, k = 0;
    /* 接收用户输入 */
    printf ("请输入最多 80 个字符的长句:\n");
    gets (string);
    for (i = 0; c = string[i]; i++)
    {/* 判断 */
      if (c == ' ')  /* 必须是空格 */
        k = 0;
      else if (k == 0)  /* k 标记是否为新单
词 */
        {
          k = 1;
          n++;
        }
    }
    /* 输出结果 */
    puts ("\n 您输入的话为:");
    puts (string);  /* puts 会自动换行 */
    printf ("总共%d 个单词! \n", n);
    return 0;     /* 返回操作系统 */
}
```


图 5.17 统计单词数

例 5.15 运行结果：

```
请输入最多 80 个字符的长句:
I am a student. ↙

您输入的话为:
I am a student.
总共 4 个单词!
```

例 5.16 用键盘输入 N 个学生的姓名存储在字符数组中，并按字典顺序排序输出。

假设姓名不超过11个字符,则每个字符数组长度为12,需要N个这样的数组,应定义一个二维字符数组,每行存储一个学生的姓名。主程序流程图如图5.18所示,选择排序函数流程图请参考图5.16所示。

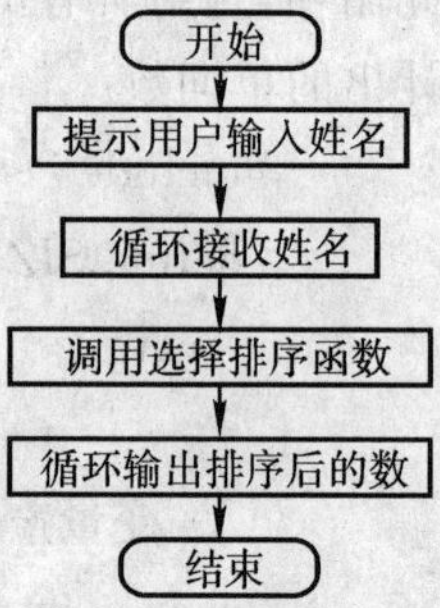

开始
提示用户输入姓名
循环接收姓名
调用选择排序函数
循环输出排序后的数
结束

图5.18　对姓名排序

```
#include  <stdio.h>
#include  <string.h>
#define  N  3
/* 选择排序函数 */
void SelectSort (char [N][21], const int);
int main ( )
{ /* 变量声明 */
  int i;
  char name [N][21];
  /* 接收用户输入 */
  printf ("请输入%d位学生的姓名:\n", N);
  for (i = 0; i < N; i++)
  {
    printf ("请输入第%d个姓名:", i+1);
    gets (name[i]);
  }
  SelectSort (name, N); /* 调用选择排序函数 */

  printf ("\n排序后的结果:\n");
  for ( i = 0; i < N; i++ ) /* 输出结果 */
    printf("第%d行:\t%s\n", i+1, name[i]);
  return 0;     /* 返回操作系统 */
}
/* 选择排序函数
参数2个:a—要排序的数组,num—姓名个数
返回值:无 */
void SelectSort (char a[N][21], const int num)
{
  int i, j, k;
  char str[12] ;
  for (i=0; i<num; i++)
  {/* 这种改进方法减少了交换次数 */
    k = i; /* 记录本趟第1个字符串下标 */
    for (j = i + 1; j < num; j++)
```

```
        {
          if ( strcmp ( a[k], a[j] ) > 0)
            k = j;
          }
        if ( k ! = i )
        { /＊把最小的交换到前面＊/
          strcpy (str,  a[i]);
          strcpy (a[i],   a[k]);
          strcpy (a[k],   str);
        }
      }
    }
```

例 5.16 运行结果：

```
请输入 3 位学生的姓名：
请输入第 1 个姓名：Mike ↙
请输入第 2 个姓名：Tom ↙
请输入第 3 个姓名：Mary ↙
排序后的结果：
第 1 行：Mary
第 2 行：Mike
第 3 行：Tom
```

小　结

1. 一维数组

C 语言中的数组存储一系列的值，它是一组相关的存储单元，它们具有相同的名字和相同的数据类型。要引用数组中某个特定的元素，必须指定该数组的名字和该元素的下标。

可以用冒泡排序法对数组元素进行排序，选择排序法的性能更好，但是对于较大的数组来说，这两种方法都是低效的，需要寻找更复杂的排序算法。

2. 二维数组

ANSI C 标准规定，至少能够支持有 12 个下标的数组。只有一个下标的叫一维数组，有两个下标的称为二维数组。多于一个下标的统称多维数组。

二维数组元素相当于同类型的简单变量。大部分情况下只能逐个引用数组元素，不能单独用数组名引用整个数组，也不能给数组整体赋值。

3. 数组与函数

以数组名作为主调函数的实参，是数组作为函数参数的主要形式，这种情况下，对应被调函数的形参必须定义为数组形式。形参数组不占用新的内存单元,而是和实参对应数组共享内存单元。数组名做实参,传送的是数组的首地址。通过这种参数结合方式,达到了在被调函数中修改实参数组值的效果。

4. 字符串数组

数值类型的数组不能用数组名整体输入/输出,但是可以用数组名整体输入/输出字符数组,前提是字符数组中必须存在 '\0' 作为结束标志。字符串常量是以 '\0' 结束的内容固定的字符序列,字符数组是元素为字符的数组,字符串常量和存有 '\0' 的字符数组统称为字符串。

习 题

1. 数组定义中不正确的是:

(A) int a[ ][3]={0};　　(B) int b[2][ ]={ {1,2},{3,4},{5,6}}

(C) int c[10][5]={1,2,3};　　(D) int d[2][3]={1,2,3,4}

2. 以下选项中不能正确赋值的是:

(A) char a[6]={'a', 'b', 'c', 'd', 'e'};(B) char b[6] = "a\0";

(C) char c[10] = "abcde";　　(D) char d[6]; b = "abcde";

3. 执行下面程序:

```
void main( )  {
int i,  j=3,  a[ ]={1, 2, 3, 4, 5, 6, 7, 8, 9, 10};
for (i = 0; i < 5; i++)
    a[i] = i * ( i + 1 );
for (i = 0; i < 4; i++)
    j += a[i] * 3;
   printf ("%d", j);
}
```

输出结果是:(A) 33　　(B) 63　　(C) 123　　(D) 48

4. 执行下面程序:

```
void main( )  {
int i,  a[3][4] = {1,2,3,4,5,6,7,8,9,10,11,12};
for (i=0; i<3; i++)
    printf ("%d,", a[i][3-i]);
}
```

输出结果是:(A) 1, 6, 11　　(B) 3, 6, 9　　(C) 4, 7, 10　　(D) 2, 7, 12

5. 执行下面程序:

```
void main( )  {
int i,  j,  k = 0,  a[3][3] = {1, 2, 3, 4, 5, 6};
for ( i = 0; i < 3; i++ )
```

```
    for ( j = i; j < 3; j++ )
        k += a[i][j];
printf ("%d",k);
}
```

输出结果是:(A) 21 (B) 19 (C) 18 (D) 17

6. 执行下面程序:

```
void main( ) {
char i,  s[ ][5] = {"abc", "defgh", "ijk", "xyz"};
for ( i = 1; i < 3; i++ )
    printf ("%s\n",s[i]);
}
```

输出结果是:(A) abc
defgh
ijk
(B) defgh
ijk
(C) defghijk
ijk
(D)defghijk
xyz

7. 执行下面程序:

```
void main( ) {
char s[12] = "abcde";
  scanf ("%s", s);
  strcat (s, "fgh");
  printf ("%s\n", s);
}
```

如果输入 123,则输出结果是:

(A) 123fgh (B) 123defgh (C) ab123fgh (D) abcde123fgh

8. 执行下面程序:

```
void main( ) {
int i,  j=3,  a[ ] = {1, 2, 3, 4, 5, 6, 7, 8, 9, 0};
for ( i = 0; i < 10; i++ )
    a[i] = 9 - i;
printf ("%d%d", a[4], a[5]);
}
```

输出结果是:

(A) 45 (B) 56 (C) 65 (D) 54

9. 执行下面程序:

```
void main( ) {
char s[16] = "12345\0\t\t\t";
printf("%d%d\n", strlen(s), sizeof(s));
}
```

输出结果是：

(A) 516　　(B) 916　　(C) 513　　(D)1316

10. 执行下面程序：

```
void main( )  {
int i,  a[10] = {0,1,2,3,4,5,6,7,8,9};
for ( i = 1; i < 9; i++ )
    a [i] = a [i-1] + a [i+1];
printf("%d%d", a [5], a [7]);
}
```

输出结果是：

(A) 1014　　(B) 2035　　(C) 812　　(D)2744

11. 计算和存储 Fibonacci 数列前15项,每行输出5项。

12. 将一维整型数组中的所有元素前移一个位置,下标为0的元素移到最后。

13. 在有序的数列中插入若干个数,每插入一个数都要保持有序。

14. 将2个按升序排列的数列,仍然按升序合并,存放到另一个数组中,要求每个数依次插入恰当的位置,也就是一次到位,不得在新数组中重新排序。

15. 将任意一个十进制数转换成二进制数,按位存放到数组中,然后输出。

16. 找出5×5矩阵每行绝对值最大的元素,并与同行对角线元素交换。

17. 一维数组中存放任意4个数,如:5 1 8 6,根据它生成如下矩阵：

```
5  5  5  5  5  5  5
5  1  1  1  1  1  5
5  1  8  8  8  1  5
5  1  8  6  8  1  5
5  1  8  8  8  1  5
5  1  1  1  1  1  5
5  5  5  5  5  5  5
```

18. 字符串与字符型数组有什么区别?

19. 对一行电文进行加密,每个字母转换为字母表中循环右移的第三个字母,如：a→d,b→e,…,y→b,z→c 大写字母也按此规律转换。

20. 用高斯消去法解线性方程组。算法是:将系数矩阵和常数项存储到二维数组中,用加减消元法把矩阵变换为同解的上三角矩阵,然后回代得出全部的解。如：

$2x_1 + 4x_2 + 6x_3 = 28$		$x_1 + 2x_2 + 3x_3 = 14$		$x_1 = 1$
$3x_1 + 2x_2 + x_3 = 10$	消元→	$x_2 + 2x_3 = 8$	回代→	$x_2 = 2$
$x_1 + x_2 + 2x_3 = 9$		$x_3 = 3$		$x_3 = 3$

相应的矩阵变换：

```
2  4  6  28              1  2  3  14             1  0  0  1
3  2  1  10    消元→     0  1  2  8     回代→    0  1  0  2
1  1  2  9               0  0  1  3              0  0  1  3
```

第6章　结构体与共用体

数据类型丰富是C语言主要特点之一，前面已介绍了C语言简单类型（整型、实型、字符型）及构造类型之一——数组，这些数据类型用途很广，尤其是数组的引入为程序设计带来很大方便。但是，在程序设计中，还会遇到一些关系密切但数据类型不同的数据，用简单类型或数组都难以表示，为此，C语言提供了另两种构造类型——结构体和共用体，这即是本章将要重点介绍的内容，同时本章还将介绍枚举类型及用typedef自定义类型。

6.1　结构体概述

6.1.1　结构体的引入

上面提到，在程序设计时，会遇到一些难以用简单类型或数组来表示的数据，那么到底是一种什么样的数据呢？设想在现实生活中对一个学生的描述，通常是由他的姓名、性别、学号、年龄、家庭住址、学习成绩等多个数据项来完成，这些数据项之间关系紧密但数据类型不尽相同，此时若各自独立的由简单变量来表示，就会割裂这些数据项之间的内在联系。能否考虑数组呢？回答是否定的，因为数组是用来存放相同数据类型数据的。

为了方便处理此类数据，常常把这些关系密切但类型不同的数据项组织在一起，即"封装"起来，并为其取一个名字，在C语言中，就称其为结构体（有些高级语言称之为记录）。所以，结构体通常是由不同数据类型的数据项组成，一般也称是由不同成员组成，因此可以说：一个结构体可包含若干成员，每一个成员可具有不同的名字及数据类型。

结构体的引入为处理复杂的数据结构提供了有力的手段，也为函数间传递一组不同数据类型的数据提供了方便，特别是对于数据结构较为复杂的大型程序提供了方便。

6.1.2　结构体类型的定义

和简单类型不同，简单类型是由系统预定义的，如int、float、char，直接可以使用。而结构体类型是根据需要由程序员自行定义，因此在使用之前必须先定义结构体类型。

结构体类型定义的一般形式如下：

```
struct   结构体名
{
   结构体成员表;
};
```

其中struct是关键字，称为结构体定义标识符，而结构体名则由程序员自己命名。花括号中的结构体成员表包含若干成员，每一个成员都具有如下的形式：

```
数据类型标识符    成员名;
```

如前面对一个学生的描述,其结构体类型定义如下:

```
struct  stud_type
{
    char   name[10];         /*  姓名  */
    int   num;               /*  学号  */
    char   sex;              /*  性别  */
    int    age;              /*  年龄  */
    float   score;           /*  成绩  */
    char   address[10];      /*  家庭住址 */
};
```

其中,stud_type 是自定义的结构体名,与 struct 一起构成一个新类型名,准确地说是一个新的结构体类型名;而 name,num,sex,age,score,address 是该结构体的成员。此后就可以像使用 int,char,float 等简单类型名一样使用 struct stud_type 这一新类型名了。

说明

(1) 定义一个结构体类型只是描述了此结构体的组织形式,在编译时并不为其分配存储空间,即仅描述此数据结构的形态或者说模型,故不能对定义的一个结构体类型进行赋值、存取或运算。

(2) 结构体的成员可以是简单变量、数组、指针、结构体或共用体等。

如上例中结构体的成员之一年龄(age),若改成用生日(birthday)来描述,它将包括年、月、日三部分,这时成员 birthday 又成为一个新的结构体类型,其类型定义如下:

```
struct  date_type
{
  int  year;
  int  month;
  int  day;
};
```

由此就可定义结构体成员 birthday:

```
struct  stud_type
{
  ...
  struct  date_type   birthday;
  ...
};
```

此时需要注意的是,对于结构体类型 struct date_type 的定义必须放在结构体类型 struct stud_type 的定义之前,未经定义的结构体类型不可使用。

关于指针和共用体作为结构体成员在后续章节会做有关介绍。

(3) 结构体类型定义可以放在函数内部,也可以放在函数外部。若放在内部,则只在函数内有效;若放在外部,则从定义点到源文件尾之间的所有函数都有效。

(4) 结构体成员的名字可以同程序中的其他变量同名,二者不会相混,系统会自动识别它。

6.2 结构体变量

6.2.1 结构体变量的定义与初始化

1.结构体变量的定义

同其他变量一样，结构体变量也必须先定义，然后才能引用。一个结构体变量的定义可以有以下三种方式：

(1) 先定义类型再定义变量

其形式如下：

```
struct   stud_type
{
        char   name[10];
        int    num;
        char   sex;
        int    age;
        float  score ;
        char   address[10];
};                                           /*先定义结构体类型*/
struct   stud_type student1, student2;       /*再定义结构体类型变量*/
```

(2) 在定义类型的同时定义变量

其形式如下：

```
struct   stud_type
{
   ...
}student1, student2;         /*定义结构体类型同时定义该类型变量*/
```

(3) 直接定义结构体变量

其形式如下：

```
struct
{
   ...
}student1,student2;    /*定义结构体类型同时定义该类型变量,省略结构体名*/
```

上述3种定义结构体变量的形式各有所长，形式一是常用的方法，较为直观，在定义一次结构体变量之后，在该定义之后(不是之前)的任意位置仍可用该结构体类型来定义其他变量，而且它有一个非常灵活的特点：便于把可通用的类型定义集中在一个单独的源文件中，从而可利用包含文件命令“#include”供多个程序使用；形式二是形式一的简略形式，此时类型与变量合在一起，不具有形式一灵活之特点；而形式三常用于此种结构体类型仅作一次性使用场合，即不能再在别处用来另行定义其他的结构体变量，要想定义就得将“struct {…}”这部分重写。

说明

(1) 在定义结构体类型时,系统并不分配内存空间,仅当定义结构体变量时,系统才为被定义的每一变量分配相应的存储单元。如上面定义的结构体变量 student1、student2,每个变量在内存中所占字节数为其所有成员所占字节数之和。

(2) 结构体变量的定义一定要在结构体类型定义之后或同时进行,对尚未定义的结构体类型,不能用它来定义结构体变量。

例如:对一个教师 teacher 的结构体类型未作定义,则下面的变量定义 struct teah_type teacher;是错误的;或如前所述一个结构体成员 birthday(也称结构体成员变量),若其类型未做定义,就写 struct date_type birthday; 也是错误的。

2. 结构体变量的初始化

所谓结构体变量初始化,就是在定义结构体变量的同时,对其成员变量赋初值,在赋值时应注意按顺序及类型依次为每个结构体成员指定初始值。

结构体初始化的一般格式为:

struct 结构体类型名 结构体变量={初始化值};

例:

```
struct  date_type
{
  int   year;
  int   month;
  int   day;
};
struct stud_type
 {
   char   name[10];
   int num;
   char   sex;
   struct date_type birthday;
   float   score;
   char   address[10];
 };
void main()
 {
   struct stud_type student1={"wang",196103,'m',1978,10,12,98,"Xian"};
   struct stud_type student2={"liu",196105,'m',1980,9,22,88,"Benjing"};
   ...
 }
```

说明

(1) 初始化数据之间用逗号分隔。

(2) 初始化数据的个数一般与成员的个数相同,若小于成员数,则剩余的成员将被自动初始化为0(若成员是指针,则初始化为NULL)。

(3) 初始化数据的类型要与相应成员变量的类型一致。

(4) 初始化时只能对整个结构体变量进行,不能对结构体类型中的各成员进行初始化赋值。

6.2.2 结构体变量的引用

变量的引用,就是对变量的各种操作。对简单变量的操作已经比较熟悉,它除了可作为运算对象出现在表达式中,还可作为函数参数。那么在程序中对于结构体变量可做那些操作呢?实际上尽管结构体变量是一个整体,但在使用它时,通常是对其成员进行操作。

1. 结构体变量成员的引用

在C语言程序中,不准许对结构变量整体进行各种运算、赋值或输入输出操作,而只能是对其成员进行此类操作。

引用结构体变量成员的一般形式如下:

结构体变量名.成员名

其中"."是结构体成员运算符,其优先级别最高,结合性是自左至右。由此对结构体成员就完全可以像操作简单变量一样操作它。

例如:对上例定义的结构体变量student1或student2,可作如下的赋值操作:

```
strcpy(student1.name, "wang");
student1.num=196103;
student1.sex='m';
student1.birthday.year=1978;
student1.birthday.month=10;
student1.birthday.day=12;
student1.score=98;
```

在这里,要注意对student1.birthday成员不能直接进行赋值,必须再通过成员运算符".",对其最终成员赋值。

对于结构体成员除了赋值操作,还可进行各种运算操作,如下:

```
sum=student1.score+student2.score;
```

对结构体成员还可进行输入输出操作,如下:

```
scanf("%d%d%d",&student1.birthday.year,&student1.birthday.month,&student1.birthday.day);
printf("%d%d%d",student1.birthday.year,student1.birthday.month,student1.birthday.day);
```

当然也可以用gets函数和puts函数输入和输出一个结构体变量中字符数组成员,如下:

```
gets(student1.name); /* 输入一个字符串给student1.name字符数组 */
puts(student1.name); /* 将student1.name字符数组中的字符串输出到显示器 */
```

例 6.1　编写程序,输入日期(年、月、日),计算其为该年的第几天。

```
#include<stdio.h>
struct date_type
{
    int year;
    int month;
    int day;
}date;
void main()
{
    int days=0,i;
    int mon_day[12]={31,28,31,30,31,30,31,31,30,31,30,31};
    printf("请输入日期(年  月  日):\n");
    scanf("%d%d%d",&date.year,&date.month,&date.day);
    for(i=1;i<date.month;i++)
        days=mon_day[i-1]+days;
   days=date.day+days;
   if((date.year%4==0&&date.year%100!=0||date.year%400==0)&&date.
       month>=3)
       days=days+1;
   printf(" 所输入日期是该年第%d 天\n",days);
}
```

运行结果:

```
请输入日期(年  月  日):
2000 3 1 ↙
所输入日期是该年第 61 天
```

这里需注意以下几个容易犯的错误。

错误 1. 程序中出现下面的语句:

```
scanf("%d",&date);
printf("%d",date);
```

错误原因:因为结构体变量包括若干个不同类型的数据项,若用一个"%d"格式符输出各个数据项是行不通的。

错误 2. 将上述语句改为

```
scanf("%d%d%d",&date);
printf("%d%d%d", date);
```

错误原因:一个结构体变量在内存中占用一片连续的存储单元,哪一个格式符对应哪一个成员难以确定其界限,因此,C语言规定不允许对结构体变量作整体输入输出。

错误 3. 上述语句改写为

```
date={2000,3,1};
```

错误原因：C 语言同样不允许对一个结构体变量进行整体赋值。

对于结构体成员的引用还可通过指针方式，详见第 7 章。

2. 结构体变量整体的引用

结构体变量和简单变量相比，除了上面所述在参加各种运算、赋值或输入输出方式上有所不同外——即是由结构体变量成员完成，其他同简单变量一样，如：

(1) 可以相互赋值，但注意相互赋值的两个结构体变量必须是同一个结构体类型；

如：student1＝student2；

(2) 可作为函数的形参、实参或函数返回值，详见 6.2.3 节。

6.2.3　结构体变量作函数参数

对结构体变量成员完全可以像操作简单变量一样操作它，因此除了可进行各种运算、赋值、输入输出操作，还可同简单变量一样作为函数的参数，只不过此时传递的是单个成员；若要传递整个结构体，可让结构体变量整体作函数参数，而无论采用上述哪一种都是传值调用，被调用函数不会修改调用函数的结构体成员。

1. 结构体变量成员作函数参数

结构体变量中的所有成员都可作为函数参数，比如定义一个结构体变量：

```
struct   stud_type
{
    char   name[10];
    int    num;
    char   sex;
}student1;
```

设定义有三个函数 func1，func2，func3，其原型定义如下：

```
void func1(char namestr[]);
void func2(int no);
void func3(char ch);
```

则将结构体变量 student1 的 3 个成员分别传递给函数 func1，func2，func3 的函数调用语句为：

```
    func1(student1.name);
    func2(student1.num);
    func3(student1.sex);
```

此时应注意，这 3 个成员作为函数参数时其传值的本质有所不同：后 2 个成员和简单变量作函数参数时的传值方式相同，而第 1 个成员 student1.name 中的 name 为字符数组名，代表数组的地址，是将这个成员的地址传递给 func1 函数，实际上是地址的值传递，参见 5.3 节内容。

2. 结构体变量整体作函数参数

老版本的 C 系统不允许用结构体变量作函数参数，只允许用指向结构体变量的指针作函数参数(参见第 7 章)，传递的是结构体变量的首地址。而 ANSI C 取消了这一限制，规定按值传递方式。在函数调用时,系统为形参结构体变量分配存储空间,并从相应的实参结构体变量中取得各成员的值,若对形参中结构体变量各成员值进行修改,并不会修改实参结构体变量各成员的值。

注意:实参和形参结构体变量类型应当完全一致。

例 6.2 从键盘输入1名学生信息,包括其姓名、学号、3门课程成绩,要求用 print 函数完成输出。思考:如何完成对这名学生3门课程成绩的排序?

仅输出学生信息程序如下:

```
#include<stdio.h>
struct stud_type
{
    char name[10];
    int num;
    float score[3];
};                                          /*结构体类型定义*/
void print(struct stud_type stu);           /*print 函数声明*/
void main()
{
    struct stud_type stu1;
    printf("请输入学生信息(姓名 学号 3门课程成绩):\n");
    scanf ("%s%d%f%f%f", stu1.name, &stu1.num,&stu1.score[0],
                        &stu1.score[1],&stu1.score[2]);
    print(stu1);                            /*print 函数调用*/
}
void print(struct stud_type stu)             /*print 函数定义*/
{
    printf("姓名   学号   成绩1   成绩2   成绩3:\n");
    printf ("%s%5d%10.2f%10.2f %10.2f\n",stu.name,stu.num,stu.score[0],
                        stu.score[1],stu.score[2]);
}
```

运行结果:

```
请输入学生信息(姓名 学号 3门课程成绩):
wang  102  90  78  89 ↙
姓名      学号    成绩1     成绩2    成绩3:
wang      102     90.00     78.00     89.00
```

对这名学生三门成绩排序,可否作如下设计:

```
#include<stdio.h>
struct stud_type
{
    char name[10];
```

```
    int num;
    float score[3];
};
void sort(struct stud_type stu);                    /* sort 函数声明 */
void main()
{
    struct stud_type stu1;
    printf("请输入学生信息(姓名 学号 3 门课程成绩): \n");
    scanf("%s%d%f%f%f",stu1.name,&stu1.num,&stu1.score[0],
        &stu1.score[1],&stu1.score[2]);
    sort(stu1);                          /* sort 函数调用 */
    printf("排序后:\n");
    printf("%s%5d%10.2f%10.2f%10.2f\n",stu1.name,stu1.num,
        stu1.score[0], stu1.score[1],stu1.score[2]);
}
void sort(struct stud_type stu)          /* sort 函数定义 */
{
    int i,k,j;
    float t;
    for(i=0;i<2;i++)
    {
        k=i;
        for(j=i+1;j<3;j++)
          if(stu.score[k]<stu.score[j])
            k=j;
        if(k! =i)
        {
          t=stu.score[i];
          stu.score[i]=stu.score[k];
          stu.score[k]=t;
        }
    }
}
```

运行结果:

```
请输入学生信息(姓名 学号 3 门课程成绩):
wang   102   90   78   89 ↙
排序后:
wang   102   90.00   78.00   89.00
```

输出结果成绩并未排序,其实形参中数据已做排序,可通过在 sort 函数中加 printf 查看,这就是说作为形参的结构体变量,其数据的改变并不能影响实参结构体变量。

建议使用指向结构体变量的指针作为函数间传递信息的参数,详见第7章。

6.3 结构体数组

6.3.1 结构体数组的定义与初始化

1. 结构体数组的定义

在第5章中已经指出:数组是由相同数据类型的数据元素组成。那么,当一个数组是由相同的结构体类型数据元素组成时,就称其为结构体数组。通常会在什么情况下使用它呢?如前,在以1个学生为处理对象时,对其描述可用他的学号、姓名、性别、年龄、成绩等几个数据项来完成,此时用一个结构体变量即可表示,如果要处理100个学生呢?显然定义100个结构体变量很不方便,这时就需要用到结构体数组。

同变量、数组一样,结构体数组也必须先定义,才能引用。在定义结构体数组时其定义方法与定义结构体变量方法类似,也有3种形式,这里只介绍形式一,其他不再赘述。

定义如下:

```
struct  date_type
{
    int  year;
    int  month;
    int  day;
};
struct    stud_type
{
    char   name[10];
    int   num;
    char   sex;
    struct  date_type   birthday;
    float   score;
    char   address[10];
};
struct   stud_type   student[3];
```

由此就定义了一个结构体数组student,它有3个元素,每个元素都是struct stud_type类型,各自所占字节数为其结构体类型中所有成员所占字节数之和。

2. 结构体数组的初始化

结构体数组在定义的同时可以初始化。其一般形式是在定义之后紧跟一组用花括号括起来的初始数据,为了增强可读性,最好使每一个数组元素的初始数据也用花括号括起来,以此来区分各个数组元素。

对上面所定义的结构体数组student初始化如下:

```
stuct  stud_type student[3] = { { "wang",196103, 'm',1978,10,12,98, "xian"},
                                {"zhang",196102, 'f',1977,1,10,87, "Beijing"},
                                {"yang",196101, 'f',1979,3,10,88, "Beijing"}};
```

6.3.2 结构体数组元素的引用

结构体数组元素的引用和数组元素的引用方法类似,当引用结构体数组中某个元素时同样是数组名加上此元素的下标,不同的是结构体数组中每个元素是一个结构体变量,因此还要遵循引用结构体变量的规则。其一般形式如下:

数组名[下标]. 成员名

如:student[1]. num=196102;

说明

(1) 可以将一个结构体数组元素赋值给同一结构体类型数组中另一个元素,或赋给同一结构体类型的变量。如:

```
struct  stud_type  student[3], studtemp;
```

就定义了一个结构体数组 student,又定义了一个结构体变量 studtemp,则下面的赋值合法。

```
studtemp=student[0];
student[0]=student[1];
studnet[1]= studtemp;
```

(2) 不能把结构体数组元素作为一个整体直接进行输入或输出。如:

```
printf ("%d",student[0]);或 scanf("%d",&student[0]);
```

只能以单个成员为对象进行输入输出,如:

```
scanf("%s", student[0]. name);
scanf("%d",&student[0]. num);
printf ("%s%d\n", student[0]. name, student[0]. num);
```

6.3.3 结构体数组作函数参数

与结构体变量一样,结构体数组作为函数参数传递也是在 ANSI C 中才支持,但它们是有本质区别的,后面会做一分析。

注意:在定义形参与实参的结构体类型时仍须一致,当实参为结构体数组时,其形参须定义为同类型结构的结构体数组或结构体指针(见第 7 章)。

例 6.3 把例 6.2 改成从键盘输入 n 名学生信息,要求输出用函数 print 完成(n 从键盘获取)。

```
#include<stdio.h>
struct stud_type
{
  char name[10];
  int num;
  float score[3];
```

```
};
void print(struct stud_type stu[], int n);      /* print 函数声明 */
void main()
{
    int i,n;
    struct stud_type stu1[30];
    printf("请输入学生人数 n: \n");
    scanf("%d",&n);                         /* 学生人数 n 从键盘读取 */
    printf("请输入%d 名学生信息(姓名 学号 3 门课程成绩): \n",n);
    for(i=0;i<n;i++)
      scanf("%s%d%f%f%f",stu1[i].name,&stu1[i].num,&stu1[i].score[0],
            &stu1[i].score[1],&stu1[i].score[2]);
    print(stu1,n);            /* print 函数调用 */
}
void print(struct stud_type stu[], int n)        /* print 函数定义 */
{
  int i;
  printf("姓名   学号   成绩 1   成绩 2   成绩 3 :\n");
  for(i=0;i<n;i++)
    printf ("%-8s%8d%8.2f%8.2f%8.2f\n",stu[i].name,stu[i].num,stu[i].
          score[0], stu[i].score[1],stu[i].score[2]);
}
```

运行结果:

```
请输入学生人数 n:
3↙
请输入 3 名学生信息(姓名 学号 3 门课程成绩):
wang   102   90   78   89↙
zhang   103   98   85   76↙
liu   104   87   88   76↙
姓名        学号    成绩 1         成绩 2        成绩 3 :
wang         102      90.00         78.00        89.00
zhang        103      98.00         85.00        76.00
liu          104      87.00         88.00        76.00
```

此例和例 6.2 相比,实参和形参的定义由结构体变量变成结构体数组,其结果很相似,只是显示学生信息由 1 个变为 3 个,但是它们是有区别的,结构体变量作函数参数是值传递,而结构体数组作函数参数是地址的值传递,也就是说传递的是结构体数组的起始地址,对于一个数组,其数组名就代表它的起始地址。程序中函数调用语句为:print(stu1,n); 数组名 stu1 代表数组的起始地址,传给形参数组 stu,故形参数组 stu 和实参数组 stu1 共起同一地址,共占同一段存储单元,因而形参数组中各元素的值发生变化,实参数组元素的值也随之变化,详见例 6.4。对此如何理解?实际上在学习了指针之后这个问题就迎刃而解了。

例 6.4　从键盘输入 10 名学生信息,每个学生有姓名、学号、成绩,要求用一个排序函数 sort 完成按学生成绩降序排列,并输出学生成绩排行榜。(主函数完成输入、输出)

```
#define N  10
#include<stdio.h>
#include<string.h>
struct stud_type
{
    char name[10];
    int num;
    int score;                                  /*1门课程成绩*/
};
void  sort(struct stud_type stu[]);             /*sort 函数声明*/
void main()
{
    int i;
    struct stud_type stu[N];
    printf("请输入 %d 名学生信息(姓名 学号 成绩):\n", N);
    for(i=0;i<N;i++)
        scanf("%s%d%d",stu[i].name,&stu[i].num,&stu[i].score);
    sort(stu);                                  /*sort 函数调用*/
    printf("排序后:\n");
    for(i=0;i<N;i++)
        printf("%-8s%5d%5d\n",stu[i].name,stu[i].num,stu[i].score);
}
void  sort(struct stud_type stu[])              /*sort 函数定义*/
{
    int i,k,j;
    struct stud_type t;
    for(i=0;i<N-1;i++)
    {
        k=i;
        for(j=i+1;j<N;j++)
            if(stu[k].score<stu[j].score)
                k=j;
        if(k!=i)
        {
            t=stu[i];
```

```
                stu[i]=stu[k];
                stu[k]=t;
            }
        }
    }
```

N改为5,运行结果:

```
请输入5名学生信息(姓名 学号 成绩):
zhan    101   65↙
wang    102   80↙
cheng   103   79↙
qian    104   98↙
liu     105   68↙
排序后:
qian        104     98
wang        102     80
cheng       103     79
liu         105     68
zhan        101     65
```

6.4　共用体

在C语言中,允许不同数据类型使用同一存储区域,共用体就是一种同一存储区域由不同类型成员变量共享的数据类型。它提供一种方法能在同一存储区中操作不同类型的数据,也就是说共用体采用的是覆盖存储技术,准许不同类型数据互相覆盖。

6.4.1　共用体类型定义

共用体类型的定义与结构体类似,其一般定义格式如下:

```
union   共用体名
{
    共用体成员表;
};
```

其中,union是关键字,称为共用体定义标识符,共用体名同样由程序员来命名;花括号中的共用体成员表包含若干成员,每一个成员都具有如下的形式:

```
数据类型标识符    成员名;
```

例如:

```
union   data_type
{
    int   i;
```

```
    char ch;
    float  f;
};
```

6.4.2　共用体变量定义与引用

1. 共用体变量的定义

与其他类型相同,共用体类型定义后就可定义属于该类型的变量,其变量的定义和结构体变量的定义一样有三种形式,为简单起见只介绍一种形式:

```
union   共用体名
{
    共用体成员表;
}变量表列;
```

例如:

```
union  data_type
{
    int  i;
    char ch;
    float  f;
}a,b,c;
```

共用体的定义虽然是以结构体为基础,但与结构体却有着本质的区别,它们的内存使用方式不同。共用体是多种数据的覆盖存储,几个不同的成员变量共占同一段内存,且都是从同一地址开始存储的,只是任意时刻只存储一种数据,因此分配给共用体的存储区域大小至少要有存储最大一个数据所需的存储空间。而对于结构体来讲,由于结构体中不同的成员分别使用不同的内存空间,因此一个结构体所占内存空间的大小应是结构体中每个成员所占内存大小的总和,而且,结构体中每个成员相互独立,不占用同一存储单元。

假设定义一个结构体变量 x,一个共用体变量 y。

```
struct data_type                    union  data_type
{                                   {
    int  i;                             int  i;
    char ch;                            char ch;
    float  f;                           float  f;
}x;                                 }y;
```

它们在内存中的存储情况如图 6.1 所示:

可以看出 x 在内存中占用 2+1+4=7 个字节(实际所占字节数依运行环境而定),而 y 在内存中只需占用 4 个字节(float 型),假设 x 从内存地址 2000 开始,y 从 2100 开始,则 x.i 的地址为 2000,x.ch 为 2002,x.f 为 2003,而 y.i、y.ch、y.f 的地址都为 2100。在程序设计中采用共用体要比采用结构体节省空间。

2. 共用体变量的引用

与结构体一样,共用体变量也是先定义,后引用,且其引用与结构体类似,主要引用共用体

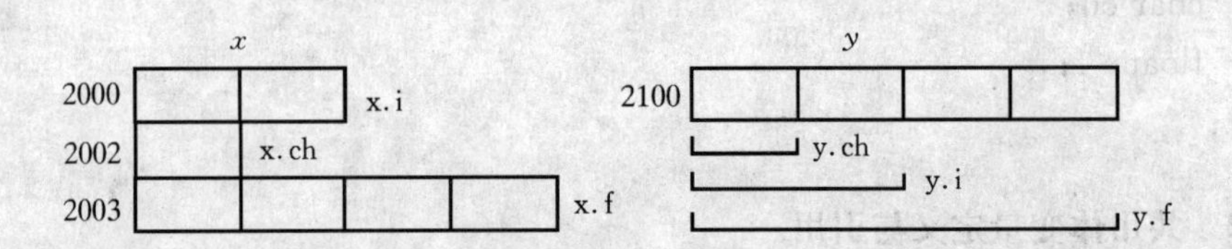

图 6.1　x,y的内存存储图

成员,引用方式如下:

共用体变量名.成员名

如:a.i,a.ch,a.f。

说明

(1) 由于共用体变量不是同时存放多个成员的值,而只是存放其中的一个值,因此其各个成员不像结构体变量一样是一个个分量,而只能形象地说相当于各种“身份”,某一时刻它只是以一种“身份”出现,即只有一个成员在起作用,就是最后一次赋值的成员。例如:

a.i=10; a.ch='H'; a.f=9.9;

依次执行完上述三个赋值语句之后,最终只是a.f的值有效。

(2) 对于共用体变量整体而言和结构体变量一样是不能进行整体的输入输出,但同样可在两个同一类型共用体变量之间赋值。如a、b均已被定义为union data_type类型,若进行b=a;的赋值操作,那么b就具有和a相同的内容。

(3) 由于共用体变量不是同时存放多个成员的值,因此共用体变量不能进行初始化。

6.4.3　应用举例

例 6.5　将一个整数按字节输出。

```
#include<stdio.h>
void main()
{
  union  int_char
  {
    int i;
    char ch[2];
  }x;
  x.i=24897;
  printf("i=%d\ni=%o\n",x.i,x.i);
  printf ("ch0=%o,ch1=%o\n
        ch0=%c,ch1=%c\n",
        x.ch[0],x.ch[1],x.ch[0],x.ch[1]);
}
```

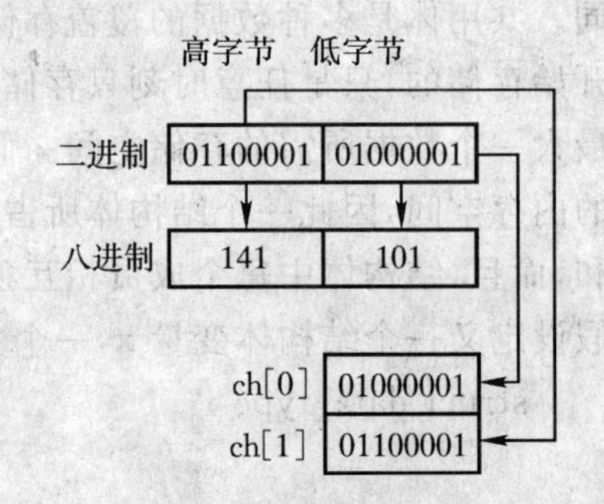

图 6.2　共用体存储数据的内存存储示意图

运行结果:

i=24897

```
i=60501
ch0=101,ch1=141
ch0=A,ch1=a
```

本例中,整型数据是按两个字节处理。

共用体类型的引入增加了程序的灵活性,比如对同一段内存空间的值可在不同情况下作不同的用途,如例 6.6。

例 6.6　一个单位在管理工人与干部时,将其数据放在一张表中,表中包括编号、姓名、性别、年龄、车间号/职务,其中最后一项"车间号/职务"的内容根据身份类别不同填写内容不同,对于工人填写其所在的车间号,对于干部填写其职务,编写程序,输入、输出表中的信息。

```
#define N 2
#include<stdio.h>
#include<stdlib.h>
struct memb_type
{
    int num;             /*编号*/
    char name[10];       /*姓名*/
    char sex;            /*性别*/
    int age;             /*年龄*/
    char label;          /*身份类别*/
    union
    {
      int workshop;      /*车间号*/
      char position[10]; /*职务*/
}category;   /*类别分类*/
}person[N];
void main()
{
   int i;
   for(i=0;i<N;i++)
   {
       printf("请输入编号 姓名 性别 年龄 身份类别(W 或 L):\n");
       scanf("%d%s□%c%d□%c",&person[i].num,person[i].name,&person
           [i].sex,&person[i].age,&person[i].label);   /*□为空格*/
       if(person[i].label =='W')
       {
         printf("请输入车间号:\n");
         scanf("%d",&person[i].category.workshop);
       }
       else if(person[i].label =='L')
```

```
            {
                printf("请输入职务:\n");
                scanf("%s",&person[i].category.position);
            }
            else
            {
                printf("输入错误!\n");
                exit(1); /* exit函数的功能是结束程序的执行,参数1表示出错退出/*
                         /*参数0表示正常退出 */
            }
        }
        printf("\n");
        printf("编号    姓名   性别   年龄   身份类别   车间号/职务\n");
        for(i=0;i<N;i++)
          if(person[i].label =='W')
            printf ("%-5d%-8s%2c%6d%7c%8d\n",person[i].num,person[i].name,
                person[i].sex,person[i].age,person[i].label,person[i].category.
                workshop);
          else
            printf ("%-5d%-8s%2c%6d%7c%12s\n",person[i].num,person[i].name,
                person[i].sex,person[i].age,person[i].label,person[i].category.posi-
                tion);
    }
```

运行结果:

```
请输入编号 姓名 性别 年龄 身份类别(W 或 L):
101  wang  m  19  W ↙
请输入车间号:
10 ↙
请输入编号 姓名 性别 年龄 身份类别(W 或 L):
102  zhang  f  38  L ↙
请输入职务:
director ↙
编号  姓名     性别  年龄  身份类别  车间号/职务
101   wang      m     19      W          10
102   zhang     f     38      L          director
```

本例中,结构体数组 person 包括共用体成员 category,而共用体 category 又有两个不同类型的成员 workshop 和 position,有其不同的用途。

6.5 枚举类型

在实际应用中，有些变量的取值范围是有限的，仅可能只有几个值，如一个星期 7 天，一年 12 个月，一副扑克有 4 种花色，每一花色有 13 张牌等等。此时用整型数来表示这些变量的取值，其直观性很差，如在程序中使用"1"，对于非编程者来说，它是代表星期一呢？还是一月份？很难区分。若在程序中使用"Mon"，则不会有人认为是代表一月份。由此看出，为提高程序的可读性，引入非数值量，即一些有意义的符号是非常必要的。

对于这种应用，C 语言引入枚举类型，所谓"枚举"，就是将变量可取的值一一列举出来。

对枚举类型也要先定义其类型，再定义其类型的变量。

枚举类型定义的一般形式如下：

```
enum 枚举名
{
  枚举值名表
};
```

其中 enum 是关键字，称为枚举类型定义标识符，枚举名由程序员命名。枚举值名表形式如下：

标识符 1，标识符 2，…，标识符 n

标识符也是由程序员自定义，都是一些描述性标识符，要求不能重名，这些标识符分别代表不同枚举值，通常称为枚举常量。

例如：

```
enum  week_type
{
   sun, mon, tue, wed, thu, fri, sat
};
```

由此定义了一个枚举类型 enum week_type，它有 7 个枚举值（常量）。

在定义了类型之后，就可以用该类型来定义变量。例如：

```
enum  week_type  workday;
```

枚举类型变量的定义也有 3 种形式，这里不再列举。

说明

(1) 在 C 语言中，每一个枚举常量的值取决于在说明时排列的先后次序，第一个枚举常量的序号为 0（规定序号从 0 编起），因此，此枚举常量值为 0，以后顺序加 1，如上定义中枚举常量 sun、mon、tue、wed、thu、fri、sat 分别与整数"0"至"6"一一对应，也就是说用"0"来表示 sun，这里不允许对枚举常量进行赋值操作。如：

```
sun=5;  mon=2;
```

是错误的。

若想改变枚举常量的值，在枚举变量定义时可由程序员指定，如：

```
enum  week_type
{
```

```
    sun=7, mon=1, tue, wed, thu, fri, sat
    } workday;
```

此时 sun 的值为 7,mon 的值为 1,tue、wed、thu、fri、sat 的值分别为 2,3,4,5,6。

(2) 一个枚举变量的值只能是这几个枚举常量之一,可以将枚举常量赋给一个枚举变量,但不能将一个整数赋给它。如:

```
    workday=sun;  /* 正确 */
    workday=7;    /* 错误 */
```

(3) 若想将整数值赋给枚举变量须作强制类型转换。如:

```
workday=(enum week_type)2;
```

相当于

```
workday=tue;
```

转换后的值亦应在枚举范围内。

例 6.7　从键盘输入一整数,显示与之对应的星期值。

```
#include<stdio.h>
void main()
{
   enum week_type
   {
     mon=1,tue,wed,thu,fri,sta,sun
   } workday;
  int i;
  do
  {
   printf("Please input integer:\n");
   scanf("%d",&i);
   workday=(enum week_type)i;
   switch(workday)
   {
   case sun:printf("Sunday\n");
          break;
   case mon:printf("Monday\n");
           break;
   case tue:printf("Tuesday\n");
          break;
   case wed:printf("Wednesday\n");
          break;
   case thu:printf("Thursday\n");
          break;
   case fri:printf("Friday\n");
```

```
                break;
            case sta:printf("Saturday\n");
                break;
            default:printf("Input error\n");
               break;
            case-1:printf("Goodbye! \n");
        }
    } while(i! =-1);            /*当从键盘输入-1时结束*/
}
```

运行结果：

```
Please input integer:
7↙
Sunday
Please input integer:
9↙
Input error
-1↙
Goodbye!
```

6.6 用 typedef 定义类型

在C语言中不但可以直接使用系统已定义的简单类型(如 int,char,float 等)和由程序员自己定义的结构体、共用体、枚举等数据类型，还可以使用 typedef 来为这些类型定义另外一个名称，这种自定义类型名的方法在描述数据结构中被大量使用。

6.6.1 类型定义的含义及形式

typedef 类型定义的含义是给某个已有的数据类型重新命名，即允许给指定的数据类型定义一个新的名字(原名称仍然可用)，其形式为：

```
typedef    类型名    新名称;
```

其中“typedef”为类型定义语句的关键字，“类型名”是系统提供的标准类型名，或者是一个已定义的类型名，“新名称”为用户定义的与类型名等价的一种新类型名。

例如：

```
typedef   int   INTEGER;
```

将 int 型重新命名为 INTEGER，此后的程序中可用 INTEGER 作为类型名定义变量了。如 INTEGER　a, b; ,它与 int　a, b; 二者等价。

说明

(1) 定义的新类型名一般使用大写字母，以便与系统的标准类型标识符相区别。

(2) 仅给已有的类型名重新命名，并不产生新的数据类型，原有的数据类型也没有被取代,即只是此类型的一个“别名”。如 typedef int INTEGER;,只是给 int 起了一个新的名字而已,int 仍可用。

(3) 定义一个新的数据类型名,并没有定义变量,因而谈不上分配存储单元。

(4) typedef 与 #define 有相似之处,如 typedef int INTEGER; #define INTEGER int;作用都是用 INTEGER 代替 int,但二者有本质的区别,前者是为 int 定义了一个别名,而后者是宏代换。

6.6.2 类型定义的优点

在程序中引入类型定义有以下优点:

(1) 可缩写长的类型定义,使程序简洁,且可使用便于理解的类型名,以增强程序的可读性,如:

```
struct  stud_type
{
    char  name[10];
    int   num;
    float  score[3];
};
typedef  struct  stud_type  STUDENT;
```

此后在程序中,便可直接使用 STUDENT 定义变量了,如:STUDENT student1, student2;。

(2) 可将程序参数化,便于移植。程序与具体机器硬件的关系越密切,就越难移植,如对数据类型来说,有的系统 int 为 2 个字节,而有的为 4 个字节,若要进行程序移植,一定会出现问题,假如在甲机器上 int 为 2 个字节,在程序中这样定义:typedef int INTEGER;,程序中就可用 INTEGER 定义变量,此时若想移植到乙机器上,而其 int 为 4 个字节,那么只需改动为:typedef long INTEGER;,再用 INTEGER 定义变量就可以了。

小 结

本章学习了 C 语言的两种构造类型——结构体、共用体及枚举类型,用 typedef 自定义类型。其中,构造类型是由基本类型导出的类型,基本类型的数据有常量、变量之分,而构造类型没有常量,只有变量。

1. 结构体类型及结构体变量

(1) 结构体类型:不分配内存,不能赋值、存取、运算;

(2) 结构体变量:分配内存,可以赋值、存取、运算。

2. 结构体变量引用

(1) 结构体变量不能作为整体进行输入、输出;

printf("%d,%s,%c,%d,%f,%s\n",student1); (×)

(2) 结构体变量不能整体赋值

student1={101,"Wan Lin",'M',19,87.5,"DaLian"};　(×)

(3) 结构体变量不能整体进行比较

if(student1==student2)　(×)

(4) 结构体成员可进行各种运算、赋值、输入、输出。

3. 结构体与共用体

(1) 共用体变量与结构体类型及其他简单类型变量不同,它不能进行初始化;

(2) 共用体是多种数据的覆盖存储,几个不同的成员变量共占同一段内存,且都是从同一地址开始存储的,只是任意时刻只存储一种数据,而结构体中每个成员相互独立,不占用同一存储单元。

4. 枚举类型

所谓"枚举",就是将变量可取的值一一列举出来。其类型定义的一般形式:

```
enum 枚举名
{
   枚举值名表
};
```

5. 用 typedef 定义类型

用关键字 typedef 定义某个类型的新类型名,之后可用新类型名定义变量、形参、函数等,新类型名又称此类型的别名,引用它可增强程序的通用性、灵活性及可读性。

习　题

1. 以下各项定义结构体类型的变量 st1,其中不正确的是(　)。

(A)
```
typedef struct stud_type
{
  int num;
  int age;
} STD;
STD st1;
```

(B)
```
struct stud_type
{
  int num;age;
}st1;
```

(C)
```
struct
{
  int num;
  float age;
} st1;
```

(D)
```
struct stud_type
{
  int num; int age;
};
struct stud_type st1;
```

2. 阅读程序,写出运行结果。

```
#include<stdio.h>
void main()
{
```

```
    struct
    {
      int a;
      int b;
      struct
      {   int x;
          int y;
      }ins;
    }outs;
    outs.a=11;outs.b=4;
    outs.ins.x=outs.a+outs.b;
    outs.ins.y=outs.a-outs.b;
    printf("%d,%d",outs.ins.x,outs.ins.y);
}
```

3. 阅读程序,写出运行结果。

```
#include <stdio.h >
void main()
{
   union exa
   {
       struct
       {   int a;
           int b;
       }out;
       int c;
       int d;
   }e;
   e.c=1;e.d=3;
   e.out.a=e.c;
   e.out.b=e.d;
   printf("\n%d,%d\n",e.out.a,e.out.b);
}
```

4. 阅读程序,写出运行结果。

```
#include<stdio.h>
struct int_char
{
    int n;
    char ch;
};
```

```
void func(struct int_char ex2);
void main()
{
  struct int_char ex1={5,'t'};
  func(ex1);
  printf("%d,%c",ex1.n,ex1.ch);
}
void func(struct int_char ex2)
{
  ex2.n+=10;
  ex2.ch-=1;
}
```

5. C 语言提供的结构体数据类型有何特点？可以直接以结构体为对象进行输入输出吗？

6. 结构体与共用体在定义及引用方面有何异同？

7. 用 typedef 定义新的类型名有什么意义？

8. 定义下列数据的结构类型、再定义具有该结构类型的变量。

(1) 书籍类型 book，含数据项：书名、作者、出版社、书号、单价、出版日期、字数、印数。

(2) 学生类型 student，含数据项：学号、姓名、性别、出生日期、成绩、家庭住址、电话号码、邮编。

9. 有 10 个学生，每个学生的数据包括：学号、姓名、三门课成绩，编写程序要求从键盘输入学生们的数据，并输出成绩报表(包括每人的学号，姓名、三门成绩及平均分数)，还要求输出平均分在前 5 名的学生姓名及平均成绩。

10. 某单位有 N 名职工参加计算机水平考试，设每个人的数据包括准考证号、姓名、年龄、成绩。单位规定 30 岁以下的职工必须进行笔试，分数为百分制，60 分为及格；30 岁及以上的职工进行操作考试，成绩分为 A，B，C，D 四个等级，C 以上为及格。编程统计及格人数，并输出每位考生的成绩。

11. 已知枚举类型定义如下：

```
eunm
{
  red, yellow, blue, green, black, white
};
```

从键盘输入一整数，显示与该整数对应的枚举常量的英文名称。

第7章　指　针

指针是C语言的一个重要概念，它是C语言的精华之一，用指针可以使程序简洁、紧凑、高效。指针的功能强大，运用指针可以有效的描述复杂的数据结构；可以改变传递给函数的参数的值；能直接对内存地址操作，实现动态存储管理；可以更加简洁有效的处理数组。

指针是一个"双刃剑"，它会导致程序难以理解，而且很难编写正确，初学者常会出错。学习时应特别细心，多动脑、多对比、多上机。C语言并不限制指针的使用，程序员完全可以根据具体的情况来选择是否使用指针，如果小心谨慎的使用指针，便可以利用它写出简单、清晰的程序。

7.1　指针与地址

计算机中的内存是连续的存储空间，为了便于操作，对内存进行了编址。内存编址是连续的，它的基本单位为字节。对于程序中定义的变量，编译时系统根据它的类型给它分配一定长度的内存单元，分配给每个变量的内存单元的起始地址即为该变量的地址。编译后，每一个变量名对应一个变量的地址，对变量的访问就是通过这个地址进行的。

引用一个变量，就是从该变量名对应的地址开始的若干内存单元(字节数由数据类型确定)中取出数据，内存单元的内容就是变量的值。而给变量赋值，则是将数据按该变量定义的类型存入对应的内存单元中，原有的数据将被覆盖，变为新的数据。

在C语言中，将内存的地址形象的称为"指针"，意思是通过它能够找到它所代表的内存单元。一个变量的地址称为该变量的"指针"，如果有一个特殊的变量专门用来存放另一变量的地址，则称为"指针变量"。普通的变量通常直接包含一个具体的、有实际含义的数值，而指针变量包含的是拥有具体数值的变量的内存单元的地址。

7.1.1　指针的概念

用变量名直接从它对应的地址存取变量的值，称为"直接访问(Direction Access)"。通过指针变量去存取某个变量的值，则称为"间接访问(Indirection Access)"。

如果程序中声明了x、y、z共3个整型变量，在内存中的存储位置如图7.1所示，这里使用32位的C语言编译系统，故每个整型变量占用4个字节。另外声明一个指针变量p，将整型变量y的存储单元的首地址存放到p中，这样就建立了一种联系，即通过指针变量p，能够找到整型变量y，图中以箭头表示这种关系。如果在程序中通过变量名y来访问其中存放的数值，比如说printf("%d", y)；这就叫做"直接访问"。如果先通过指针变量p读入整型变量y的存储单元的首地址，再顺序读入4个字节，就能得到y中存放的数值了，这就称为"间接访问"。

使用“直接访问”方式，简洁直观，但是要想访问不同的变量，就需要写出不同的代码。虽然“间接访问”方式看似步骤繁琐、多此一举，但是因为有了指针变量这个“中介”，使得程序员能够用相同的方法，去访问不同的变量，带来了更大的方便。

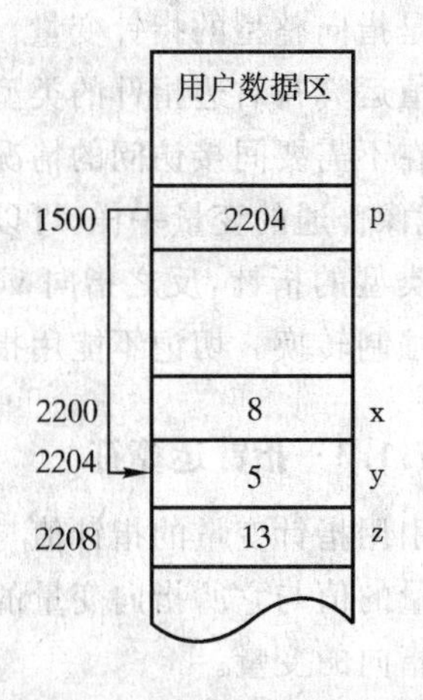

图7.1　直接访问与间接访问

7.1.2　指针变量

指针变量也和其他变量一样，必须先声明(Declare)后引用。指针变量是存放地址的，声明一个指针变量时，必须同时指定它所指向的变量的类型，称之为基类型。因为所有指针变量存的都是某个存储单元的地址，从这个首地址开始，具体读取几个字节的数据，都是由基类型决定。比如在32位编译环境下，int类型是4个字节，float类型是4个字节，double类型是8个字节，char类型是1个字节。指针变量的类型不同，每次访问时读取的字节数就不同，多个字节的二进制数据组合在一起才能成为一个具体的数值。

虽然地址也是用整数表示，但整型变量不能存储地址；虽然指针变量也是4个字节，但也不能存储整数。声明指针变量的方式如下：

基类型名 * 指针变量名；

基类型名是指针变量所指向的变量的类型名称。指针变量名也要遵守变量命名规则，不得重名。当声明多个指针变量的时候，用逗号分隔，每个变量前面都必须有*号。这样就为指针变量分配了存储单元，可以存放指针值，必要时可以用printf( )语句以无符号整数的格式输出指针值。指针变量所指向变量的类型由基类型名确定，基类型确定了用指针变量“间接”存取数据的存储单元个数和存储形式。指针变量只能指向基类型的变量，不能指向其他类型的变量。

如：char *p1; int *p2; float *p3;

p1是指向字符型变量的指针变量(可简称为字符型指针变量)，p2是指向整型变量的指针变量(可简称为整型指针变量)，p3是指向实型变量的指针变量(可简称为实型指针变量)。

不能引用没有赋值的指针变量，否则就会造成严重错误。在声明时可以给指针变量赋初值，所关联的变量名必须是已声明过的，其类型与基类型一致。表示将该变量名对应的地址值赋给所定义的指针变量，如：

```
float x;
float *p3=&x;
```
或
```
float x, *p3=&x;
```
或
```
float x, *p3;
p3=&x;
```

错误的写法有：

```
int x;
float *p3=&x;
```

不正确，因为变量x的类型，与p3所指向的类型不匹配。

```
int i;
int p=&i;
```

不正确，p前面无*号，表示它是整型变量不是指针变量，因此初值不能是地址。

如果两个指针类型相同，那么可以把一个指针赋值给另一个指针。如果类型不相同，比如一个是指向整型的指针变量,一个是指向字符型的指针变量,那么就必须用强制类型转换符,将赋值运算符右边指针的类型,强制转换为左边指针的类型。

在不需要间接访问的情况下,可以使用指向 void 类型的指针,它可以表示任何类型的指针,就像普通的变量一样,可以用于指针变量之间的运算。任何类型的指针都可以赋值给指向 void 类型的指针,反之指向 void 类型的指针也可以赋值给任何类型的指针,这两种情况都不需要强制转换。切记不能用指向 void 类型的指针做间接访问,将会造成严重错误。

7.1.3 指针运算符

引用指针变量的指针值与引用其他类型的变量一样,直接用它的变量名。一定要注意指针变量的值与它所指向变量的值之间的差别。还应注意指针变量只有正确赋值后才能通过它访问指向的变量。

两个与指针有关的运算符“&”和“*”都是单目运算符,它们的优先级相同,按自右而左方向结合:

① & :取地址运算符,获取其右边变量的地址。如:&a 求得变量 a 的地址。

② * :指针运算符(“间接访问”运算符),访问右边指针变量所指向的变量。

指针变量定义和引用指向变量所出现的“*”含义有差别。在引用指向的变量中“*”是运算符,表示访问指针变量所指向的变量。而在指针变量定义中应将“*”理解为指针类型声明符,表示定义的变量是指针变量。

指针变量只存放地址,虽然地址值是无符号整数,但不能直接用整型量(或其他非地址量)赋值给指针变量。

```
int *p1=2200; /*不合法!编译时出警告错误*/
```

例 7.1 取地址运算符 & 和指向运算符 * 的应用。

```
#include <stdio.h>
int main ( )
{/*变量声明*/
  int m, n;
  int *mPtr = &m, *nPtr = &n;
  /*输入部分*/
  printf ("请输入两个数字,空格分隔:");
  scanf ("%d %d", mPtr, &n);
  /*输出部分*/
  printf ("m=%4d,\t\t &m=%8x\n", m, &m);
  printf ("*mPtr=%4d,\t mPtr=%8x\n\n", *mPtr, mPtr);
  printf ("n=%4d,\t\t &n=%8x\n", n, &n);
  printf ("*nPtr=%4d,\t nPtr=%8x\n", *nPtr, nPtr);
  return 0; /*返回操作系统*/
}
```

例 7.1 运行结果:

```
请输入两个数字,空格分隔:15 20 ↙
```

```
m=  15,        &m=  12ff7c
*mPtr=  15,      mPtr=  12ff7c
n=  20,        &n=  12ff78
*nPtr=  20,      nPtr=  12ff78
```

注:本章所有例题运行结果中的地址值,将视编译环境和运行环境而不同。

7.2 指针与函数

指针可以作为参数传递给函数,函数的返回值也可以定义为指针类型,通过函数名可以将指针值返回到主调函数。指针还可以指向函数,以便动态的调用不同的函数。

7.2.1 指针变量作函数参数

给函数传递参数的方式有两种:传值调用和传地址调用。C语言调用函数时,实参传递给形参全部都采用值传递的方式,函数对形参的修改结果不会带回到主调函数,使用 return 语句最多只能传回一个值。

实际应用中,经常需要函数将多个变量的修改结果返回到主调函数。如果用指针变量作形参,就可以通过地址的值传递实现指向变量的引用传递。这种方法称为"传地址调用"。在参数是大型数据对象(如数组、结构体等)的时候,能够避免将实参拷贝到形参所花费的时间,同时也避免了相同的数据在内存中存储双份,减少了存储空间的浪费。

例 7.2 求变量的立方。

```
#include <stdio.h>
int cube (int);
int main ( )
{
  int number = 5;
  printf ("原值:%d\n", number);
  number = cube ( number );
  printf ("新值:%d\n", number);
  return 0;
}
int cube (int n)
{
  return n * n * n;
}
```

传值调用方式

```
#include <stdio.h>
void cube (int *);
int main ( )
{
  int number = 5;
  printf ("原值:%d\n", number);
  cube ( & number );
  printf ("新值:%d\n", number);
  return 0;
}
void cube (int * n)
{
  *n = *n* *n* *n;
}
```

传地址调用方式

例 7.3 输入两个整数,按从小到大的顺序输出,调用函数交换位置。

主函数的流程图如图 7.2 所示,swap 函数有三种不同的写法,但只有一种是正确的,请读者仔细体会。

(a) 如果用整型变量作形参,将无法完成任务,程序如下:

```
#include<stdio.h>
void swap (int, int);   /*交换函数*/
int main ( )
{
  int x, y;
  /*输入部分*/
  printf ("请输入两个数(空格分隔):");
  scanf ("%d%d", &x, &y);
  /*运算部分*/
  if (x > y)
    swap (x, y);
  /*输出部分*/
  printf ("交换后:%4d%4d\n", x, y);
  return 0;    /*返回操作系统*/
}
/*交换函数
参数2个:要交换的两个数,返回值:无*/
void swap (int p1, int p2)
{
  int p;   /*临时变量*/
  p = p1;    /*交换两个数*/
  p1 = p2;
  p2 = p;
}
```

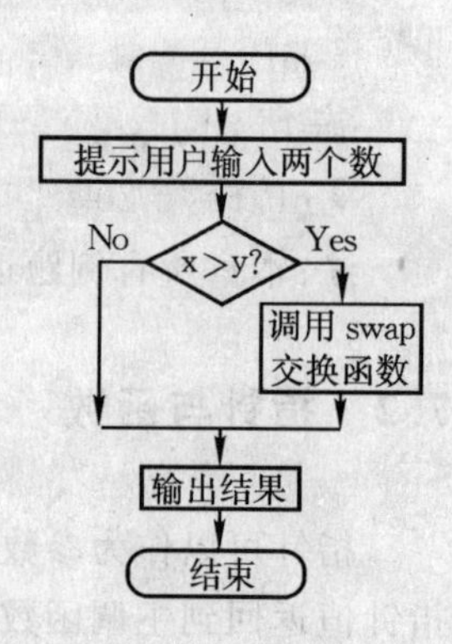

图7.2 交换两个数

例7.3(a)运行结果:

```
请输入两个数(空格分隔):3  2
交换后:3  2
```

执行swap(x, y)时采用值传递,则实参x和y的值拷贝到形参p1和p2中,此后x和y的值与p1和p2的改变无关,p1和p2的交换结果不会带回到main(),输出时x和y无变化,没有实现交换的目的,如图7.3所示。

(b) 如果用指针变量作形参,对指针变量做交换,也无法完成任务,程序如下:

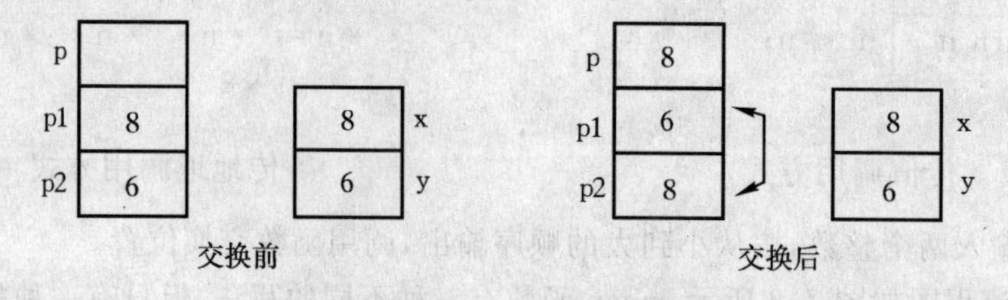

图7.3 用整型变量做形参的结果

```
#include <stdio.h>
void swap (int *, int *);  /* 交换函数 */
int main ( )
{
  int x, y;
  /* 输入部分 */
  printf ("请输入两个数(空格分隔):");
  scanf ("%d%d", &x, &y);
  /* 运算部分 */
  if (x > y)
    swap (&x, &y);
  /* 输出部分 */
  printf ("交换后:%4d%4d\n", x, y);
  return 0;   /* 返回操作系统 */
}
/* 交换函数
参数 2 个:要交换两数的地址,返回值:无 */
void swap (int *p1, int *p2)
{
  int *p; /* 临时变量 */
  p = p1;   /* 交换两个指针变量的值 */
  p1 = p2;
  p2 = p;
}
```

例 7.3(b)运行结果:

```
请输入两个数(空格分隔):3  2 ↙
交换后:3    2
```

虽然在 swap ( )函数中仍然用指针 p1 和 p2 作形参,但交换的是指针 p1 和 p2 的值,并不是它们指向的变量 x (等价于 * p1)和 y (等价于 * p2)。在交换完成后,p1 指向 y,p2 指向 x。这只是 p1 和 p2 的内容变化了,x 和 y 的内容并没有被改变,所以结果不对,如图 7.4 所示。

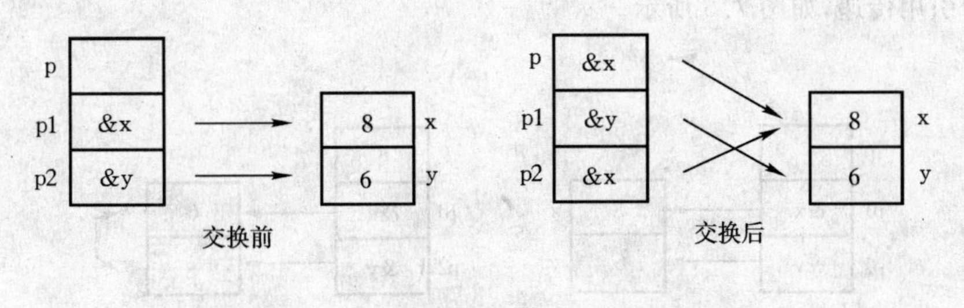

图 7.4　交换指针类型的形参的结果

(c) 正确的做法是:用指针变量作形参,函数内使用间接访问方式,程序如下:

```
#include<stdio.h>
void swap (int *, int *);   /*交换函数*/
int main ( )
{
   int x, y;
   /*输入部分*/
   printf ("请输入两个数(空格分隔):");
   scanf ("%d%d", &x, &y);
   /*运算部分*/
   if (x > y)
      swap (&x, &y);
   /*输出部分*/
   printf ("交换后:%4d%4d\n", x, y);
   return 0; /*返回操作系统*/
}
/*交换函数
参数2个:要交换两数的地址,返回值:无*/
void swap (int *p1, int *p2)
{
   int p;   /*临时变量*/
   p = *p1;   /*间接访问交换两个数*/
   *p1 = *p2;
   *p2 = p;
}
```

例7.3(c)运行结果:

```
请输入两个数(空格分隔):3  2 ↙
交换后:2    3
```

执行swap(&x, &y)时虽然本质上还是值传递,但传递的是地址值,即将x和y的地址值赋给形参p1和p2(p1和p2都是指针变量),在swap()函数中对*p1和*p2的操作实际就是对x和y的操作,修改结果自然会带回到main()。这样就通过地址的值传递实现了指向变量的引用传递,如图7.5所示。

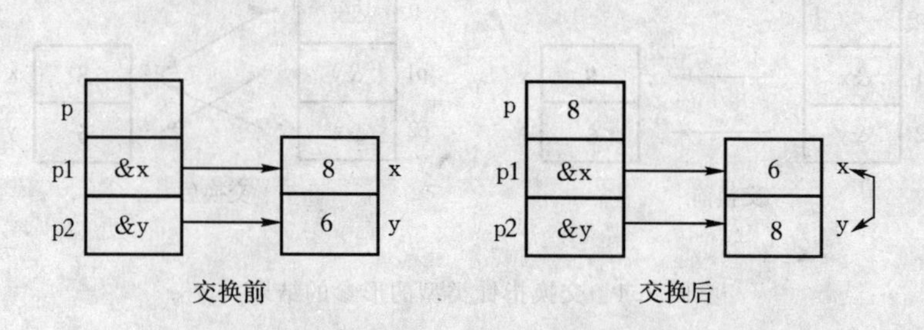

图7.5 用指针类型的形参进行间接访问的结果

7.2.2 返回指针值的函数

函数的返回值的类型可以是整型、实型、字符型也可以是指针类型,指针类型的函数也是在函数的首部对其类型给予定义的。

定义格式:

类型名 * 函数名(参数表);

例如: int * f (int x, int y);

f是函数名,调用它能返回一个指向整型的指针值。x和y是函数f的形参,为整型变量。

注意,在 *f两侧没有用圆括号括起来,在f的两侧分别为"*运算符"和"( )运算符"。而"( )"优先级高于"*",因此,f先与"( )"结合,表明f( )是函数形式。而这个函数前面有一个"*",表示此函数是指针型函数。最前面的int表示返回的指针指向整型变量。

例7.4 自行编写的字符串连接函数strcat ( )

标准库函数strcat ( )在string.h中声明,它的函数原型为:

char * strcat (char *, const char *);

作用是:将第二个实参字符串,拷贝到第一个实参字符串后面。第二个实参可以是字符串常量、字符型数组名,而第一个实参只能是字符型数组名,长度要能够容纳两个字符串。函数的返回值是第一个实参的首地址,是指向字符的指针类型。流程图如图7.6所示。

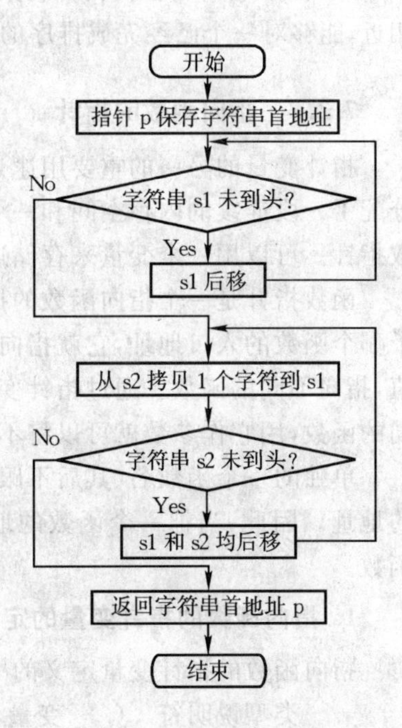

图7.6 字符串连接函数

```
#include<stdio.h>
char *myStrcat (char *s1, char *s2);

int main ( )
{ /*变量声明*/
  char *aPtr;
  char a[50] = "student! \n\t";
  char *bPtr = "teacher!";
  /*运算部分*/
  aPtr = myStrcat(a, bPtr);
  printf("%s\n", aPtr);

  return 0; /*返回操作系统*/
}
/*字符串连接函数
参数2个:目标字符串的指针,源字符串的指针
返回值:目标字符串的指针*/
char * myStrcat (char * s1, char * s2)
{
  char * p = s1;  /*指向目标字符串*/
```

```
    while ( *s1 )   /*找到目标字符串的末端*/
      s1 ++;
    while ( *s1 ++ = *s2 ++) ;   /*拷贝字符*/

    return p;    /*返回目标字符串的指针*/
}
```

例7.4运行结果：

```
student!
        teacher!
```

在头文件 stdlib.h 中还声明了标准库函数 qsort ( )，可以对一个数组的数据元素进行快速排序，这是一种比冒泡排序法和选择排序法效率更高的一种经典排序算法。该函数使用一个指向函数的指针作为参数，由用户编写好对数组中任意两个元素进行比较的函数，再传递到 qsort( )中，就可以对任何类型的数组进行排序。还有一个 bsearch( )函数，接口形式与 qsort( )相近，能够对一个已经完成排序的数组执行二分查找。请查阅相关资料，作进一步了解。

7.2.3 指向函数的指针

指针变量的另一的重要用途是，它可以指向一个函数。C语言中，每个函数在编译时都给分配了一段连续的内存空间和一个入口地址，这个入口地址就称为“指向函数的指针”，简称函数指针。可以用一个变量来存储这个指针，称之为“指向函数的指针变量”。

函数指针是一个指向函数的指针变量，它是专门来存放函数入口地址的，在程序中给它赋予哪个函数的入口地址，它就指向哪个函数，因此在一个程序中，一个函数的指针可被多次赋值，指向不同的函数。通过指针变量可以调用所指向的函数，改变它的值就可以动态的调用不同的函数，用它作参数就可以将不同的函数传递到被调用函数中。

单独的一个函数名(其后不跟圆括号)，代表该函数的入口地址，也就是该函数第一条指令的地址。因此，当把一个函数的地址赋给一个指针变量时，对该指针的操作就等同于调用该函数。

1. 指向函数的指针变量的定义和使用方法

指向函数的指针变量定义的一般形式为：

类型说明符 (* 变量名)(参数列表);

为了使用指向函数的指针，C语言编译器不仅需要知道指向函数的指针变量，还要知道函数返回值的类型，还包括它的参数的数量和类型。因此声明指向函数的指针的语句，与所指向的函数的声明语句非常相似，只是函数名换成了“(* 变量名)”。变量名两边的小括号是必需的，因为后面包含参数列表的函数调用运算符“( )”，比指针运算符“ * ”的优先级高。如果缺少括号，就会变成声明一个返回值为指针类型的普通函数了。

声明一个指向函数的指针变量之后，它并不指向哪一个具体的函数，不能进行间接访问，否则会出现严重错误。

要通过指针变量实现间接访问方式的对函数的调用，还必须进行赋值，将某一个函数的入口地址赋给它。函数名代表函数的入口地址，是函数指针类型的符号常量(正如数组名是指针

类型的符号常量一样)。赋值时只写函数名不写后面的括号和实参。如:

```
int function ( );
int ( *p ) ( );
p = function;
```

该指针可以用来存放任何函数返回值是整型、参数为空的函数,从而实现对函数的间接访问。通过指针变量调用函数时,只要用(*指针变量名)代替函数名就可以了,括号和实参与直接调用函数时相同,如:

```
y = ( *p ) ( );
```

表示"调用p指向的函数,返回的函数值赋给y,调用的实参为空"。

由于指向函数的指针变量存储的是函数的入口地址,各函数的入口地址之间没有固定的数量关系,所以对指向函数的指针变量不能进行诸如p++,p--这样的加减操作。

例7.5 指向函数的指针程序举例。

```
#include <stdio.h>
int f (int);  /*一元二次函数*/
int main ( )
{ /*变量声明*/
  int (*p) (int);
  int x, y;
  /*输入部分*/
  printf ("请输入 x= ");
  scanf ("%d", &x);
  /*运算部分*/
  p = f;  /*p指向f函数*/
  y = (*p) (x); /*间接调用f函数*/
  /*输出部分*/
  printf ("y= %d\n", y);
  return 0; /*返回操作系统*/
}
/*一元二次函数*/
int f (int x)
{
  return ( 3 * x + 5 ) * x - 7;
}
```

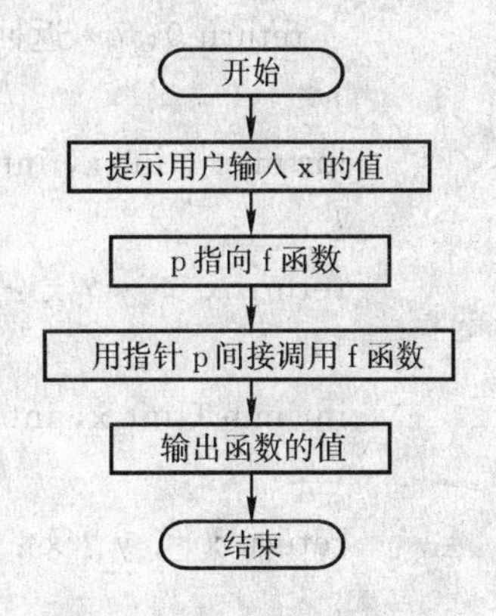

图7.7 用指针调用函数

例7.5运行结果:

```
请输入 x=3 ↙
y=35
```

2. 用指向函数的指针变量做函数形参

函数的形参可以是各种类型的变量,用它可以接受实参传来的各种类型变量的值。形参也可以是指针变量和数组,用它可以传递实参所指向的各种类型变量本身。形参还可以是指向函数的指针变量,用它可以接受实参传来的不同的函数,这种参数称为函数参数。用函数参数可以大大增强编程的灵活性。

例7.6 用指向函数的指针变量做函数形参程序实例。

设一个函数process,在调用它的时候,每次实现不同的功能。输入两个数,第一次找出最大值,第二次找出最小值,第三次求两者之和。

```
#include <stdio.h>
int max ( int, int );  /* 最大值函数 */
int min ( int, int );  /* 最小值函数 */
int sum ( int, int );  /* 求和函数 */
/* 统一调用接口函数 */
void process ( int, int, int ( * ) ( int, int ) );

int main ( )
{ /* 变量声明 */
   int a = 2, b = 3;
   int ( * p) ( int, int );  /* 声明函数指针 */

   process ( a, b, max );  /* 用函数名作参数 */
   p = min;  /* 函数指针指向 min 函数 */
   process ( a, b, p );    /* 用函数指针作参数 */
   p = sum;  /* 函数指针指向 sum 函数 */
   process ( a, b, p );    /* 用函数指针作参数 */

   return 0; /* 返回操作系统 */
}
int max ( int x, int y ) /* 最大值函数 */
{
return x > y ? x : y;
}
int min ( int x, int y ) /* 最小值函数 */
{
return x < y ? x : y;
}
int sum ( int x, int y ) /* 求和函数 */
{
return x + y;
}
/* 统一调用接口函数
```

```
参数 3 个:2 个整数,1 个指向函数的指针
返回值:无 */
void process ( int x, int y, int ( * fun ) ( int, int ) )
{
printf ( "result = %d\n", ( * fun ) ( x , y ) );
}
```

例 7.6 运行结果

```
result=3
result=2
result=5
```

函数 process 有 3 个形参,前两个是整型变量,第三个用 int(* fun)(int, int),表示 fun 是指向函数的指针,所指向的函数必须有两个整型参数,返回值也是整型。

7.3 指针与数组

在C语言中,指针和数组之间的关系十分密切,通过数组下标所能完成的任何操作,都可以通过指针来实现。C语言标准规定,数组名是指针类型的符号常量,该符号常量值等于数组首元素的地址(简称数组首地址),它的类型是指向数组元素的指针类型。即数组名是指向该数组首元素的指针常量。

一般来说,使用指针编写的程序比用数组下标编写的程序执行速度快,但另一方面,用指针实现的程序理解起来比较困难,因此要根据需求来决定是否使用指针方式。

7.3.1 指向一维数组的指针

定义指向数组元素的指针变量与定义指向简单变量的指针变量方法相同,例如:

```
int a [10];          /* 数组元素是整型变量 */
int * p;             /* 定义 p 是指向整型变量的指针变量 */
p = & a[0];          /* 赋值后 p 指向 a 数组的 0 号元素 */
p = & a[5];          /* 赋值后 p 指向 a 数组的 5 号元素 */
```

由于数组名是指向0号元素的指针类型符号常量,所以 a 与 &a[0]相等。即:p=&a[0]; 和 p=a; 两句等价。p = a 不是把 a 的各元素赋给 p,而是让 p 指向 a 数组的 0 号元素。还要注意数组名与指针变量的区别,数组名不是变量是指针类型的常量。显然:

```
int a [10];
int * p;         等效于   int a [10];           也等效于   int a [10];
p=&a[0];                  int * p=&a[0];                   int * p=a;
```

1. 指针运算

指针变量可进行指向运算和赋值运算,当它指向数组时,也可以和整数做加减操作。当指针变量指向数组元素时,指针变量加减一个整数 n,表示指针前后移动 n 个元素。指针变量每增减 1,地址值增减量等于所指向变量占的字节数 sizeof(type)。同理,两个指向同类型指针可以相减得到一个整数,等于地址值的差除以 sizeof(type),或相对应的两个数组元素的限额

表之差。

既然两个同类型指针可以相减,它们就可以比较大小,即进行<,<=,>,>=,!=,==运算,比较大小时用它们的地址值比较,所指向的类型不同则不能比较。任何两个指针之间不能进行加法、乘法、除法等算术运算,尽管语法上没有错误,但没有实际意义,会带来不可预知的错误。

C语言设置了一个指针常量"NULL"称为空指针,空指针不指向任何存储单元。空指针可以和任何类型的指针作等于和不等于的比较(不能作<,<=,>,>=的比较)。空指针可以赋给任何指针类型的变量。应该将暂时不用的指针变量,都初始化为NULL,可以避免忘记将指针关联到具体变量,就直接进行间接访问,从而导致的严重错误。

2. 通过指针引用数组元素

当指针变量p指向数组a时,引用数组元素可以用两种方法:下标法,如a[i],p[i],和指针法,如*(p+i)或*(a+i)。在int a[10]; *p=a; 的情况下:

① p+i或a+i就是a[i]的地址;

② *(p+i)或*(a+i)就是p+i或a+i所指向的数组元素a[i],使用a[i]相当于*(a+i);

③ 指向数组元素的指针变量也可带下标,如p[i]与*(p+i)等价。所以,a[i],*(a+i),p[i],*(p+i)四种表示法等价;

注意p与a的差别,p是变量,a是符号常量,不能给a赋值,语句a=p; a++; 都是错误的。编辑器对地址运算不做越界检查,程序员要小心谨慎的移动指针,时刻避免越界。

例7.7 数组名与指向一维数组元素的指针变量。

```
#include <stdio.h>

int main ( )
{ /*变量声明*/
  int a[5] = {10, 20, 30, 40, 50}, *p = a;

  printf ("p=%x, p+1=%x\n", p, p+1);
  printf ("a=%x, a+1=%x\n\n", a, a+1);

  printf ("&a[0]=%x, &a[1]=%x\n\n", &a[0], &a[1]);

  printf ("*p+2=%d, *(p+2)=%d\n", *p+2, *(p+2));
  printf ("*a+2=%d, *(a+2)=%d\n", *a+2, *(a+2));

  return 0;    /*返回操作系统*/
}
```

例7.7运行结果:

```
p=12ff6c, p+1=12ff70
a=12ff6c, a+1=12ff70
```

&a[0]=12ff6c, &a[1]=12ff70

*p+2=12, *(p+2)=30
*a+2=12, *(a+2)=30

需要注意,不能把数组名理解为指向整个数组的指针。一维数组的数组名指向的是数组第一个元素的首地址,a+1 指向的是下一个元素而不是下一个数组。同样,int *p = a; p 也是指向一维数组第一个元素的首地址。地址值的步进单位是一维数组单个元素所占的字节数,不是整个数组占的字节数。

例 7.8 输入/输出数组的所有元素。

```
#include <stdio.h>
#define SIZE 3
int main ( )
{ /*变量声明*/
  int i, offset, b[ ] = {1, 2, 3};
  int *bPtr;
  printf ("数组名+下标方式输出:\n");
  for (i = 0; i < SIZE; i++)
    printf ("b[%d] = %d\n", i, b[i]);
  printf ("数组名+偏移量方式输出:\n");
  for (offset = 0; offset < SIZE; offset++)
    printf ("*(b+%d)=%d\n",offset, *(b+offset));
  printf ("指针+下标方式输出:\n");
  for (bPtr = b, i = 0; i < SIZE; i++)
    printf ("bPtr[%d] = %d\n", i, bPtr[i]);
  printf ("指针变量自增方式输出:\n");
  for (bPtr = b; bPtr < b + SIZE; bPtr++)
    printf ("*bPtr = %d\n", *bPtr);
  printf ("指针+偏移量方式输出:\n");
  for (bPtr = b, offset = 0; offset < SIZE; offset++)
    printf ("*(bPtr+%d) = %d\n", offset, *(bPtr+offset));
  return 0; /*返回操作系统*/
}
```

例 7.8 运行结果:

```
数组名+下标方式输出:
b[0]=1
b[1]=2
b[2]=3
数组名+偏移量方式输出:
```

```
*(b+0)=1
*(b+1)=2
*(b+2)=3
指针+下标方式输出:
bPtr[0]=1
bPtr[1]=2
bPtr[2]=3
指针变量自增方式输出:
*bPtr=1
*bPtr=2
*bPtr=3
指针+偏移量方式输出:
*(bPtr+0)=1
*(bPtr+1)=2
*(bPtr+2)=3
```

"指针变量自增"方式的效率最高,但不直观、可读性较差。其余三种本质上相同,都多进行了 a+i(或 p+i)的地址运算,效率不高。"数组名+下标"方式最直观、不易出错。

3. 地址越界问题

指针变量重新赋值或自增/自减后,其中的地址值发生了变化,新的地址值是否指向所需要的变量,新的地址值是否有实际意义,编译系统对此都不作检查,需要由程序员自己检查。如果新的地址值超出了正确范围称为"地址越界"。当新的地址值已经指向存放程序的指令区,如果还把它当作变量给它赋值,将引起意想不到的错误。因此使用指针时一定要细心,应注意以下几点。

① 不要引用没有赋值的指针变量,使用指针变量前一定要对它正确赋值。尤其是在选择结构的程序中,每一个分支路径都应在引用指针变量之前,检查它是否被正确赋值。

② 用指针变量访问数组元素,随时要检查指针的变化范围,始终不能超越上下界。

③ 指针运算中应该注意各运算符的优先级和结合顺序,在有二义性的地方,恰当的使用括号会使程序容易理解。

4. 用数组名或指针变量作函数参数

当把数组名作为实参时,整个数组会传递给函数,返回时当然也希望将整个数组的修改结果带回到调用程序。实际上,在调用函数时,编译系统并没有给形参数组分配存储空间,而是将形参数组按指针变量来处理,给它分配一个存储地址的单元,在调用函数时把实参数组的首地址传送给它。

函数首部 f(int a[ ], int n),可写成:f(int *a, int n),两者完全等价。调用该函数时,系统分配一个指针变量 a,来存放传来的实参数组首地址,通过指针变量(或形参数组)a,就可以访问实参数组的元素。因为 *(a+i)和 a[i]是完全等价的,所以无论函数首部是上述哪一种形式,函数中既可以用 *(a+i)形式也可以用 a[i]形式,访问的实际都是实参数组的元素。

当然,实参也可以是一个存放数组首地址的指针变量,调用函数时同样可以把数组首地址传送给形参。归纳起来,传递一个数组,实参与形参的形式有四种:① 实参和形参都用数组名;② 实参用数组名,形参用指针变量;③ 实参用指针变量,形参用数组名;④ 实参和形参都用指针变量。四种方法实质上都是传地址方式的函数调用。

例7.9 将数组所有元素加5,用四种方法实现函数的参数传递。

(a) 实参和形参都用数组,这是最佳方式。

```
#include <stdio.h>
#define N 5
void add (int [ ], int );

int main ( )
{ /*变量声明*/
  int i, a[N] = {1, 2, 3, 4, 5};

  add (a, N);

  for ( i = 0; i < N; i++ )
    printf ("%4d", a[i]);

  printf ("\n----运行完毕----\n");
  return 0; /*返回操作系统*/
}
void add ( int b[ ], int n )
{
  int i;
  for ( i = 0; i < n; i++ )
    b[i] += 5;
}
```

例7.9运行结果:

```
  6  7  8  9  10
----运行完毕----
```

(b) 实参和形参都用指针。因指针方式容易出错,故仅在必要时才用这种方式。

```
#include <stdio.h>
#define N 5
void add (int *, int );
int main ( )
{ /*变量声明*/
  int i, a[N] = {1, 2, 3, 4, 5};
  int *aPtr = a;
  add (aPtr, N);
```

```
    for ( i = 0; i < N; i++ )
        printf ("%4d", a[i]);
    printf ("\n----运行完毕----\n");
    return 0; /* 返回操作系统 */
}
void add (int *p, int n)
{
    int *pEnd = p + n;
    for ( ; p < pEnd; p++)
        *p += 5;
}
```

(c) 实参用数组,形参用指针。

此种方式较好。用(a)中的main( )和(b)中的add( )组合在一起即可。

(d) 实参用指针,形参用数组。

此种方式最差。用(a)中的add( )和(b)的main( )组合在一起即可。

例7.10　用函数将一维数组的各元素循环右移m个位置。

算法要求:试设计一个算法,将数组a[0…n−1]中的元素循环右移m位,并要求只用一个元素大小的存储空间。主函数的流程图如图7.8所示,循环右移函数的流程图如图7.9所示。

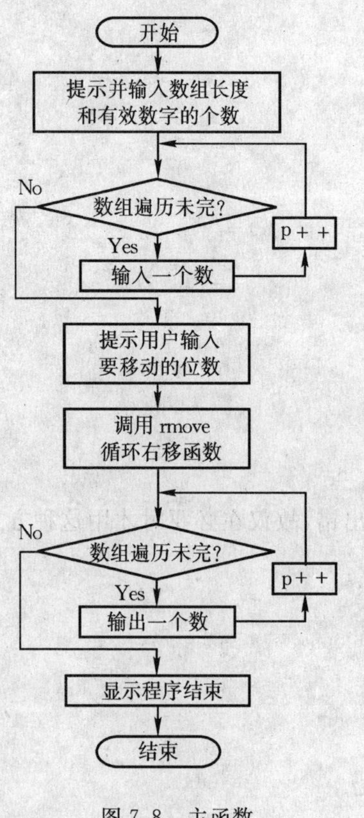

图7.8　主函数

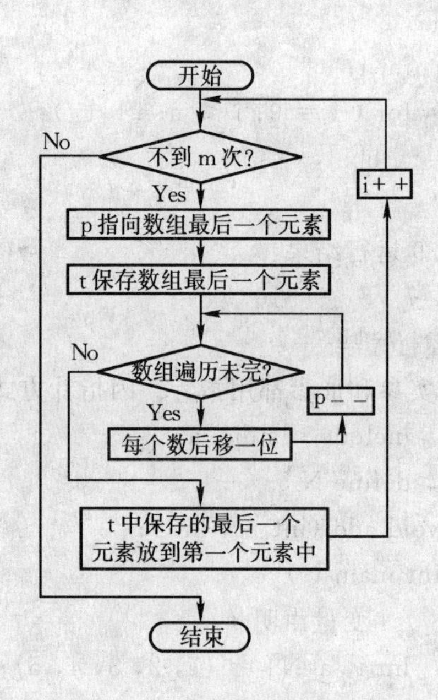

图7.9　循环右移函数

```
#include <stdio.h>
/*循环右移函数*/
void rmove (int [ ], int , int );

int main ( )
{ /*变量声明*/
  int m, n, a[100], *p;
  /*输入部分*/
  printf ("请输入数组长度:N=");
  scanf ("%d", &n);
  printf ("请输入%d个数字:\n",n);
  for ( p = a; p < a + n; p++ )
    scanf ("%d", p); /*不能有 & 符号*/
  printf ("要移动几个位置?");
  scanf ("%d", &m);
  rmove (a, n, m);    /*循环右移函数*/
  printf ("移动后:\n");
  for ( p = a; p < a + n; p++ )
    printf ("%5d", *p); /*必须有星号*/
  printf ("\n----运算结束----\n");
  return 0; /*返回操作系统*/
}
/*循环右移函数
参数3个:数组名,数组长度,右移位数
返回值:无*/
void rmove (int a[ ], int n, int m)
{ /*变量声明*/
  int i, *p, t; /*p指向数组的指针,t临时变量*/
  for ( i = 0; i < m; i++ )
  { /*p先指向数组最后一个元素*/
    p = a + (n - 1);
    t = *p;   /*保存数组最后一个元素*/
    for ( ; p > a; p-- )
    { /*从后往前每个数后移一位*/
      *p = *(p - 1);
    }
```

```
        *p = t; /* 最后一个元素放到第一个元素中 */
    }
}
```

例 7.10 运行结果：

请输入数组长度：N=6 ↙

请输入 6 个数字：

1 2 3 4 5 6 ↙

要移动几个位置？4 ↙

移动后：

　3　4　5　6　1　2

----运算结束----

7.3.2　指向多维数组的指针

1. 多维数组的地址

以二维数组为例，设二维数组 a 有 3 行 5 列：

int a[3][5] = { {1, 2, 3, 4, 5}, {6, 7, 8, 9, 10}, {11, 12, 13, 14, 15} }

a 是数组名，各元素是按行存储。其中 a 数组有 3 行，被看成 3 个一维分数组：a[0]、a[1]、a[2]。每个分数组是含 5 个列元素的一维数组，如图 7.10 所示。

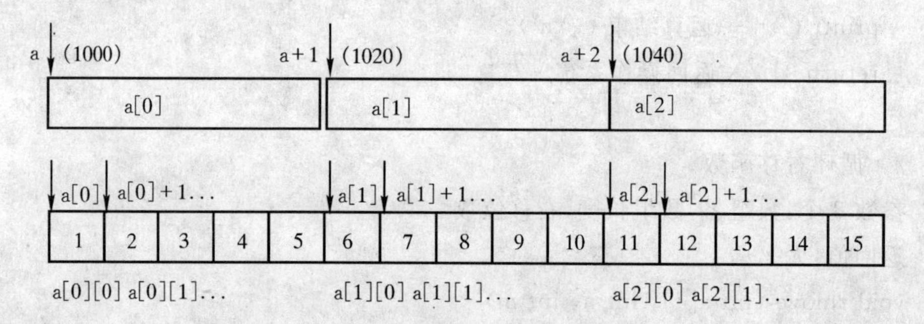

图 7.10　二维数组内存存储示意图

其中，数组名 a 是指向 0 号分数组的指针，a＋1 和 a＋2 则是指向 1 号和 2 号分数组的指针。a[0],a[1],a[2]是 3 个分数组的数组名，这 3 个数组名又分别是指向各分数组 0 号元素 a[0][0],a[1][0],a[2][0]的指针，指针值相差 5 * sizeof(int)个字节。而 a[0]＋1 和 a[0]＋2 则分别是指向 a[0][1]和 a[0][2]的指针，指针值仅相差 1 * sizeof(int)个字节。

对二维数组元素 a[i][j]，利用一维分数组名 a[i]可表示为 *(a[i]＋j)，利用二维数组名可表示为 *(*(a＋i)＋j)。这三者完全相同，都表示第 i 行 j 列元素，如表 7-1 所示。

表 7-1 二维数组的不同表示形式

形式	含义	内容
a, &a[0]	二维数组名,第0行分数组的地址	1000
a[0], *(a+0), *a, &a[0][0]	第0行分数组名,0行0列元素的地址	1000
a[0]+1, *a+1, &a[0][1]	第0行1列元素的地址	1004
a+1, &a[1]	第1行分数组的地址	1020
a[1], *(a+1), & a[1][0]	第1行分数组名,1行0列元素的地址	1020
a[1]+4, *(a+1)+4, &a[1][4]	第1行4列元素的地址	1036
*(a[2]+4), *(*(a+2)+4), a[2][4]	第2行4列元素	15

注意: a和a[0]的地址值均为1000但不等价,地址的步进值不同。a+1和a[0]+1地址值和地址的步进值都不相同。

从以上的比较中可体会到多维数组名并不是指向整个多维数组的指针,而是指向0号分数组的指针。一维数组名也不是指向整个一维数组的指针,而是指向0号数组元素的指针。

为了明确概念,避免错误理解,对有关指针和数组的称谓作如下统一约定。

① 数组元素的地址(或指向数组元素的指针)是该数组元素所占的内存的起始地址,地址步进单位为数组元素所占的内存的字节数,含义与变量的地址相同。

② 数组的地址(或指向数组的指针)是该数组所占的内存的起始地址,地址步进单位为整个数组所占的内存的字节数,含义与数组元素的地址不同。

③ 数组名是数组首个分量的地址(或指向该数组首个分量的指针,又称数组的首地址)。地址步进单位为分量所占的内存的字节数。对于一维数组分量指的是数组元素,对于多维数组而言分量指的是分数组,如二维数组的分量就是一维数组。

2. 指向数组元素的指针变量

指向多维数组元素的指针变量与指向基类型的指针变量相同。

例 7.11 用指向数组元素的指针变量输出二维数组。

```
#include <stdio.h>
int main ( )
{ /* 变量声明,p指针和a二维数组 */
  int *p, a[3][5] = {
    { 1, 2, 3, 4, 5},
    { 6, 7, 8, 9,10},
    {11,12,13,14,15} };

  for ( p = a[0]; p < a[0] + 15; p++ )
  { /* 以指向单个元素的方式输出 */
    printf ("%4d", *p);
    if ( (p - a[0] ) % 5 == 4) /* 换行 */
      printf ("\n");
```

```
    }
    printf ("\n----运算结束----\n");
    return 0; /* 返回操作系统 */
}
```

例 7.11 运行结果：

```
1    2    3    4    5
6    7    8    9    10
11   12   13   14   15
```

如果将循环写成:for (p = a; p < a + 15; p++),则会出现编译错误,提示类型不匹配。就是因为p是指向整型的指针,而a的基类型是指向长度为5的一维数组。

3. 指向分数组的指针变量

指向多维数组中的分数组的指针变量,所指向的应该是降一维的整个分数组。如:指向二维数组中分数组的指针变量,所指向的应该是一维分数组。指向三维数组中分数组的指针变量,所指向的应该是二维分数组。

例 7.12 用指向分数组的指针变量输出二维数组。

```
#include <stdio.h>
int main ( )
{
    /* p是指向一维分数组的指针变量 */
    int *q, (*p)[5];   /* q指向整型数据 */
    int a[3][5] = {
      { 1, 2, 3, 4, 5},
      { 6, 7, 8, 9,10},
      {11,12,13,14,15}  };

    for ( p = a; p < a + 3; p++ )   /* 按行输出 */
    {
      for ( q= *p; q< *p+5; q++ )   /* 输出一维分数组 */
        printf ("%5d", *q);
      printf ("\n"); /* 换行 */
    }
    printf ("\n----运算结束----\n");
    return 0; /* 返回操作系统 */
}
```

例 7.12 运行结果：

```
1    2    3    4    5
6    7    8    9    10
11   12   13   14   15
```

请注意 int (*p)[5]; 表示*p有5个元素每个元素为整型,即p是一个指向一维数组的指针变量，这样才能按行输出。如果定义为 int *p[5]；由于"[ ]"优先级高，则 p 是长度为 5 的指针数组，每个元素为指向整型变量的指针，编译时将出现语法错误。

4. 用多维数组名和指针变量作函数参数

可以用多维数组名或指针变量作为函数参数，实现函数的传地址调用：

① 用多维数组名作实参或形参。如：f (int a[ ][5], int n)；

② 用指向元素的指针变量作实参或形参。如：f1 (int *p)；

③ 用指向分数组的指针变量作实参或形参。如：f2 (int (*q)[5], int m)；

注意：后两者之间指针移动时地址的增量是不同的。为提高可读性，建议用第①种方式。

例 7.13　调用函数求两个矩阵之和。结果存放在第一个实参数组中，要求用指向分数组的指针变量作形参，输出也用函数实现。

```
#include <stdio.h>
#define M 2    /* 行数 */
#define N 4    /* 列数 */
/* 求两个矩阵之和的函数 */
void add ( int ( * )[N], int ( * )[N] );
/* 输出函数 1,用指向一维数组的指针作参数 */
void print1 ( int ( * )[N] );
/* 输出函数 2,用指向一维数组元素的指针作参数 */
void print2 ( int * );

int main ( )
{
  int a[M][N] = {
    { 1, 2, 3, 4 },
    { 5, 6, 7, 8 }
  };
  int b[M][N] = {
    { 10, 20, 30, 40 },
    { 50, 60, 70, 80 }
  };

  puts ("原始的 a 数组:");  print1 (a);
  puts ("原始的 b 数组:");  print1 (b);

  add (a, b);

  puts ("运算后的 a 数组:");  print2 (&a[0][0]);
  puts ("运算后的 b 数组:");  print2 (&b[0][0]);
```

```
    printf ("----运算结束----\n");
    return 0; /*返回操作系统*/
  }
/*求两个矩阵之和的函数
参数2个:指向一维分数组的指针变量,无返回值*/
void add ( int (*p1)[N], int (*p2)[N] )
{ /*q1/q2/s是指向一维数组元素的指针变量*/
    int *q1, *q2, *s;
    /*u是指向长度为N的一维数组的指针变量*/
    int (*u)[N] = p1 + M; /*指向二维数组最后一行的末端*/

    while ( p1 < u )
    { /*一维分数组的首地址是*p1和*p2,末端地址是s*/
      q1 = *p1;  q2 = *p2;  s = *p1 + N;

      while ( q1 < s )  /*遍历当前行*/
      { /*对应位置两数相加,存到第一个矩阵*/
        *q1 += *q2;   /*两数相加*/
        q1++;  q2++; /*向后移动指针*/
      }

      p1++;  p2++;  /*按行向下移动*/
    }
}
/*输出函数1
参数1个:指向一维分数组的指针变量,无返回值*/
void print1 ( int (*p)[N] )
{ /*q是指向一维数组元素的指针变量*/
    int *q = *p, *s;
    /*u是指向长度为N的一维数组的指针变量*/
    /*指向二维数组最后一行的末端*/
    int (*u)[N] = p + M;

    while ( p < u )
    { /*s指向一维数组的末端*/
      s = q + N;
      while ( q < s )  /*遍历当前行*/
      { /*输出每个元素的值*/
        printf ("%4d", *q);
```

```
            q++;  /*向后移动指针*/
        }
        printf ("\n");   /*输出一行后回车*/
        p++;      /*按行向下移动*/
    }
}
/*输出函数2
参数1个:指向一维数组元素的指针变量,无返回值*/
void print2 ( int *p )
{ /*q和u指向数组元素*/
    int *q = p, *u;
    /*u指向最后一个元素的末端*/
    u = p + M*N;
    while ( q < u )  /*遍历整个数组*/
    { /*输出每个元素的值*/
        printf ("%4d", *q);
        q++;  /*移动到下一个元素*/
        if ( ( (q - p) % N ) == 0)
            printf ("\n");   /*输出回车*/
    }
}
```

例7.13运行结果:

```
原始的a数组:
  1  2  3  4
  5  6  7  8
原始的b数组:
  10  20  30  40
  50  60  70  80
运算后的a组数:
  11  22  33  44
  55  66  77  88
运算后的b数组:
  10  20  30  40
  50  60  70  80
----运算结束----
```

7.3.3 字符型指针

字符型指针,就是存储字符型数据的内存单元的地址,可用于间接访问单个字符变量、字符数组或字符串。对于字符数组,是将字符串放到为数组分配的存储空间去,而对于字符型指针变量,是先将字符串存放到内存,然后将存放字符串的内存起始地址送到指针变量中。在程序执行期间,字符数组名表示的起始地址是不能改变的,而指针变量的值是可以改变的。

1. 用字符型指针变量整体输入/输出字符串

整体输入输出字符串有两种方法:用字符型数组和字符指针。字符数组法要分配一块存储单元,将字符串常量复制到这块存储单元中,而指针法则只给指针变量分配一个存地址的单元,仅把字符串常量的首地址存入指针变量中。

```
char s[20] = "I am a student!", *p=s;
char *pt = "You are a teacher!";    /* pt为指向字符串首地址的指针变量 */
```

程序中声明了一个字符数组 s,并且给它赋初值"I am a student!",即将字符串的各字符(包括字符串结束符'\0')放到字符数组 s 中。

程序中声明了一个字符指针变量 pt,将给定字符串常量“You are a teacher!”的首字符的地址(简称首地址)赋给 pt。它并不是把“You are a teacher!”这些字符存放到 pt 中,C 语言中没有字符串变量这种类型。也不是把字符串赋给变量 *pt,去间接访问某个内存空间。仅仅是让 pt 等于字符串常量 “You are a teacher!”的首地址,这个字符串由编译器提前指定了存放的内存空间。

整体输入/输出字符串可以用指向整个字符数组的指针变量。也就是说,在 scanf( )中用字符数组名,或者用指向字符数组元素的指针变量。输入的字符串必须存储在字符数组中,否则将造成错误。

通过字符数组名或字符指针变量可以整体输入/输出一个字符串。而对其他类型数组,不能用数组名整体输入/输出它的全部元素。

2. 对使用字符指针变量和字符数组的讨论

若定义了一个指针变量,并使它指向一个字符串,就可以用指针方式或下标形式引用指针变量所指的字符串中的字符。如:

```
char *p = "I am a student.";
```

则 p[9]与 *(p+9)等价。虽然并未定义数组 p,但字符串在内存中是以字符数组形式存放的。访问 p[9],则从当前 p 所指向的位置后移 9 个元素,取出其中的值。

用字符数组和字符指针变量都能实现字符串的存储和运算,二者之间有以下区别。

① 存储内容不同,字符数组中存储若干个字符,而字符指针变量中存放的是字符串 0 号元素的地址,不是字符串的内容。

② 分配的内存单元不同。如果定义一个字符数组,在编译时为它的所有元素分配了有确定地址的内存。而定义一个字符指针变量时,只给它分配一个存放地址值的内存单元,但如果未赋初值,则它的内容不定,即并未指向一个具体确定的地址。如:

```
char *p , char s[16];
scanf ("%s", s);     /* s是地址常量, 有确定地址, 正确 */
scanf ("%s", p);     /* p未指向一个具体的地址,会导致运行时错误 */
```

用 scanf ("%s",p);输入一个字符串,有时也能运行,但后果是危险的。编译时虽然给指针变量 p 分配了内存单元,但 p 的内容是不可预料的值。此时用 scanf 函数将一个字符串输入到 p 所指向的一段内存单元中。如果 p 指向存放指令或数据的内存段,就会破坏程序或数据,造成严重的后果。

应当在 scanf()之前加：p=str；使 p 有确定值等于数组 str 的首地址,然后再输入字符串,它就会存放在确定的内存单元中。

③ 赋值方法不同。对字符数组只能在变量定义时整体赋初值,不能用赋值语句整体赋值,用赋值语句只能对各个元素分开赋值。如：

```
char str [16];
str = "I am a student.";      /* 错误,数组名是地址常量不是变量 */
str [ ] = "I am a student."; /* 错误,数组只能在变量定义时整体赋初值 */
```

对字符指针变量,可以用赋值语句将字符串首地址赋值给它,起到整体赋值的效果。注意:赋给 a 的不是字符,而是字符串的首地址。

```
char *a;
a = "I am a student.";
```

④ 指针变量的值是可以改变的,字符数组名是地址常量,它的值是不能改变的。如：

```
char str [ ] = "I am a student.";
str = str + 5;      /* 错误，字符数组名是地址常量，它的值是不能改变的 */
```

3. 用字符数组或指针作函数参数传递字符串

将字符串从主调函数传递到被调函数,可以用地址传递的方法。用字符数组名或用指向字符的指针变量作函数参数,将实参字符串的首地址赋值给被调函数的形参。当被调函数中形参指向的字符串的内容改变后,主调函数中实参指向的字符串也随之改变。

可用指针变量指向一个格式字符串,用它代替 scanf()和 printf()函数中的格式字符串。只要改变指针变量所指向的字符串,就可以改变输入输出的格式,叫做可变格式。而用字符数组虽然也可存储格式字符串但不能重新赋值,因此就无法实现可变格式。如：

```
char *p, a[ ] = "老师好……\n", b[ ] = "同学们好……\n";
p = a;   printf (p);
p = b;   printf (p);
```

例 7.14 自行编写字符串拷贝函数 strcpy ( )。

在C语言标准函数库中提供了字符串处理函数,字符串拷贝函数 strcpy(s1, s2)的功能是将字符串 s2 拷贝到字符型数组 s1 中,实参 s2 可以是字符串常量、字符型数组名或指向字符串首字符的字符型指针变量,而实参 s1 只能是字符型数组名或已赋值的字符型指针变量。此函数可以用字符型数组或字符型指针变量作形参分别实现。

系统提供的 strcpy 函数有返回值,返回值是第一个实参字符数组的首地址,所以函数类型应该是指向字符的指针类型。调用函数传递参数时,形参 s1 接收的就是这个值。

```
#include <stdio.h>
#define SIZE 10
char * myStrcpy1 (char *, const char *);
char * myStrcpy2 (char *, const char *);
int main( )
{
  char s1[SIZE], *s2 = "Hello";
```

```
    char s3[SIZE], s4 [ ] = "GoodBye";
    myStrcpy1 (s1, s2);
    printf ("string1 = %s\n", s1);
    printf ("string2 = %s\n", s2);
    myStrcpy2 (s3, s4);
    printf ("string3 = %s\n", s3);
    printf ("string4 = %s\n", s4);
    return 0; /*返回操作系统*/
}
char * myStrcpy1 ( char s1[ ], const char s2[ ])
{ /*用数组表示法*/
    int i;
    for (i = 0; s1[i] = s2[i]; i++);
    return s1;
}
char * myStrcpy2 ( char *s1, const char *s2 )
{ /*用指针表示法*/
    for ( ; *s1 = *s2; s1++, s2++ );
    return s1;
}
```

例 7.14 运行结果：

```
string1=Hello
string2=Hello
string3=GoodBye
string4=GoodBye
```

它们都采用逐个字符赋值的方法。while 循环的结束条件是括号中的表达式值为 0，而字符串结束符'\0'的 ASCII 码值也为 0，所以当接收到字符串结束符时，赋值表达式值为 0，循环就会结束，不需要再作比较运算，同时此时'\0'已经赋值。

数组法循环中每次要做 *(s1+i)，*(s2+i)，i++ 三个运算，而指针法循环中每次只要做 *s1++，*s2++ 两个运算，显然指针法效率更高。

例 7.15　自行编写字符串比较函数 strcmp ( )。

函数的功能是：将字符串 s1 和 s2 从左向右按字符逐个比较，也就是对 ASCII 码值进行比较，直到字符值不相等或遇到字符串结束符'\0'为止。如果两个字符串相等，则函数返回整数 0，如果两个字符值不相等，若 s1 的字符大函数，返回正整数，否则函数返回负整数。实际上返回的是第一个不相等位置的两个字符 ASCII 码的差值。

```
#include <stdio.h>
int myStrcmp (const char *, const char *);
int main ( )
{
```

```
    char * a = "I am a teacher. --a";
    char * b = "I am a worker. --b";
    puts (a);
    puts (b);
    printf ("strcmp(a, b) = %d\n", myStrcmp (a,b));
    printf ("strcmp(b, b) = %d\n", myStrcmp (b,b));
    printf ("strcmp(b, a) = %d\n", myStrcmp (b,a));
    return 0; /* 返回操作系统 */
  }
  /* 字符串比较函数
  参数 2 个:目标与来源字符串的指针
  返回值:第一对不相同字符的差值 */
  int myStrcmp (const char * s1, const char * s2)
  {
    while ( *s1 == *s2 )
     { /* 相同位置字符相等就具体分析 */
      if ( *s1 == '\0' )
      { /* 到达字符串结束符'\0'就返回 0 值 */
        return 0;
      }
      s1++;  s2++;  /* 向后移动 */
     }
    /* 返回第一对不相同字符的差值 */
    return  *s1 - *s2 ;
  }
```

例 7.15 运行结果:

```
I am a teacher. --a
I am a worker. --b
strcmp(a, b)=-3
strcmp(b, b)=0
strcmp(b, a)=3
```

7.3.4 指针数组和指向指针的指针

一个数组,其元素均为指针类型变量,称为指针数组。也就是说,指针数组中的每一个元素都相当于一个指针变量。一维指针数组的定义形式为:

基类型名 * 数组名[数组长度];

例如:int *p[4]; 由于[ ]比*优先级高,因此 p 先与[4]结合形成 p[4],显然这是数组形式,它有 4 个元素。然后再与前面的*结合,*表示此数组的元素是指针类型,每个数组元素都可以指向整型变量。注意不要写成 int (*p)[4]; 它是指向一维数组的指针变量。

1. 指向指针变量的指针变量

在访问指针数组的元素时,也可以利用指针变量进行间接访问,这就需要声明一个指向指针变量的指针变量。例如:

```
int * * p;
```

变量p为指向"指向整型的"指针变量,用它先间接访问"指向整型的"指针数组元素,然后再二次间接访问数组元素所指向的整型数据。*运算符的结合性是从右到左,因此* *p相当于*(*p),显然如果没有最前面的*,那么*p就是定义了一个指向整型数据的指针变量。现在它前面又有一个*号,则p就是指向指针变量的指针变量了。*p就是p所指向的那个指针变量。* *p表示p指向的指针变量所指向的整型数据。

例7.16 指针数组和指向指针的指针变量程序实例。

```
#include <stdio.h>
#define N 4
int main ( )
{
  static int a[N] = {10,20,30,40};   /* 必须静态类型 */
  int *q[N] = {&a[0],&a[1],&a[2],&a[3]};   /* 指针数组 */
  int * * p;   /* 指向"指向整型数据的指针"的指针变量 */

  for ( p = q; p < (q + N); p++ )   /* 循环输出整型数组 */
    printf ("%4d", * * p);       /* 二次间接访问整型数据 */

  printf ("\n----运行结束----\n");
  return 0;    //返回操作系统
}
```

例7.16运行结果:

```
  10  20  30  40
----运行结束----
```

说明: q数组的每个元素都是指向整型的指针变量,称q数组是一个指向整型的指针数组,给它赋的初值是数组a的各元素的地址。定义指针数组时,如果要用数组a的元素地址做初值,则a必须定义为static(Turbo C2.0环境下)。指针数组名q是一个指针常量,它指向该指针数组的0号元素。p是指向整型指针变量的指针变量,经过p = q赋值后p也指向q的0号元素,再移动指针p就可以通过两次间接访问输出数组a的各元素的值。

2. 二维指针数组

指针数组常用来指向若干个字符串,使字符串处理更加方便灵活。可以让指针数组的各元素分别指向二维数组中的各分数组,常常可使程序简化。也可让字符指针数组的各元素分别指向不同长度的字符串,借助它可以进行所指向字符串的快捷排序和函数调用中多个字符串参数的快捷传递。还可以让指针数组的各元素分别指向一维数组中的不同位置的存储空间,实现一维数组存储空间的动态分配。

例 7.17 二维指针数组程序实例。

利用指向分数组的指针变量，输入多个字符串，将它们按行存储在二维字符数组中，然后输出全部字符串。用字符型指针数组和指向指针变量的指针变量分别实现。

```
#include <stdio.h>
#define M 3    /* 二维数组 3 行 20 列 */
#define N 20
int main ( )
{
  int i;
  char a[M][N] = {"one","two","three"};
  char ( * p)[N]; /* 指向一维分数组的指针变量 */
  /* 指向一维分数组的指针数组 */
  char ( * q[3])[N] ={&a[0], &a[1], &a[2]};

  for ( p = a; p < (a + M); p++ )
    printf ("%6s", * p);  /* 指针变量方式 */
  putchar ('\n');
  for ( i = 0; i < M; i++ )
    printf ("%6s", * q[i]); /* 指针数组方式 */
  printf ("\n----运行结束----\n");
  return 0;   //返回操作系统
}
```

例 7.17 运行结果：

```
   one   two three
   one   two three
----运行结束----
```

注意：q 是数组名，是指向字符型指针数组的指针常量，不能执行 q++ 的操作。用字符型指针和指向整个分数组的指针都可整体输出字符串。

3. 用指针数组实现一维数组的存储空间动态分配

例 7.17 用二维字符数组每个字符串长度都不能超过 19，如改用一维数组，将不等长的各字符串连续存储在其中，某些字符串长度可超过 19，只要总长度不超过限制即可。这样就可以充分利用存储单元，实现一维数组的存储空间动态分配。程序可改为：

```
#include <stdio.h>
#include <string.h>
#define M 3
#define N 90

int main ( )
{ /* 变量声明 */
```

```
    int i;
    /*字符串连续存储在a中,aPtr指示当前位置*/
    /*addr是指针数组,将存储各字符串首地址*/
    char a[N], *aPtr = a, *addr[4];

    printf ("请输入%d行字符串:\n", M);
    for ( i = 0; i < M; i++ )
    {
      addr[i] = aPtr; /*保存当前字符串在数组中的起始位置*/
      gets (aPtr);   /*将字符串输入数组指定部分中*/
      aPtr = aPtr + strlen(aPtr) + 1; /* aPtr指向'\0'之后*/
    }

    puts ("按行输出字符串:");
    for ( i = 0; i < M; i++ )
      printf ( "%d = %s\n", i, addr[i] );

    return 0;    //返回操作系统
  }
```

改进的例7.17运行结果:

```
请输入3行字符串:
one ↙
two ↙
three ↙
按行输出字符串:
0=one
1=two
2=three
```

4. 指针数组作main( )函数的形参

在DOS或Windows的命令提示符窗口中的命令行状态下,输入操作系统命令之后可以带若干个命令参数来确定该命令的操作对象。如:

```
c:\>copy a:\*.exe        /*将a:盘根目录下所有.exe文件复制到当前目录下*/
c:\>copy b.txt a:\a.txt  /*将当前目录b.txt文件复制到a:盘根目录,改名为a.txt
```

与执行操作系统命令相似,常需要在可执行文件名之后带有个数灵活的若干个命令参数。执行时操作系统调用main( )函数,在程序的第一条可执行语句执行前,系统就将这些参数传递给main( )函数。main( )函数把接收来的参数值作为对应形参的初值,实现不同的附属功能。

C程序经编译连接后得到可执行文件,在命令行状态下输入该可执行文件名,就可以执行它。可执行文件名后可以跟上几个字符串，用空格分隔，就能够当作参数传递给主函数了。在Visual C++ 6.0中，Project菜单的Setting中Debug选项卡中的"Program arguments"中就可输入参数；在Turbo C 2.0中，在Option菜单中的Arguments中输入参数。

也就是说，main()函数也同其他函数一样，可以带形参。实参由输入的可执行文件名和其后跟的若干个字符串组成，这些字符串的长度一般并不相同，其长度事先无法确定，而且实数个数也比较灵活是任意的。用字符指针数组来接收这些参数恰好满足这些要求。C语言规定，main( )函数形参是固定的，第一个形参为整型，它接收实参的个数，第二个形参为字符指针数组，它的各元素分别接收各字符串的首地址。例如：

```
main (int argc,char * argv[])
```

整型变量argc和字符指针数组argv就是函数的形参。C程序经编译连接后得到可执行文件。在命令行中输入该可执行文件名及实参的一般形式为：

命令名　参数1 参数2　…　参数n－1

命令名就是可执行文件名，参数总数为n个(包括命令名)。命令发出后，系统调用main( )函数，将n赋给argc，并将n个字符串的首地址，按顺序分别赋给指针数组argv的各元素，然后开始执行main( )函数的各条语句。

例7.18　在命令行执行程序，后跟若干个字符串作为参数，并显示出来。

```
#include <stdio.h>
int main ( int argc, char * argv[ ] )
{
  int i;

  printf ("您共输入了%d个参数:\n", argc - 1);
  for ( i=1; i < argc; i++ )    /*数组法*/
    printf ("%s\t", argv[i]);

  putchar ('\n');
  while ( ( --argc ) > 0 )
    printf ("%s\t", * ++ argv ); /* 指针法 */
  puts ("\n----运行结束----");
  return 0;
}
```

例7.18运行结果：

```
test  c:\*.exe  d:\  /y
您共输入了3个参数:
c:\*.exe      d:\     /y
c:\*.exe      d:\     /y
----运行结束----
```

假设该程序保存为test.c，编译连接后生成test.exe文件，在DOS环境下，或者Windows的命令提示符窗口，先用命令切换到test.exe所在目录下，输入命令：

test c:*.exe d:\ /y

两种方法相比较而言,数组法直观,指针法效率高。argv[0]包含程序名字符串,其余参数从数组 argv[1]开始存放。

7.3.5 指向函数的指针数组

函数指针的一个最常见的用途是生成函数跳转表。我们不能将函数存储到一个数组元素中,但是可以把函数指针存储到数组中,这样就生成一个包含函数指针的表。例如我们可以生成一个表,用来处理用户输入的不同的命令,表的每个单元都包含了一个命令名或一个指向函数的指针,调用这个函数可以处理特定的命令了。不论用户输入什么命令,我们都可以在表中查找该命令,并调用相应的函数来处理。这就是所谓的菜单驱动系统。

例 7.19 实现一个菜单选择系统,根据用户选择,执行不同的函数。

```
#include <stdio.h>
#define N 2
void function1 ( int );
void function2 ( int );

int main ( )
{ /*变量声明*/
  int choice;
  /*指向函数的指针数组*/
  void ( * f[N])(int) = {function1, function2};

  do { /*循环显示菜单*/
    printf ("输入函数编号 1~%d,0 结束:", N);
    scanf ("%d",&choice);
    if ( choice < 0 || choice > N )
      puts ("选项错误,请重新输入!!");
    else if ( choice == 0 )
      break;
    else
      ( * f[choice-1] ) (choice);
  } while ( 1 );

  printf ("----运行完毕----\n");
  return 0;
}

void function1 ( int a )
{
```

```
    printf ( "您选%d,执行 function1\n", a );
}

void function2 ( int a )
{
    printf ( "您选%d,执行 function2\n", a );
}
```

例 7.19 运行结果:

```
输入函数编号 1~2, 0 结束: 1 ↙
您选 1,执行 function1
输入函数编号 1~2, 0 结束: 2 ↙
您选 2,执行 function2
输入函数编号 1~2, 0 结束: 3 ↙
选项错误,请重新输入!!
输入函数编号 1~2, 0 结束: 0 ↙
---运行完毕----
```

定义了三个函数 function1、function2、function3,返回值类型、参数个数及类型都相同,即用一个整数作为参数,没有返回值。指向这三个函数的指针存储在数组 f 中。用户的选择存入 choice 中,然后读出 f[choice]元素中的指针,调用对应的函数。

7.4 指针与结构体

7.4.1 指针与结构体变量

一个结构体变量的指针就是该变量所占据的内存空间的起始地址。可以声明指向该类型的结构体变量的指针变量,并存储那个结构体变量的起始地址。必须先定义(define)结构体类型,再声明(declare)指向结构体类型数据的指针变量。引用这个指针变量前,还必须将已存在的结构体变量的地址赋给它。

设 s1 为结构体变量,p 为指向结构体的指针变量,访问结构体的成员时,有三种形式:① s1.成员名,这是结构体类型最常用的访问方式;② p ->成员名,这是指针方式,执行效率最高;③ (*p).成员名,这是前两种的混合方式,因可读性较差,故很少使用。

由于结构体成员运算符(点号运算符)".",优先于指针运算符"*",故 *p 两侧应加圆括号即(*p)。其中"->"有最高的优先级,按自左至右的方向结合,例如:

p -> n ++　　引用 p 指向的结构体变量中成员 n 的值,然后使 n 增 1;

(p++) -> n　　引用 p 指向的结构体变量中成员 n 的值,然后使 p 增 1;

++ p -> n　　使 p 指向的结构体变量中成员 n 的值先增 1(不是 p 的值增 1),再引用 n 的值;

(++p) -> n　　使 p 的值增 1,再引用 p 指向的结构体变量中成员 n 的值。

例 7.20 指针与结构体变量程序实例。

```
#include <stdio.h>
struct stud_type {
    int num;
    float score;
};
int main ( )
{
    float temp;
    struct stud_type stu, *p;
    p = &stu;

    printf ("请输入成绩:");
    scanf ("%f", &temp);
    p -> score = temp;
    printf ( "成绩 = %4.1f\n", stu.score );
    return 0;
}
```

例 7.20 运行结果:

```
请输入成绩:85 ↙
成绩=85.0
```

此程序如果没有 float temp;变量,编译(compile)时无错,但链接(link)时就会出现难得一见的、奇怪的错误:“floating point formats not linked”,即浮点数链接库没有连接上。这种情况大多出现在结构体中包含浮点类型,且程序十分简短,没有其他浮点类型变量的情况下。

这是因为,C语言编译系统默认不把浮点库链接入可执行文件中,也就是不支持浮点操作。这是为了避免可执行文件体积庞大,浪费存储空间、降低执行效率。只要你的代码中存在显式的浮点操作语句,浮点库就会被链接了。大程序里由于变量很多,只要有浮点类型的变量,就会把浮点库链接上,因此反而不常遇到这个问题。

7.4.2　结构体变量作函数的参数

将结构体变量的值传递给函数有两种方法。

① 采取“值传递”的方式,用同类型的结构体变量作实参和形参。形参是结构体类型的局部变量,在函数调用期间占用内存单元。函数调用时,将实参结构体的全部成员按顺序赋值给形参,这种传递方式在空间和时间上开销较大,数据量大的时候,开销是很可观的。由于采用值传递方式,如果在被调用函数中改变了结构体形参的值,该值不能返回主调函数,因此一般较少使用。

② 采取“引用传递”的方式,用指向结构体变量(或数组)的指针作实参,将结构体变量(或数组)的地址传给形参。如果在被调用函数中改变了形参指向的结构体的值,该值可以带回主调函数,所以这种方法使用较多。

例 7.21　输入学生的多门课程成绩,要求用结构体变量作参数,在 input 函数中输入,在

main 函数输出。

```
#include <stdio.h>
#define inputFMT "%d%s%d"  /*输入格式控制串*/
#define outputFMT "%8d%6s%6d\n" /*输出格式*/
#define FMT "%8s%6s%6s\n"   /*表头格式*/
/*学生类型的结构体定义*/
struct student {
    int num;     /*学号*/
    char name[12];  /*姓名*/
    int score;  /*成绩*/
};

struct student input1 ( );  /*传值调用*/
void input2 (struct student *); /*传地址调用*/

int main ( )
{ /*变量声明*/
  struct student s1, s2;

  s1 = input1 ( );  /*传值调用*/
  input2 ( &s2 );      /*传地址调用*/

  printf ( FMT, "学号", "姓名", "成绩" );
  printf ( outputFMT, s1.num , s1.name , s1.score );
  printf ( outputFMT, s2.num , s2.name , s2.score );

  printf ("----运行完毕----\n");
  return 0;
}

struct student input1 ( )
{
  struct student a;
  puts ("请输入:学号 姓名 成绩");
  scanf (inputFMT, &a.num, a.name, &a.score);
  return a;
}

void input2 (struct student *s)
```

```
{
    puts ("请输入:学号 姓名 成绩");
    scanf (inputFMT, &s->num, s->name, &s->score);
}
```

例 7.21 运行结果:

```
请输入:学号  姓名  成绩
1 a 11 ↙
请输入: 学号  姓名  成绩
2 b 22 ↙
  学号  姓名  成绩
    1     a     11
    2     b     22
----运行完毕----
```

7.4.3 指针与结构体数组

指针变量也可以用来指向结构体数组中的元素。改变指针变量的值就可以通过它访问结构体数组中的各元素。

在对结构体数组排序时,要移动整个结构体,花费的时间是非常大的。如果用另一个数组存放指向各结构体的指针,排序时不用搬移结构体,只需调整这些指针值,就可以在不改变各结构体物理顺序的情况下,按排序顺序访问结构体,使排序效率大为提高。这个存放指针的数组就是指针数组。还可以将多个离散的结构体的地址存放在指针数组中,再进行排序等操作,这样做进一步增强了算法的灵活性。

例 7.22 从键盘输入 N 个学生成绩表,有学号、姓名、成绩,按成绩降序排列并输出。

```
#include <stdio.h>
#include <string.h>
#define N 3   /* 学生人数 */
/* 学生类型的结构体定义 */
struct student
{
    int num;
    char name[12];
    float score;
};
typedef struct student STUD; /* 短的别名 */

int main ( )
{ /* 变量声明 */
    int i, j, k;
```

```
    /*s存放学生信息,p用于访问s数组*/
    /*指针数组q用于索引并排序*/
    STUD s[N], *p = s, *q[N];
    /*输入部分*/
    printf ("请输入%d位的信息:\n", N);
    for ( i = 0; i<N; i++ )
    {
      printf ("学号:");
      scanf ("%d", &p->num );
      printf ("姓名:");
      scanf ("%s", p->name );
      printf ("成绩:");
      scanf ("%f", &p->score );
      /*输入后,在q数组建立索引表*/
      q[i] = p++;
    }
    /*运算部分,对索引表进行排序*/
    for (i = 0; i<N-1; i++)
    { /*优化的选择排序算法*/
      k = i;
      for ( j=i+1; j<N; j++ )
      { /*降序排列*/
        if (q[k] -> score < q[j] -> score)
          k = j;
      }
      if ( k != i )     /*交换位置*/
      { p = q[i];  q[i] = q[k];  q[k] = p; }
    }
    /*输出部分*/
    printf ("学号     姓名      成绩\n");
    for ( i = 0; i < N; i++ )
    { /*输出所有学生的信息*/
      printf ("%-8d%-8s%6.1f\n", q[i]->num, q[i]->name, q[i]->
score);
    }

    return 0;
  }
```

例7.22运行结果:

```
请输入3位的信息:
学号:111 ↙
姓名:aaa ↙
成绩:80 ↙
学号:222 ↙
姓名:bbb ↙
成绩:90 ↙
学号:333 ↙
姓名:ccc ↙
成绩:100 ↙
学号    姓名    成绩
333     ccc     100.0
222     bbb      90.0
111     aaa      80.0
```

7.5　动态内存分配

建立和维护动态数据结构,需要实现动态内存分配,即程序在执行时,能够获得新的存储空间,且能够释放不再需要的存储空间。动态内存分配的极限是计算机中可用的物理内存数量,或者是虚拟存储系统中可用的虚拟内存的数量。动态分配的存储空间的首地址存放在指针变量中,释放存储空间时也需要对指针变量进行操作。

C语言标准函数库中提供这样4个函数malloc( )、calloc( )、realloc( )、free( ),用来实现内存的动态分配与释放。前3个函数涉及动态内存分配,第4个函数涉及动态内存释放。函数malloc和free,以及运算符sizeof,是实现动态内存分配最常用的工具。

1. 申请存储空间函数 malloc ( )

函数原型:void　* malloc　(unsigned int size)

功能是在内存开辟指定大小的存储空间,并将此存储空间的起始地址作为函数值返回。如果没有足够的内存空间可予以分配时,则函数的返回值为空指针NULL(地址为0)。

函数返回值为指针,是指向void类型的,也就是不规定指向任何具体的类型。如果想将这个指针值赋给其他类型的指针变量,应当进行强制类型转换。比如用malloc (8)来申请长度为8个字节的内存空间,如果系统分配的此段空间的起始地址为2010,则malloc(8)的函数返回值为2010。如果想把此地址赋给一个指向long型的指针变量p,则应进行以下强制转换:

```
p = ( long * ) malloc (8);
```

在malloc()函数的参数中经常使用运算符sizeof( ),用来计算指定数据所占用的内存字节数。使用sizeof ( )运算符的目的是出于移植的考虑,因为在不同的机器上数据类型所占的

字节数有可能不同,使用sizeof( )就可使程序适应不同的机器。例如:

```
double  * p = ( double * ) malloc ( sizeof ( double ) * 10 );
```

申请了一块可以存放10个双精度数的空间,将其地址存入指针p中,之后,就可以将p当作一个10个元素的双精度数组使用了。

```
struct stu_type *p=(struct stu_type *)malloc(sizeof(struct stu_type));
```

申请了一块可存放struct stu_type结构体类型数据的空间,将其地址存入指针p中。其中sizeof(struct stu_type),是计算struct stu_type结构体类型长度。在malloc函数之前加(struct stu_type *),是把malloc函数返回的指针强制转换为指向struct stu_type类型。

malloc( )函数可以申请一块指定长度的存储空间,不做初始化;calloc( )函数申请n块指定长度的连续的存储空间,并填充为0;realloc( )函数用于增加或减少已分配的存储空间。

2. 释放存储空间函数 free ( )

函数原型:void free(void * p)

功能是将指针变量p指向的存储空间释放,系统可以另行分配,free函数无返回值。p值只能是由在程序中执行过的malloc或calloc函数所返回的地址,否则系统无法知道要释放的存储空间有多大。

```
p = ( long  * ) malloc ( 18 );    /* 申请18个字节的空间,存放长整型数据 */
free ( p );    /* 释放p所指向的空间 */
```

例7.23 动态分配空间存放某个学生的数据。

```
#include <stdio.h>
#include <malloc.h>
#define NAME 21    /* 姓名长度 */
/* 学生类型的结构体定义 */
struct student
{
  int num;  /* 学号 */
  char name[NAME];  /* 姓名 */
  float score;  /* 成绩 */
};

int main ( )
{
  struct student *p;
  /* 申请存储空间 */
  p = (struct student *) malloc ( sizeof ( struct student ) );
  /* 输入部分 */
  puts ("请输入学号、姓名、成绩:");
  scanf ("%d%s%f", &p->num, p->name, &p->score);
  /* 输出部分 */
  printf ("学号:%d 姓名:%s 成绩:%f", p->num, p->name, p->score);
```

```
    free ( p );   /* 释放存储空间 */

    printf ("\n----运行完毕----\n");
    return 0; /* 返回操作系统 */
}
```

例 7.23 运行结果:

```
请输入学号、姓名、成绩:
11  aa  98 ↙
学号:11  姓名:aa  成绩:98.000000
----运行完毕----
```

本例中,定义了结构 stu,定义了 stu 类型指针变量 ps。然后分配一块 stu 大内存区,并把首地址赋予 ps,使 ps 指向该区域。再以 ps 为指向结构的指针变量对各成员赋值,并用 printf 输出各成员值。最后用 free 函数释放 ps 指向的内存空间。整个程序包含了申请内存空间、使用内存空间、释放内存空间三个步骤,实现存储空间的动态分配。

小 结

1. 指针与地址

指针是 C 语言中的难点,利用指针可以编写出十分高效的程序,完成许多用其他高级语言难以实现的功能,但也十分容易出错,因此,要十分小心谨慎,仅在必要的时候才使用。

指针变量是存放指针值的一种变量,声明指针变量时,必须指明它所指向的数据类型,然后还必须正确赋值,以便和某个存储空间相关联,这样才能进行间接访问。

2. 指针与函数

C 语言调用函数时,实参传递给形参全部都采用赋值的方法进行值传递。若要将变量的修改结果返回到主调函数,则需要用指针变量作形参,通过指针的间接访问,直接修改实参的值。函数的返回值也可以是指针类型。利用指向函数的指针,可以实现动态的函数调用。

3. 指针与数组

指针和数组的关系十分密切,用指针可以很方便的访问数组中的数据。数组名是指向 0 号数组元素(或分数组)的指针类型符号常量。数组名不是变量是符号常量,不能给它赋值,而指向数组的指针变量,可以利用加减运算,在数组中移动。使用指针的时候,要防止越界。

4. 指针与结构体

结构体变量所占用的内存空间较大,用指针变量作形参,实现传地址方式的函数调用,能够大大减少在时间和空间上的浪费。

5. 动态内存分配

C 语言标准函数库中提供了库函数 malloc( )、calloc( )、realloc( )、free( ),用来实现内存的动态分配与释放。动态分配的存储空间的首地址存放在指针变量中,释放存储空间时也需要对指针变量进行操作。

习 题

1. 执行下面程序：

```
void main( )  {
  int  a[10] = {10,9,8,7,6,5,4,3,2,1},   *p=a+4;
  printf("%d\n", * ++p);
}
```

输出结果是：(A) a[5]的地址　(B) 5　(C) 6　(D) 4

2. 执行下面程序：

```
void main( )  {
  int  a[ ] = { 9,8,7,6,5,4,3,2,1,0},   *p=a;
  printf("%d", *p+7);
}
```

输出结果是：(A) 16　(B) 3　(C) 2　(D) a[7]的地址

3. 执行下面程序：

```
void main( )  {
  int  i = 10,  j = 20,  k = 30;
  int  *a = &i,  *b = &j,  *c = &k;
  *a= *c;  *c= *a;
  if ( a == c )
    a = b;
  printf("a=%d b=%d c=%d\n", *a, *b, *c);
}
```

输出结果是：

(A) a=20 b=20 c=10　(B) a=30 b=20 c=10

(C) a=20 b=20 c=30　(D) a=30 b=20 c=30

4. 执行下面程序：

```
void main( )  {
  int  a[3][4] = {0,1,2,3,4,5,6,7,8,9,10,11};
  int  *p[3],  j;
  for ( j = 0; j < 3; j++ )
    p[j] = &a[j][0];
  printf("%d%d",  *(*(p+2)+1),  *(*(p+1)+2));
}
```

输出结果是：(A) 14　(B) 69　(C) 41　(D) 96

5. 执行下面程序：

```
struct sp  {
```

```
    int a;
    int *b;
  } *p;
  int  d[3] = {10,20,30};
  struct  sp  t[3] = { 70, &d[0], 80, &d[1], 90, &d[2]};
  void main( )  {
    p = t;
    printf("%d%d\n", ++ ( p -> a ), * ++ p -> b);
    }
```

输出结果是：(A) 8030　　(B) 8130　　(C)7120　　(D) 7020

6. 执行下面程序：

```
  void main( )  {
    int  i = 0,  k = 1;
    char  s[80],  * p = s;
    gets ( p );
    for ( ; * p ! = '\0'; p++)
      if ( * p == ' ' )
        i=0;
      else if ( i == 0 )  {
        k++;  i++;
      }
    printf("%d\n", k);
    }
```

执行时输入 I am a student <回车>

输出结果是：(A) 2　　(B) 3　　(C)4　　(D) 5

7. 执行下面程序：

```
  void f (int a, int b, int *c, int *d)  {
    a=30;  b=40;
    * c = a + b;  * d = * d - a;
  }
  void main( )  {
    int  a = 10,  b = 20,  c = 30,  d = 40;
    f ( a, b, &c, &d);
    printf("%d,%d,%d,%d\n", a, b, c, d);
  }
```

输出结果是：

(A) 10,20,70,10　　(B) 30,40,70,10

(C) 10,20,30,30　　(D) 10,20,30,40

8. 执行下面程序:

```
void main( )  {
   int  a[ ] = { 1, 2, 3, 4, 5, 6, 7, 8, 9, 0 };
   int  * p = a + 4,  * q = NULL;
   * q = * ( p + 3 );
   printf("%d,%d", *p, *q);
}
```

输出结果是:(A) 5,8　　(B) 出错　　(C) 4,7　　(D) 6,9

9. 执行下面程序:

```
void main( )  {
   static char a[4][10] = { "1234", "abcd", "xyz", "ijkm"};
   int  i = 3;
   char ( * p ) [10] = a;
   printf ("Output strings:\n");
   for ( p = a; p < a + 4; p++, i-- )
     printf ("%c,", * ( * p + i ) );
}
```

输出结果是:(A) 3,c,z,k　　(B) 1,b,z,m　　(C) 4,c,y,i　　(D) i,y,c,4

10. 如果下面程序编译后生成可执行文件 w.exe

```
void main ( int argc,  char * argv [ ] )
{
   while ( argc-- >  0)
     printf ("%s",  argv [ argc ] );
}
```

在 w.exe 文件所在目录的命令行状态下输入:w　1234　abcd <回车>,则输出结果是:

(A) 1234abcd　　(B) abcd1234　　(C) abcd1234w　　(D) w1234abcd

11. 指向数组元素的指针与指向数组的指针有什么区别?数组名和指针变量有什么区别?

12. 指针变量可以进行那些运算?运算时应注意那些问题?

13. 输入 x, y, z 三个整数,按从小到大的顺序输出,用函数实现变量值的交换。

14. 用字符数组和字符指针变量都能进行字符串的存储和运算,二者之间有何区别?

15. 编写函数实现字符串连接函数 strcat( )的功能。

16. 编写函数实现测字符串长度函数 strlen( )的功能。

17. 猴子选大王,办法如下:猴子按 1,2,…,n 编号围坐一圈,从第一只开始按 1,2,…,m 报数,报 m 的退出,从下一只开始,继续循环报数,剩下的最后一只猴子就是大王,编程输出大王的序号。

18. 以下程序中输出语句中,s[1], p[2], * p, p,哪一项对字符串的引用不正确,正确的结果应该是什么?

```
void main( )
```

```
{
  char  s[4][10] = {"abcd", "12345", "ABCDEF", "wxyz"},  * p[4];
  int i;
  for ( i = 0; i < 4; i++)
    p [i] = s [i];
  printf ("%s %s %s %s",  s[1],  p[2],  * p,  p);
}
```

19. 用指针数组作 main 函数的形参,编写源程序 welcome. c,编译后,在命令行输入:

welcome ×××

则输出: welcome to you ×××

20. 在结构体数组 s 中,按学号顺序存放了 6 名学生的学号、姓名、成绩。a, b 两个指针数组的各元素都指向 s 数组的各元素。调整 a, b 数组各元素的值,在不改变 s 数组的各元素值的情况下,分别按学号、姓名、成绩的顺序输出各学生纪录的内容。

第8章　文　件

在前面各章的程序中所用到的数据，绝大部分是通过键盘输入的。这种键盘输入数据的方法在数据量不大时，还可以满足要求，但是如果数据量庞大，仍然采用键盘输入是不现实的。设想为一个2000名职工的单位设计工资管理程序，表8-1所示的工资数据需要输入。要求每月进行工资数据的输入，以便计算和打印实发工资表，在输入中如果有输入错误的数据，则需要全部重新输入。对于这种大量数据，显然从键盘输入并做到准确无误，是一件困难的事情，况且各月输入的大量数据都是基本不变的，例如，职工号，姓名，基本工资，补贴等信息。我们自然想到的问题是：能不能将这些数据存放在磁盘上，供程序读取呢？另外，程序运行的大量结果，可不可以放到硬盘中保存呢？回答是肯定的，这就需要本章将介绍的文件知识。大批量的数据输入输出中，使用文件可以提高输入效率，并且数据可以长期保存，反复使用。

表8-1　职工工资表

职工号	姓名	基本工资	补贴	房租	水电
20001	zhang	546	120	111	34
⋮	⋮	⋮	⋮	⋮	⋮

8.1　文件概述

8.1.1　文件的概念及分类

所谓“文件”是指一组相关数据的有序集合。这个数据集合有一个名称，即文件名。实际上在前面的各章中已经多次使用了文件，例如源程序文件、目标文件、可执行文件、库文件（头文件）等。在本章学习C语言的数据文件。

文件通常是驻留在外部介质(如磁盘等)上的，在使用时才调入内存中来。从不同的角度可对文件作不同的分类。

1. 从用户的角度看，文件可分为普通文件和设备文件两种

普通文件是指驻留在磁盘或其他外部介质上的一个有序数据集，可以是源程序文件、目标文件、可执行程序；也可以是一组待输入处理的原始数据，或者是一组输出的结果。对于源程序文件、目标文件、可执行程序可以称作程序文件，对输入输出数据可以称作数据文件。

设备文件是指与主机相联的各种外部设备，如显示器、打印机、键盘等。在操作系统中，把外部设备也看作是一个文件来进行管理，把通过它们进行的输入、输出等同于对磁盘文件的读和写。

2. 从文件的读写方式来看,文件可分为顺序读写文件和随机读写文件

所谓顺序读写文件,是指按从头到尾的顺序读出或写入的文件。例如,要从一个学生成绩数据文件中读取数据时,顺序存取方式必然是先读取第一个同学的成绩数据,再读取第二个同学的成绩数据,…,而不能随意读取第 i 个同学的成绩信息。顺序存取通常不用来更新已有的某个数据,而是用来重写整个文件。

而文件的随机读写是指直接访问文件中的特定数据,也可以在不破坏其他数据的情况下把数据插入到文件中。

3. 从文件编码的方式来看,文件可分为 ASCII 码文件和二进制码文件两种

ASCII 文件也称为文本文件,这种文件在磁盘中存放时每个字符对应一个字节,用于存放对应的 ASCII 码。例如,数 5678 的存储形式为:

ASCII 码:	00110101	00110110	00110111	00111000
	↓	↓	↓	↓
十进制码:	5	6	7	8

可见,数字 5678 如果以 ASCII 码字符形式存储,共占用 4 个字节。

二进制文件是按二进制的编码方式来存放文件的,也就是说,和在内存中数据的表示是一致的。例如,数 5678 的存储形式为:00010110 00101110,可见,它只占用 2 个字节。

将 ASCII 码文件和二进制文件相比较,区别表现在以下几个方面。

(1) 两种文件存储所占的存储空间不一样。ASCII 存储方式所占的空间较多,并且所占空间大小与数值大小有关。

(2) 两种文件需要的读写时间不一样,由于 ASCII 码文件在外存上是以 ASCII 码存放,而在内存中的数据都是以二进制存放的,所以,当进行文件读写时,要进行转换,造成存取速度较慢。对于二进制文件来说,数据就是按其在内存中的存储形式在外存上存放的,所以不需要进行这样的转换,在存取速度上较快。

(3) ASCII 文件的内容可以通过编辑程序,如 edit,记事本等,进行建立和修改,也可以通过 DOS 的显示文件内容命令 type 显示出来。但是,二进制文件则不能显示。从这一点来看,ASCII 码文件常常用来存放输入数据及程序的最终结果;而二进制文件常用于暂存程序的中间结果,供另一段程序读取。

需要说明的是,前面谈到设备也看作是文件进行处理,在 C 语言中,标准输入设备(键盘)和标准输出设备(显示器)是看作 ASCII 码文件处理的,它们分别称为标准输入文件和标准输出文件。

8.1.2　文件的操作流程

通过程序对文件进行操作,达到从文件中读数或向文件中写数的目的,涉及到的操作有:建立文件,打开文件,从文件中读数或向文件中写数,关闭文件等。一般遵循的步骤为:

(1) 建立/打开文件;

(2) 从文件中读取数据或向文件中写数据;

(3) 关闭文件。

打开文件是进行文件的读或写操作之前的必要步骤。打开文件就是将指定文件与程序联系起来，为下面将进行的文件读写工作做好准备。当为进行写操作而打开一个文件时，如果这个文件不存在，则系统会建立这个文件，并打开它。当为进行读操作而打开一个文件时，一般这个文件应该是已经存在的，否则会出错。数据文件可以借助常用的文本编辑程序建立，就如同建立源程序文件一样，当然，也可以是其他程序写操作生成的文件。

从文件中读取数据，就是从指定文件中取出数据，存入程序在内存中的数据区，如变量或数组中。

向文件中写数据，就是将程序的输出结果存入指定的文件中，即文件名所对应的外存储器上的存储区中。

关闭文件就是取消程序与指定的数据文件之间的联系，表示文件操作的结束。

8.1.3　文件缓冲区

从用户角度看，文件的写操作是将程序的输出结果，即某个变量或数组的内容输出到文件中，而实际上，在计算机系统中，数据是从内存中的程序数据区到文件缓冲区暂存，当缓冲区放满后，数据才被整块送到外存储器上的文件中。在进行文件的读操作时，将磁盘文件中的一块数据一次读到文件缓冲区中，然后从缓冲区中取出程序所需的数据，送入程序数据区中的指定变量或数组元素所对应的内存单元中。图8.1表示了程序从磁盘文件中读数据的过程。

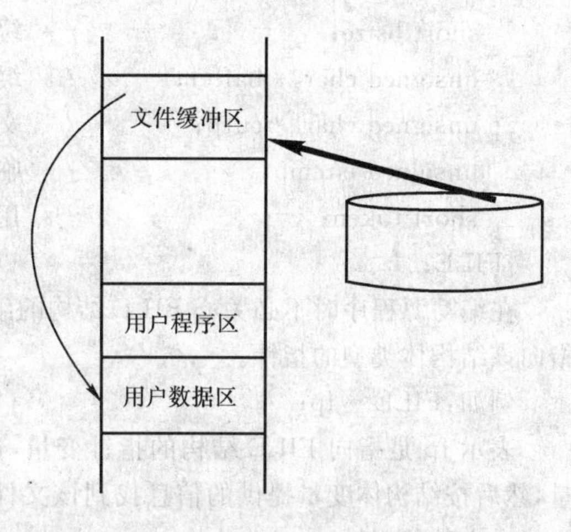

图8.1　从磁盘文件读取数据示意图

文件缓冲区是内存中的一块区域，用于进行文件读写操作时数据的暂存，大小一般为512字节，这和磁盘的读写单位一致。

这一读写特点的原因之一在于，磁盘文件的存取单位是“块”，一般为512字节。这也就是说，从文件中读数或向文件中写数，就要一次读或写512字节。而在程序中，给变量或数组元素的赋值却是一个一个进行的。设立文件缓冲区的另一个原因是处于效率的考虑，我们知道，和内存相比，磁盘的读写速度是很慢的，如果每读或写一个数据就要和磁盘打一次交道，那么即使CPU的速率很高，整个程序的执行效率也会大打折扣。显然，有文件缓冲区，可以减少与磁盘打交道的次数。

文件缓冲区是学习文件操作时一个必须了解的概念，上述文件的读写过程是由系统自动实现，但是理解这一过程有助于文件知识的学习。

8.1.4　文件指针

在文件读写过程中，系统需要确定文件信息、当前的读写位置、缓冲区状态等信息，才能顺利实现文件操作。在C语言中用一个指针变量指向一个文件，这个指针称为文件指针。通过文件指针就可对它所指的文件进行各种操作。

定义文件指针的一般形式为：

　　FILE *指针变量标识符；

其中FILE应为大写,它实际上是由系统定义的一个结构体,该结构体中含有文件名、文件状态和文件当前位置等信息。例如,在Turbo C系统中,头文件stdio.h中定义有一个FILE类型:

```
typedef struct
{
    short level;                  /* 缓冲区"满"或"空"的程度 */
    unsigned flags;               /* 文件状态标志 */
    char fd;                      /* 文件描述符 */
    unsigned char hold;           /* 如无缓冲区不读取字符 */
    short bsize;                  /* 缓冲区的大小 */
    unsigned char * baffer;       /* 缓冲区中的读写位置 */
    unsigned char * curp;         /* 文件读写位置 */
    unsigned istemp;              /* 临时文件,指示器 */
    short token;                  /* 用于有效性检查 */
}FILE;
```

在编写源程序时不必关心FILE结构的细节,只是每当使用一个数据文件,需要定义一个指向该结构体类型的指针。

例如:FILE * fp;

表示fp是指向FILE结构的指针变量,通过fp即可找到存放某个文件信息的结构体变量,然后按结构体变量提供的信息找到该文件,实施对文件的操作。习惯上也笼统地把fp称为指向文件的指针。

8.2　文件的打开与关闭

文件在进行读写操作之前要先打开,使用完毕要关闭。所谓打开文件,实际上是建立文件的各种有关信息,并使文件指针指向该文件,以便对它进行读/写操作。关闭文件则断开指针与文件之间的联系,也就禁止再对该文件进行操作。

在C语言中,文件操作都是由库函数来完成的。

8.2.1　文件的打开(fopen函数)

fopen函数用来打开一个文件,其调用的一般形式为:

文件指针名=fopen(文件名,打开文件方式);

其中:

"文件指针名"必须是说明为FILE类型的指针变量;

"文件名"是要打开文件的文件名,它可以是字符串常量或字符数组;

"打开文件方式"是指文件的类型和操作要求。

例如:

```
FILE * fp;
  fp=fopen("filea","r");
```

其意义是打开当前目录下的文件 filea,只允许进行“读”操作,并使指针 fp 指向该文件。

又如：

```
FILE *fphzk
fphzk=fopen("d:\\lang\\tc\\string","rb")
```

其意义是打开 d:\lang\tc\目录中的文件 string,这是一个二进制文件,只允许进行读操作。两个反斜线“\\”为转义字符,表示字符‘\’。

打开文件的方式共有 12 种,表 8-2 给出了它们的符号、意义和使用限制。

表 8-2　文件打开方式的意义和使用限制

打开方式	意义	指定文件不存在时	指定文件存在时	从文件中读	向文件中写
"r"	打开一个 ASCII 码文件用于读	出错	正常打开	允许	不允许
"w"	打开一个 ASCII 码文件用于写	建立新文件	删除文件原有内容	不允许	允许
"a"	打开一个 ASCII 码文件,用于在文件末尾追加数据	建立新文件	正常打开	不允许	允许
"rb"	打开一个二进制文件用于读	出错	正常打开	允许	不允许
"wb"	打开一个二进制文件用于写	建立新文件	删除文件原有内容	不允许	允许
"ab"	打开一个二进制文件,用于在文件末尾追加数据	建立新文件	正常打开	不允许	允许
"r+"	打开一个 ASCII 码文件用于读写	出错	正常打开	允许	允许
"w+"	打开一个 ASCII 码文件用于写读	建立新文件	删除文件原有内容	允许	允许
"a+"	打开一个 ASCII 码文件,用于追加数据或读数	建立新文件	正常打开	允许	允许
"rb+"	打开一个二进制文件用于读写	出错	正常打开	允许	允许
"wb+"	打开一个二进制文件用于写读	建立新文件	删除文件原有内容	允许	允许
"ab+"	打开一个二进制文件,用于追加数据或读数	建立新文件	正常打开	允许	允许

文件打开方式的使用说明：

(1) 文件使用方式由 r,w,a,b 和+ 5 个字符拼成,各字符的含义是：

r(read)：　　读

w(write)：　　写

a(append)：　　追加

b(binary)：　　二进制文件

＋：　　读和写

(2) 凡用"r"打开一个文件时，该文件必须已经存在，且只能从该文件读出。

(3) 用"w"打开的文件只能向该文件写入。若打开的文件不存在，则以指定的文件名建立该文件；若打开的文件已经存在，则将该文件内容删去。

(4) 若要向一个已存在的文件追加新的信息，只能用"a"方式打开文件。

(5) 在打开一个文件时，如果出错，fopen函数将返回一个空指针值NULL。在程序中可以用这一信息来判别是否完成打开文件的工作，并进行相应的处理。因此常用以下程序段打开文件：

```
if((fp=fopen("c:\\student.dat","r"))==NULL)
  {
   printf("\nerror on open c:\\student.dat! \n");
   exit(1);
   }
else
   ...        /* 从文件中读取数据      */
```

这段程序的意义是，如果返回的指针为空，表示不能打开C盘根目录下的student.dat文件，则给出提示信息"error on open c:\student.dat!"，执行exit(1)退出程序。

(6) 把一个ASCII码文件读入内存时，要将ASCII码转换成二进制码，而把文件以ASCII码方式写入磁盘时，也要把二进制码转换成ASCII码，因此ASCII码文件的读写要花费较多的转换时间。对二进制文件的读写不存在这种转换。

(7) 标准输入文件(键盘)，标准输出文件(显示器)，标准出错输出(出错信息)是由系统打开的，可直接使用。在系统中自动定义了3个文件指针stdin、stdout和stderr，它们分别用来指向终端输入、终端输出和标准出错输出。

8.2.2　文件的关闭(fclose函数)

文件一旦使用完毕，应该使用关闭文件函数把文件关闭，以避免文件数据的丢失或文件被误用。

fclose函数调用的一般形式是：

fclose(文件指针)；

例如：

```
fclose(fp);
```

在程序中，一个文件使用完毕后，应该及时关闭。特别应该注意，在程序结束之前关闭所有打开的文件，防止数据的丢失。这是因为，当向文件写数据时，是先将数据写到缓冲区，待缓冲区充满后才整块传送到磁盘文件中。如果程序结束时，缓冲区尚未充满，则其中的数据并没有传到磁盘上，必须使用fclose函数关闭文件，强制系统将缓冲区中的所有数据送到磁盘，并释放该文件指针变量，否则这些数据可能只是被输出到了缓冲区中，而并没有真正写入磁盘文件。

由系统打开的标准设备文件,系统会自行关闭。

8.3 文件的顺序读写

在8.1节中谈到,根据文件的读写方式不同,文件可分为顺序读写文件和随机读写文件,本节主要讨论文件的顺序存取,关于文件随机存取的相关内容将在下一节中讨论。

文件的顺序存取是指将文件从头到尾逐个数据读出或写入,文件的读写是通过读写函数实现的,与前面学习的输入输出函数非常相似,它们是:

字符输入/输出函数　　fgetc()/fputc()

字符串输入/输出函数　　fgets()/fputs()

格式输入/输出函数　　fscanf()/fprintf()

这些函数都是包含在stdio.h头文件中的,它们的主要差别在于读写单位的不同,本节分别介绍这些函数。

8.3.1 字符读写函数 fgetc 和 fputc

字符读写函数是以字符(字节)为单位的读写函数。每次可从文件读出或向文件写入一个字符。

1. 读字符函数 fgetc

fgetc 函数的功能是从指定的文件中读一个字符,函数的调用形式为:

　　字符变量=fgetc(文件指针);

例如:

　　ch=fgetc(fp);

其意义是从fp指向的文件中读取一个字符并送入ch变量中。

对于fgetc函数的使用有以下几点说明:

(1) 在fgetc函数调用中,读取的文件必须是以读或读写方式打开的。

读取字符的结果也可以不向字符变量赋值。

例如:fgetc(fp);

但是在这种情况下,读出的字符不能保存。

(2) 在文件内部有一个位置指针,用来指向文件的当前读写字节。应注意文件指针和文件内部的位置指针不是一回事。文件指针是指向整个文件的,需在程序中定义说明,只要不重新赋值,文件指针的值是不变的。文件内部的位置指针用以指示文件内部的当前读写位置,每读写一次,该指针就会向后移动,它不需在程序中定义说明,而是由系统自动设置的。

例 8.1 将d:\lang\tc文件夹下的文件deposit.c内容输出到屏幕上。

```
#include<stdio.h>
int main()
{
  FILE *fp;
  char ch;
```

```
    if((fp=fopen("d:\\lang\\tc\\deposit.c","r"))==NULL)
      {
        printf("\nCannot open file\nstrike any key exit! \n");
        getchar();
        return 1;                     /* 程序出错结束 */
      }
    ch=fgetc(fp);
    while(ch!=EOF)                    /* 如果读出的字符不是文件结束标志 */
    {
      putchar(ch);                    /* 将ch变量中的字符输出到标准输出设备上 */
      ch=fgetc(fp);
    }
    fclose(fp);
    return 0;                         /* 程序正常结束 */
}
```

本例程序的功能是从文件中逐个读取字符,在屏幕上显示。程序定义了文件指针 fp,以读文本文件方式打开文件"d:\lang\tc\deposit.c",并使 fp 指向该文件。如打开文件出错,给出提示并退出程序。程序第12行先读出一个字符,然后进入循环,只要读出的字符不是文件结束标志(每个文件末有一结束标志 EOF),就把该字符显示在屏幕上,再读入下一字符。每读一次,文件内部的位置指针向后移动一个字符,文件结束时,该指针指向 EOF。执行本程序将显示 d:\lang\tc\deposit.c 文件的内容。

2. 写字符函数 fputc

fputc 函数的功能是把一个字符写入指定的文件中,函数调用的形式为:

  fputc(字符量,文件指针);

其中,待写入的字符量可以是字符常量或变量,例如:

fputc('a',fp);

其意义是把字符 a 写入 fp 所指向的文件中。

对于 fputc 函数的使用也要说明几点:

(1) 被写入的文件可以用写、读写、追加方式打开,用写或读写方式打开一个已存在的文件时,文件的原有内容将被清除,从文件首开始写入字符。如果需保留原有文件内容,希望写入的字符从文件末开始存放,则必须以追加方式打开文件。被写入的文件若不存在,则创建该文件。

(2) 每写入一个字符,文件内部位置指针向后移动一个字节。

(3) fputc 函数有一个返回值,如写入成功则返回写入的字符,否则返回一个 EOF。可用这个函数的返回值来判断写入是否成功。

例 8.2 从键盘输入一行字符,写入一个文件,再把该文件内容读出显示在屏幕上。

```
#include<stdio.h>
int main()
{
```

```
    FILE *fp;
    char ch;
    if((fp=fopen("d:\\lang\\tc\\writestring.txt","w+"))==NULL)
    {
      printf("Cannot open file strike any key exit!");
      getchar();
      return 1;               /* 程序出错结束 */
    }
    printf("input a string:\n");
    ch=getchar();
    while (ch! ='\n')
    {
      fputc(ch,fp);
      ch=getchar();
    }
    rewind(fp);          /* 使 fp 所指文件的读写位置指针定位于文件开头 */
    ch=fgetc(fp);
    while(ch!=EOF)
    {
      putchar(ch);
      ch=fgetc(fp);
    }
    printf("\n");
    fclose(fp);
    return 0;                 /* 程序正常结束 */
}
```

程序中第 6 行以读写文本文件方式打开文件 writestring.txt。程序第 13 行从键盘读入一个字符后进入循环，当读入字符不为回车符时，则把该字符写入文件之中，然后继续从键盘读入下一字符。每输入一个字符，文件内部位置指针向后移动一个字节。写入完毕，该指针已指向文件末。如要把文件从头读出，须把指针移向文件头，程序第 19 行 rewind 函数用于把 fp 所指文件的内部位置指针移到文件头。第 20 至 25 行用于读出文件中的内容。

例 8.3 编写一个加密程序，可以把一个文件的内容读出，加密(循环加 1)之后写入另外一个文件中。

```
#include<stdio.h>
int main()
{
    FILE *fp1,*fp2;
    char  filename1[20],filename2[20];
    char c;
```

```
    printf("please input source file name:\n");
    scanf("%s",filename1);
    printf("please input target file name:\n");
    scanf("%s",filename2);
    if((fp1=fopen(filename1,"r"))==NULL)
     {printf("cannot open source file\n");
     return 1;                    /* 程序出错结束 */;
      }
    if((fp2=fopen(filename2,"w"))==NULL)
     {printf("cannot open target file\n");
      return 1;
      }
    while(! feof(fp1))         /* feof()函数用来检查文件 fp1 是否结束,若结束返回 1 */
      {
      c=fgetc(fp1);
      if ((c>='a'&&c<='z')||(c>='A'&&c<='Z'))
        { c=c+1;
          if (c>'Z'&&c<='Z'+n||c>'z') c=c-26;
        }
      fputc(c,fp2);
      }
  fclose(fp1);
  fclose(fp2);
  return 0;                        /* 程序正常结束 */
  }
```

程序中定义了两个文件指针 fp1 和 fp2,分别指向源文件和目标文件。用循环语句逐个读出文件 1 中的字符,经过加密变换后写入文件 2 中。

ASCII码文件是由一系列的字符组成的,而 fgetc()和 fputc()正好是一次读写一个字符,所以这两个函数是最基本的文件读写函数。但是文件中的单个字符通常没有实际意义,真正有意义的是数、字符串或者一个数据行,所以 fgetc()和 fputc()仅适用于处理一些简单的文件读写问题。

8.3.2　字符串读写函数 fgets 和 fputs

fgets()和 fputs()函数是以字符串为单位对文件进行读写的,由于这两个函数在使用中往往是一次读写一行,所以也称为行读写函数。

1. 读字符串函数 fgets

fgets 函数的功能是从指定的文件中读一个字符串到字符数组中,函数调用的形式为:

　　fgets(字符数组名,n,文件指针);

其中的 n 是一个正整数。表示从文件中读出的字符串不超过 n−1 个字符。在读入的最后一个字符后加上串结束标志'\0'。读取过程中如果遇到了换行符或 EOF(文件结束),则读取结束。

例如:fgets(str,n,fp);的意义是从 fp 所指的文件中读出 n－1 个字符送入字符数组 str 中。

例 8.4　从 writestring.txt 文件中读入一个含 10 个字符的字符串。

```
#include<stdio.h>
int main()
{
    FILE * fp;
    char str[11];
    if((fp=fopen("d:\\lang\\tc\\writestring.txt","r"))==NULL)
    {
      printf("\nCannot open file strike any key exit!");
      getchar();   /* getchar()函数的功能为无回显地从键盘读取任意一个字符 */
      return 1;
    }
    fgets(str,11,fp);
    printf("\n%s\n",str);
    fclose(fp);
    return 0;
}
```

本例定义了一个字符数组 str 共 11 个字节,在以读文本文件方式打开文件 writestring 后,从中读出 10 个字符送入 str 数组,在数组最后一个单元内将加上'\0',然后在屏幕上显示输出 str 数组。输出的 10 个字符正是例 8.2 程序建立的数据文件的前 10 个字符。

2. 写字符串函数 fputs

fputs 函数的功能是将一个字符串写入指定的文件,其调用形式为:

fputs(字符串,文件指针);

其中字符串可以是字符串常量,也可以是字符数组名,或指针变量,例如:

fputs("abcd",fp);

其意义是把字符串"abcd"写入 fp 所指的文件之中。

例 8.5　在例 8.2 中建立的文件 writestring.txt 中追加一个字符串。

```
#include<stdio.h>
int main()
{
   FILE *fp;
   char ch,st[20];
   if((fp=fopen("d:\\lang\\tc\\writestring.txt","a+"))==NULL)
   {
     printf("Cannot open file strike any key exit!");
```

```
        getchar();
        return 1;
    }
    printf("input a string:\n");
    scanf("%s",st);
    fputs(st,fp);
    rewind(fp);
    ch=fgetc(fp);
    while(ch!=EOF)
    {
        putchar(ch);
        ch=fgetc(fp);
    }
    printf("\n");
    fclose(fp);
    return 0;
}
```

本例要求在 writestring.txt 文件末加写字符串，因此，在程序第6行以追加读写文本文件的方式打开文件 writestring.txt。然后输入字符串，并用 fputs 函数把该串写入文件 writestring.txt。在程序15行用 rewind 函数把文件内部位置指针移到文件首。再进入循环逐个显示当前文件中的全部内容。

8.3.3 格式化读写函数 fscanf 和 fprintf

fscanf 函数，fprintf 函数与前面各章中使用的 scanf 和 printf 函数的功能相似，都是格式化读写函数。两者的区别在于 fscanf 函数和 fprintf 函数的读写对象不是键盘和显示器，而是磁盘文件。

这两个函数的调用格式为：

fscanf(文件指针,格式控制字符串,输入地址表列)；

fprintf(文件指针,格式控制字符串,输出表列)；

例如：

```
fscanf(fp,"%d%s",&i,s);
fprintf(fp,"%d%c",j,ch);
```

可以看到，fscanf 函数，fprintf 函数与 scanf 和 printf 函数的格式也非常类似，只是多了文件指针项，用于指明要操作的文件，而格式控制字符串和输出表列部分与 scanf 和 printf 函数中的规则完全一致，不再赘述。

用 fscanf 和 fprintf 函数可以方便地完成在本章引言中提出的问题。

例 8.6　假设有若干职工工资数据，要求计算并输出每名职工的实发工资及单位的汇总工资数据，要求输出格式如下：

职工号　姓名　基本工资　补贴　房租　水电费　实发工资

20021	zhang	532	120	87	65	?
:	:	:	:	:	:	?
:	:	:	:	:	:	?
合计		?	?	?	?	?

可以看出，每个职工有七项数据需要输入，如果是一个几千人的企业，那么输入数据量可想而知。可以利用编辑软件(edit、Turbo C 编辑环境等)将数据输入，编辑正确并保存为一个数据文件，文件名为 salary.dat。以后每个月进行工资计算时，可以对 salary.dat 文件进行修改，例如仅修改水电费数据，并保存。

下面的程序可以从 salary.dat 中读取数据，计算并输出结果。将结果输出到终端设备的同时，还可以将计算结果输出到另一个文件中，以备今后查询和进一步处理。这个问题中数据的读写使用 fscanf 和 fprintf 函数。设单位的人数为 8 人。

```
#include<stdio.h>
#define NUM 8
int main()
{
FILE *fp1,*fp2;
int i;
int sum1=0,sum2=0,sum3=0,sum4=0,sum5=0;
struct str
{
   char no[8],name[10];
   int  s1,s2,s3,s4,s5;
}s[NUM];
if ((fp1=fopen("salary.dat","r"))==NULL)
{
     printf("cannot open file ");
     return 1;
}
if ((fp2=fopen("salary2.dat","w"))==NULL)
{
     printf("cannot open file ");
     return 1;
   }
  for(i=0;i<NUM;i++)
   {
      fscanf (fp1,"%s%s%d%d%d%d",s[i].no,s[i].name,&s[i].s1,&s[i].s2, &s
              [i].s3,&s[i].s4);
      s[i].s5=s[i].s1+s[i].s2-s[i].s3-s[i].s4;
      sum1=sum1+s[i].s1;
```

```
        sum2=sum2+s[i].s2;
        sum3=sum3+s[i].s3;
        sum4=sum4+s[i].s4;
        sum5=sum5+s[i].s5;
    }
    printf("%8s%10s%10s%10s%10s%10s%10s\n","number","name","salarv1","
        salary2","discount1","discount2","salary");
    fprintf(fp2,"%8s%10s%10s%10s%10s%10s%10s\n","number","name","sala-
        ry1","salary2","discount1","discount2","salary");
    for(i=0;i<NUM;i++)
    {
        fprintf(fp2,"%8s%10s%10d%10d%10d%10d%10d\n",s[i].no,s[i].name,s
            [i].s1,s[i].s2,s[i].s3,s[i].s4,s[i].s5);
        printf("%8s%10s%10d%10d%10d%10d%10d\n",s[i].no,s[i].name,s[i].
            s1,s[i].s2,s[i].s3,s[i].s4,s[i].s5);
    }
    fprintf(fp2,"%8s%10s%10d%10d%10d%10d%10d\n","total","",sum1,sum2,
        sum3,sum4,sum5);
    printf("%8s%10s%10d%10d%10d%10d%10d\n","total"," ",sum1,sum2,
        sum3,sum4,sum5);
    fclose(fp1);
    fclose(fp2);
    return 0;
}
```

8.4 文件的随机读写

前面介绍的对文件的读写方式都是顺序读写,即读写文件只能从头开始,顺序读写各个数据。但在实际问题中有时需要只读写文件中某一指定的部分。为了解决这个问题,需要移动文件内部的位置指针到需要读写的位置,再进行读写,这种读写方式称为随机读写。

实现随机读写的一个关键是要按要求移动位置指针,这称为文件的定位。

8.4.1 文件定位

为了准确控制文件中的读写位置,C语言为每个文件在打开操作时,在文件结构体中设有一个读写位置指针,这个指针指示着当前读写位置。在文件打开的初始状态,一般这个指针都指向文件的开始处(以追加方式打开,是指向文件末尾处),随着文件的读写,这个指针会自动移动,也就是说,每读取一个字符,指针就会自动指向下一个字符。

移动文件内部位置指针的函数主要有两个,即 rewind 函数和 fseek 函数。

rewind 函数前面已使用过,其调用形式为:

rewind(文件指针);

它的功能是把文件内部的位置指针移到文件首。

下面主要介绍 fseek 函数。fseek 函数用来移动文件内部位置指针,其调用形式为:

fseek(文件指针,位移量,起始点);

其中:

"文件指针"指向被移动的文件;

"位移量"表示移动的字节数,要求位移量是 long 型数据,以便在文件长度大于 64KB 时不会出错,当用常量表示位移量时,要求加后缀"L";

"起始点"表示从何处开始计算位移量,规定的起始点有三种:文件首,当前位置和文件尾。其表示方法如表 8-3 所示。

表 8-3　文件位置移动的起始点类别

起始点	表示符号	数字表示
文件首	SEEK_SET	0
当前位置	SEEK_CUR	1
文件末尾	SEEK_END	2

例如:

fseek(fp,100L,0);

其意义是把位置指针移到离文件首 100 个字节处。

还要说明的是 fseek 函数一般用于二进制文件。因为在文本文件读写要进行转换,故往往计算的位置会出现错误。

8.4.2　文件的随机读写

C 把文件看作是无结构的字节流,所以记录的说法在 C 语言中是不存在的。而程序员为满足特定应用程序要求,提供的文件结构往往具有记录结构。例如,例 8.6 中每个职工的信息就可以看成一些不等长的记录。

随机读写文件的记录通常具有固定的长度,这样才能够做到直接而快速地访问到指定的记录。随机读写文件的意义可以用图 8.2 反映。

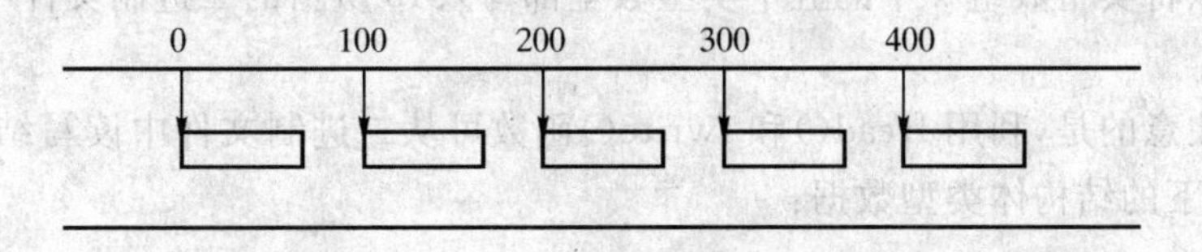

图 8.2　记录定长的随机读写文件

可以看到,每个记录为固定的 100 字节,这样,可以用 fseek 函数迅速定位到指定的某一个记录,实现对文件中指定记录的存取。C 语言提供的 fread 函数用于从文件中读取等长的数据块,fwrite 函数用于将一个固定长度的数据块写入文件中,需要说明的是,这两个函数是以二进制方式读写数据的,即:用 fwrite 函数生成的文件是一个二进制文件,它可以用 fread 函数读出并显示,但无法直接打开阅读。

它们的一般调用形式为:

```
fread(buffer,size,count,fp);
fwrite(buffer,size,count,fp);
```

其中:

buffer:是一个指针。对于 fread 来说,它是读入数据存放的内存起始地址;对于 fwrite 来说,是要输出的数据在内存中的起始地址。

size:要读写的字节数,一般由含 sizeof 运算符的表达式给出,sizeof 是 C 的一个单目运算符,它的引用格式为:

sizeof <变量名> 或 sizeof (<类型名>)

count:要进行读写多少个 size 字节的数据项。

fp:文件类型指针,表明要读写的文件。

fread 的意义是从 fp 所指的二进制文件中读取 n 个 size 大小的数据块,将读出的数据依次存入 buffer 为首地址的内存单元中。

fwrite 的意义是将以 buffer 为首地址,连续 n 个 size 大小的数据块写入 fp 所指的文件中。

fread 和 fwrite 函数在调用成功时,返回函数值为 count 的值,即输入/输出数据项的个数,如果调用失败(读/写出错),则返回 0 值。

在应用中,可以改变 size 和 n 的大小,这两个函数可以从二进制文件中读写任意多个指定类型的数据。

例如:

```
int a;
fread(&a,sizeof(int),1,fp)
```

该函数可以从 fp 所指文件中,每次读取一个整数。这里,sizeof(int)表示一个整型所占的字节数。

又例如:

```
float x[5]={1,2,3,4,5};
fwrite(x,sizeof(float),5,fp);
```

该函数可以将实型数组 x 中的五个实型数全部写入 fp 所指的二进制文件中,共写入了 20 个字节。

特别需要注意的是,利用 fread()和 fwrite()函数可从二进制文件中读写结构体类型的数据。例如,有如下的结构体类型数据:

```
struct person
{ char name[20];
  char sex;
  int age;
  float salary;
}teacher={"wang_li",'m',28,458.5};
```

用 fwrite(&teacher,sizeof(struct person),1,fp);即可将结构体变量 teacher 的值写入 fp 所指的文件中,该文件必须是以 wb 方式打开,并且写入的文件是二进制形式的,即无法直接打开阅读,只能由程序文件以二进制方式打开读出。

下面用例题来说明文件的随机读写。

例 8.7 从键盘输入 10 个学生的信息,然后把它们存入磁盘文件中。

```
#include<stdio.h>
#define N 10
struct student
{
  char name[10];
  int num;
  int age;
  char addr[15];
}s[N], *qq;
void save();
void main()
{
  int i;
  printf("please input student information:\n");
  for(i=0;i<N;i++)
    scanf("%s%d%d%s",s[i].name,&s[i].num,&s[i].age,s[i].addr);
    save();
    printf("data is saved\n");
}
void save()
{
  FILE *fp;
  int i;
  if((fp=fopen("student.dat","wb"))==NULL)
   {  printf("cannot open file\n");
      return;
   }
    for(i=0;i<N;i++)
        if (fwrite(&s[i],sizeof(struct student),1,fp)==0)
                                                   /* 写文件,并判断是否出错 */
        printf("file write error\n");
    fclose(fp);
}
```

下面是程序的数据实例及结果:

```
please input student information:
zhang 20001 18 2-201
li 20002 18 2-201
wu 20003 19 2-202
liu 20004 18 2-202
tian 20005 18 2-203
wang 20006 17 2-203
zhan 20007 17 2-204
lei 20008 18 2-204
meng 20009 18 2-205
lu 20010 18 2-205
data is saved
```

这个程序运行之后,查看磁盘就会发现已经生成了磁盘文件 student.dat,由于在程序中并没有给出这个文件所在路径,所以这个文件将生成在系统默认的文件目录中。程序中文件的打开方式和写数据所用到的 fwrite 函数已经决定了这个文件是一个二进制的文件,所以,它无法直接打开阅读,只有通过程序可以读出其中的数据值。下面的例 8.8 就是从二进制文件中读出数据的程序示例,可以看到,这是一种随机读取数据的方式。

例 8.8 从文件 student.dat 中读出第 2、4、6、8、10 名同学的信息。

```
#include<stdio.h>
#define N 10
struct student
{
  char name[10];
  int num;
  int age;
  char addr[15];
  }s[N],boy,*qq;
int main()
{
  FILE *fp;
  char ch;
  int i;
  qq=&boy;
  if((fp=fopen("student.dat","rb"))==NULL)
  {
    printf("Cannot open file strike any key exit!");
    getchar();
    return 1;
  }
```

```
rewind(fp);
printf("\n\nname\tnumber        age        addr\n");
for(i=0;i<5;i++)
 {
fseek(fp,sizeof(struct student),1); /* 文件读写位置指针从当前位置向后移动一个
                                        记录 */
fread(qq,sizeof(struct student),1,fp);
printf("%s\t%5d  %7d   %s\n",qq->name,qq->num,qq->age, qq->addr);
 }
   fclose(fp);
   return 0;
}
```

程序运行结果如下：

name	number	age	addr
li	20002	18	2－201
liu	20004	18	2－202
wang	20006	17	2－203
lei	20008	18	2－204
lu	20010	18	2－205

文件 student.dat 已由例 8.7 的程序建立，本程序用随机读出的方法读出第 2、4、6、8、10 名同学的信息。程序中定义 boy 为 student 类型变量，qq 为指向 boy 的指针。以读二进制文件方式打开文件，并将文件指针定位到文件首，程序中重复执行。

① 从当前位置跳过一个学生结构体大小的字节数；

② 读取一个学生结构体大小的字节存入 qq 所指的内存单元；

③ 显示 qq 所指结构体各项的内容。

小　结

1. C 程序中的文件操作流程

打开文件，读/写文件，关闭文件

2. 文件缓冲区与文件类型指针的概念

3. 打开文件的方法

文件指针名＝fopen(文件名，使用文件方式)；

4. 关闭文件的方法

fclose(文件指针)；

5. 按顺序存/取文件

逐个字符读写 fgetc 和 fputc

逐个字符串读写 fgets 和 fputs

逐条记录读写 fscanf 和 fprintf

6. 随机读写文件

指针的定位方法:rewind 函数和 fseek 函数

读写函数:fread()函数和 fwrite()函数

习 题

1. 什么是文件类型指针,它在文件处理中的作用是什么?

2. 程序中对文件操作的基本步骤是什么?

3. 试举例说明在什么情况下,打开文件操作可能出错。忘记关闭文件为什么可能造成数据的丢失。

4. 编写比较两个文件内容是否相同的程序,若相同,显示"compare ok";否则,显示"not equal"。

5. 编一程序,从键盘输入一行字符,将其中的小写字母全部转换为大写字母,然后输出到一个磁盘文件中保存。

6. 编一程序,将一个C语言的源程序文件删去注释信息后输出。

7. 设计一个程序,可以将一个ASCII码文件连接在另一个ASCII码文件之后。

8. 在磁盘上建立一个学生成绩信息文件,内容包括学号、姓名、成绩信息,编写程序从文件中读出信息,按学生成绩数据项排序(降序),并将排序结果输出到另一个文件 sorted 中。

9. 修改习题8的程序,使得排序的结果输出为一个记录等长的文件,利用随机读写方式输出最后一名同学的信息,体会随机读写和顺序读写的优缺点。

第2部分

综合扩展篇

第9章　C语言基础知识进阶

第一部分主要介绍了C语言的基础知识，单这些知识在实际应用中是远远不够的，下面就以前学过的知识做进一步的讨论。这些知识为用户解决棘手问题时提供了必要的途径。一个熟练的C语言编程人员应该熟练掌握这些知识。主要内容包括词法进阶、位运算以及编译预处理等。

9.1　C语言基本词法进阶

9.1.1　存储类型修饰符

存储类别是指数据的存储形式。程序在操作系统为其分配的连续内存中运行，这段连续的内存被划分为若干区域，起不同作用。从低地址到高地址依次是代码区、全局变量区，剩下的空间由堆(heap)空间和堆栈(stack)空间共同占据。堆空间由低地址向高地址生长，堆栈空间由高地址向低地址生长，如图9.1所示。根据数据存储位置不同存储类型有动态存储类别、静态存储类别、寄存器存储类别和外部存储类别。

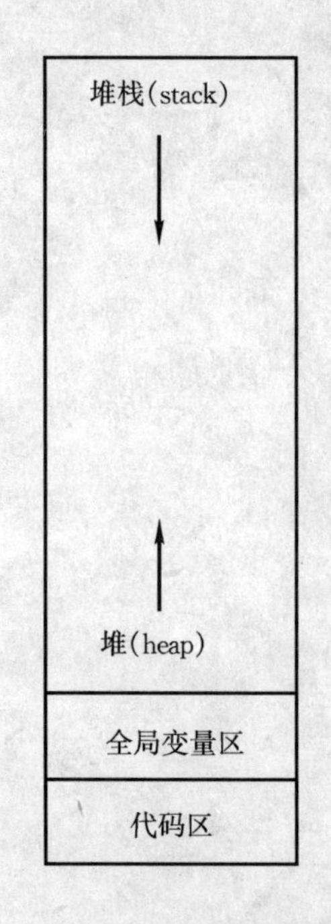

图9.1　内存空间分配

1. 动态存储类型：auto

动态存储类型的变量在定义时要在类型符前面加保留字auto，如下所示：

```
auto int count;
auto float MaxValue;
```

在编码过程中，如果将保留字auto省略，则系统默认该变量是auto类型。在以前的程序源代码中未指定变量存储类别的都是auto类型的变量。函数的形式参数也是auto类型的变量。

动态变量的数据存储在系统的堆栈中。在程序开始执行或者函数调用时，操作系统在堆栈为程序和函数中的动态存储类别的变量分配存储空间。在程序执行结束或者函数调用结束后，操作系统执行退栈操作，在堆栈中的动态存储类别的变量被释放。

例9.1　动态存储类型程序举例。

```
#include<stdio.h>
int    fac(int m);
```

```
void  main()
{   auto int   count,  multiple;
    for(count=1;   count<=5;   count ++)
    {   multiple=fac(count);
        printf("count= %d,   multiple= %d\n",count,multiple);
    }
}
int    fac(int m)
{    auto int i, p;
     p=1;
     for(i=1; i<=m;   i++)     p * =i;
     return p;
}
```

上述程序中,main()函数定义了动态存储类别变量 count, multiple。在 fac(int m)中分别定义了动态存储类别变量 int i, p 。程序执行阶段,首先从 main()函数开始执行,编译系统在堆栈中为 main()函数中的动态存储变量 count、multiple 分配内存空间。在 for 循环执行过程中,执行语句:

multiple=fac(count);

时发生了函数调用,程序转入 fac(int m)中执行;编译系统又在堆栈中为 fac(int m)中的动态存储类别变量 int i、p 分配内存空间(注意:此时没有退栈操作,main()函数中动态类型的存储变量没有被释放)。fac(int m)函数执行完成后,为 fac(int m)函数分配的堆栈空间退栈,在堆栈中为 fac(int m)中的动态存储类别变量 int　i, p 分配内存空间全部被释放。程序继续返回到 main()函数中执行。main()执行完成后,为 main()函数分配的堆栈也退栈,在堆栈中为 main()函数中动态变量 count、multiple 分配的内存空间被释放。

动态变量在分配存储单元后,其数值在没有赋初值以前是随机的,所以动态存储类别的变量如果没有赋初值而引用它的数值可能引起不确定的结果。

2. 静态存储类型:static

静态存储类型的变量在定义时要在类型符前面加保留字 static,如下所示:

```
static int   count;
static float   max_value;
```

在编码过程中,不能将保留字 static 省略。静态存储类别的变量在编译阶段完成内存地址的分配,并且在内存中的全局变量区域分配,因而静态变量的存储空间在整个程序的运行执行期间均保留,不会被别的变量占据,直至程序结束运行时,空间才被释放。

静态存储可以定义成全局变量或局部变量,当定义局部变量时,存储位置仍然在内存中的全局变量区域。在整个程序执行期间,静态全局的内存空间都不会被释放,但只有在定义该静态全局变量的模块执行期间,该静态全局变量才可见。

当定义成局部变量时,在定义它的函数内或复合语句中有效,但在执行完该函数或复合语句后,静态变量最后取得的值仍保存,不会消失(因它所占存储地址不会被别的变量占用),这样当程序再次调用该函数或执行该复合语句时,该静态变量当前值就是再次进入该函数或复合语句的初始值。

编译系统在为静态存储类别变量分配内存空间以后将该静态存储类别的变量赋值为0。读者可以上机调试例9.2程序,并分析输出结果。

例9.2 静态变量程序举例。

```
#include<stdio.h>
void inc(void);
void main()
{
    inc();
    inc();
}
void inc(void)
{
    static int x;
    x++;
    printf("%d\n",x);
}
```

3. 寄存器存储类型:register

寄存器存储型变量一般存储在计算机CPU的通用寄存器中,因而定义的这种类型变量存取速度快,适合于频繁使用的变量,可以加快程序的运行速度。由于CPU中通用寄存器的数目有限,因而不宜在程序中大量使用这种存储类别的变量。如定义的寄存器变量超过可用寄存器的数目,编译也不会出错,编译程序会将超过可用寄存器数目的寄存器变量按照自动存储类别的变量处理。

```
...
for ( register int i =0;i<=1000;i++)
{   ...
    ...
}
...
```

4. 外部变量:extern

外部存储类别的变量是指已经在别的函数或者模块中定义过的全局动态变量,只在本函数或者模块中使用它的值,而不为该变量分配存储空间。

```
/* file1.c */
#include<stdio.h>
#include "file2.c" /* 包含文件 file2.c */
int x,y;      /* 全局动态变量 */
char c;     /* 全局动态变量 */
void func1( );
void main( )
{    ……
     x=40;
}
void func1( )
{   ……
    y=60;
}
```

```
/* file2.c */
extern x,y;   /* 外部变量 */
extern c;      /* 外部变量 */
func3( );
func4( );
func3( )
{ ……
  x=y+10;
}
func4( )
{  ……
   y=x/100
}
```

在文件 file1.c 中 x，y，c 已经定义为全局变量，在文件 file2.c 中要用到变量 x，y，c 时，仅需要在使用它的模块前面用 extern 说明就可以了。在运行该程序的时候，要将 file1.c 和 file2.c 编译连接成为一个可执行文件运行。

9.1.2　逗号表达式及灵活的 for 循环形式

1. 逗号表达式

逗号运算符(,)其功能是把两个表达式连接起来组成一个表达式，称为逗号表达式。

其一般形式为：

表达式 1,表达式 2

其求值过程是按顺序分别求两个表达式的值，并以表达式 2 的值作为整个逗号表达式的值。

例 9.3　逗号表达式举例。

```
#include<stdio.h>
void main()
{    int a=2, b=4, c=6, x, y;
     y= ((x=a+b), (b+c));
     printf(" y=%d,   x=%d \n", y, x);
}
```

程序运行结果：

```
y=10,   x=6
```

本例中，y 等于整个逗号表达式的值，也就是表达式 2 的值，x 是第一个表达式的值。对于逗号表达式还要说明几点。

① 逗号表达式一般形式中的表达式1和表达式2也可以又是逗号表达式。

例如:

表达式1,(表达式2,表达式3)

形成了嵌套情形。也可以把逗号表达式扩展为以下形式:

表达式1,表达式2,…表达式n

整个逗号表达式的值等于表达式n的值。

② 程序中使用逗号表达式,通常是要按顺序分别求逗号表达式内各表达式的值,并不一定要求整个逗号表达式的值。

③ 在所有C运算符中,逗号运算符是优先级最低的一个。请读者思考,如果程序例9.3中第4行改为y=(x=a+b),(b+c);对运行结果有什么影响?

注意:并不是在所有出现逗号的地方都组成逗号表达式,如在变量说明中,函数参数表中逗号只是用作各变量之间的间隔符。

2. 灵活的for循环形式

for语句的一般表述形式为:

for(循环变量赋初值;循环条件;循环变量增量) 语句;

for循环中的"表达式1(循环变量赋初值)"、"表达式2(循环条件)"和"表达式3(循环变量增量)"都是可以省略,但三个表达式之间";"不能省略。在for循环中如果省略了某个表达式,需要在循环体的内部或者外部做相应的处理。

(1) 如果省略了"表达式1(循环变量赋初值)",表示在循环体内部没有对循环控制变量赋初值。这时要根据程序的需要在循环体外部对循环控制变量赋初值。如下所示:

```
#include<stdio.h>
void main()
{     int count, sum;
      sum=0;
      count =1;
      for(; count <=100; count ++)      sum = sum + count;
      printf("sum=%d\n",sum);
}
```

如果程序中循环的控制变量有多个,并且都要赋初值,这时可以用逗号表达式将多个赋值表达式连接起来作为循环的表达式1。如下所示:

```
#include<stdio.h>
void main()
{   int count, sum;
    for(sum=0,count =1; count <=100; count ++)   sum = sum + count;
    printf("sum=%d\n",sum);
}
```

(2) 省略了"表达式2(循环条件)",则认为其循环条件永远为真。这时一定要在循环内部做相应的处理后在适当的时候使用 break 语句退出循环。

例如：

```
#include<stdio.h>
void main()
{     int count, sum;
      sum=0;
      for(count =1; ;count ++)
      {
              sum = sum + count;
              if(count >=100)   break ;
      }
      printf("sum=%d\n",sum);
}
```

(3) 省略了"表达式 3(循环变量增量)",则不对循环控制变量进行操作,这时要在循环体中加入使控制变量变化的语句。

例如：

```
#include<stdio.h>
void main()
{     int count, sum;
      sum=0;
      for(count =1;count <=100; )
      {
              sum = sum + count;
              count ++;
      }
      printf("sum=%d\n",sum);
}
```

(4) 在有些情况下 for 循环中的三个表达式都省略,但三个表达式之间";"不能省略。在 for 循环中省略了表达式,都需要在循环体的内部或者外部做处理。如前面的程序也可如下书写：

```
#include<stdio.h>
void main()
{     int count, sum;
      sum=0;
      count =1
      for(;;)
      {
```

```
            sum = sum + count;
            if(count >=100)   break ;
            count ++
        }
        printf("sum=%d\n",sum);
}
```

(5) 如果循环中有多个变量需要进行增减,这时可以用逗号表达式将多个表达式连接起来。例如,如下程序的功能是将整型数组中的数据颠倒过来,需要注意在 for 表达式中逗号表达式的用法。

```
#include<stdio.h>
#define Length 20                                      /*定义字符常量*/
void main()
{       int array[Length],front,rear,count,temp;
        printf("\noriginal sequeue:\n");
        for(count=0;count<Length;count++)
        {       array[count]=count;                    /*对数组赋值*/
                printf("%8d",array[count]);            /*输出数组元素初值*/
        }
        for(front=0,rear=Length-1;rear>front;front++,rear--)
        {                                              /*交换元素*/
                temp=array[front];
                array[front]=array[rear];
                array[rear]=temp;
        }
        printf("\nchanged sequeue:\n");
        for(count=0;count<Length;count++)
            printf("%8d",array[count]);                /*输出交换后数组元素值*/
}
```

(6) for 循环中的表达式 2 一般是关系表达式或者逻辑表达式,但也可以是其他表达式,只要其值非 0,就执行循环体。如以下语句,实现对字符数组赋值:

```
        char ch[255]
        int i;
        for(i=0; (ch[i]=gatchar())!= '\n'; i ++ ) ;
```

该程序的作用是不断从键盘读入字符,存入字符数组中,直到用户输入回车键为止。注意该循环语句的循环体为空语句(;)所有的操作均在循环表达式中完成。

9.1.3　运算符的结合性及其副作用

1. 运算符的结合性

结合性是指运算符在优先级别相同时的结合方向。C语言的编译程序在对表达式求值时，先按运算符的优先级别从高到低执行。当一个运算数两侧运算符的优先级别相同时，按运算符的结合性顺序处理。运算符的结合方向有“自左向右”和“自右向左”两种形式。“自左向右”是指运算数两边的运算符优先级别相同时先执行运算数左边的运算，再执行运算数右边的运算。如计算表达式 a * b/c 时，运算数 b 两侧的乘法运算(*)和除法运算(/)优先级别是相同的，而乘除运算的结合性是“自左向右”的，所以先执行乘法运算 a * b，运算结果然后再和 c 执行除法运算得到结果。“自右向左”则相反。如计算 b－＝i＋＝2 的结果，运算数 i 两边的运算符－＝和＋＝运算级别相同，结合性是“自右向左”的，故编译程序首先计算 i＋＝2 的值，然后结果值参加 b－＝i 运算。如 i 的初始值 0，b 的初值 3，则执行该表达式后 b 的值为 1。各种运算符的优先级别和结合性见附表Ⅱ。

C语言运算符丰富，运算规则多。在实际应用中读者完全可以不管这些优先级和结合性，在编写程序的过程中完全可以通过圆括号来规定自己表达式中优先级和结合性。如在数学写表达式 x|y && k 时，完全可以根据自己程序的真实意图写为 x|(y && k)或者(x|y) && k。其实，书写这样意义明确的代码也是养成良好的编码习惯所提倡的。

2. 特点和副作用

C语言把一些在其他语言只能通过语句实现的功能引入到表达式中，如条件表达式和复合赋值表达式；自增运算符和自减运算符等效与相应的赋值语句，但它们的执行效率却比相应的赋值语句要高，书写也要简便许多。这些是导致C语言书写简练的原因。但这种简练对初学者来说会造成阅读理解与调试困难。例如表达式中包含自增自减运算时很容易出错。如以下的程序：

```
#include<stdio.h>
void main()
{
    int a,i=3;
    a=(i ++)+(i ++)+(i ++);
    printf("a=%d, i=%d",a, i);
}
```

在 Turbo C 2.0 下程序输出结果：

```
a=9, i=6
```

因为 i＋＋ 的执行顺序是先使用 i 的值，然后再对 i 的值进行自加。程序在执行时首先对整个表达式进行扫描，把变量 i 的初始值 3 取出，进行 3 个 i 相加，得到 9 赋给 a，然后再对 i 进行 3 次自加运算，i 的值变为 6。

再如以下的程序：

```
#include<stdio.h>
```

```
void main()
{
    int a,i=3;
    a=( ++i)+( ++ i)+( ++i);
    printf("a=%d, i=%d",a, i);
}
```

在 Turbo C 2.0 下程序输出结果:

a=18, i=6

因为++i的执行顺序是先对i的值进行自加,然后再使用i的值。程序在执行时首先对整个表达式进行扫描,把变量i的初始值3取出,对i进行3次自加运算,i的值变为6,进行3个i相加,得到18赋给a。

然而,同样这段代码,在 Visual C++6.0 下其运行结果为:

a=16, i=6

原因在于,Visual C++6.0 的编译系统将表达式(++i)+(++ i)+(++i)首先解读为(++i)+(++ i),因为双目运算加(+)的结合性是从左向右的。首先对初始值为3的i变量进行两次自加运算,其结果为5,然后执行加法运算结果为10;这样需要计算10+(++i),首先值为5的i变量进行自加运算,其值为6,这样整个表达式的运算结果为16。

C语言将赋值作为表达式,在某些赋值或者效果相当于自增运算和自减运算的表达式中,其计算顺序可以有二义性的解释。由于标准C对计算顺序没有明确的规定,所以在不同的C编译环境下可能有不同的解释。如下的程序:

```
#include<stdio.h>
void main()
{    int i =10;
     printf("%d    %d\n",++i, i);
}
```

在函数参数计算的顺序是从右向左的编译系统(Turbo C 2.0 、Visual C++ 6.0 等)下运行的结果为:

11,10

而函数参数计算的顺序是从左向右的编译系统(Sun SPARC 的 UNIX SYSTEM V)中输出的结果是

11,11

像这样的代码在实际编程过程中极少用到,但是建议读者在对这些语句应用不熟练时尽量少使用。读者在编写和调试了大量的程序以后,可以在自己的程序中尽量使用这些简练的书写方法。

如果读者需要写出可读性好、移植性好的程序,一定要避免这种写法。可以将函数参数中含有赋值的表达式提到函数调用外边,或者用在某些表达式中加圆括号限制其优先级和结合性的方法来防止二义性出现。

9.2　位运算

9.2.1　位段

有些信息在存储时，并不需要占用一个完整的字节，而只需占一个或几个二进制位。例如在存放一个开关量时，只有 0 和 1 两种状态，用一位二进位即可。为了节省存储空间，并使处理简便，C 语言又提供了一种数据结构，称为"位段"或"位域"。

所谓"位域"是把一个字节中的二进位划分为几个不同的区域，并说明每个区域的位数。每个域有一个域名，允许在程序中按域名进行操作。这样就可以把几个不同的对象用一个字节的二进制位域来表示。

1. 位域的定义和位域变量的说明

位域定义与结构定义相仿，其形式为：

```
struct 位域结构名
{   位域列表   };
```

其中位域列表的形式为：

```
类型说明符 位域名:位域长度
```

例如：

```
struct bs
{   unsigned  a:8;
    unsigned  b:2;
    unsigned  c:6;
};
```

定义位域类型的变量也与定义结构体类型的变量相仿

```
struct bs data;
```

或者：

```
struct bs
{  unsigned  a:8;
   unsigned  b:2;
   unsigned  c:6;
} data;
```

data 为 bs 变量，共占两个字节。其中位域 a 占 8 位，位域 b 占 2 位，位域 c 占 6 位。对于位域的定义有以下几点说明。

(1)一个位域必须存储在同一个字节中，不能跨两个字节。如一个字节所剩空间不够存放另一位域时，应从下一单元起存放该位域。也可以有意使某位域从下一单元开始。

例如：

```
struct bs
{   unsigned a:6
```

```
    unsigned  :0              /* 空域 */
    unsigned b:4              /* 从下一单元开始存放 */
    unsigned c:4
}
```

在这个位域定义中，a占第一字节的6位，后2位填0表示不使用，b从第二字节开始，占用4位，c占用4位。

(2) 由于位域不允许跨两个字节，因此位域的长度不能大于一个字节的长度，也就是说不能超过8位二进位。

(3) 位域可以无位域名，这时它只用来作填充或调整位置。无名的位域是不能使用的。例如：

```
struct k
{
    unsigned a:1
    unsigned :2              /* 该2位不能使用 */
    unsigned b:3
    unsigned c:2
};
```

从以上分析可以看出，位域在本质上就是一种结构类型，不过其成员是按二进位分配的。

2. 位域的使用

位域的使用和结构成员的使用相同，其一般形式为：

　　位域变量名.位域名

位域也是可以使用指针；位域允许用各种格式输出。

例9.4　位域输出程序举例。

```
#include<stdio.h>
void main()
{   struct bs
    {
        unsigned a:1;
        unsigned b:7;
    }   bit, *pbit;
    bit.a=1;    bit.b=7;
    printf("%d, %d\n",bit.a,bit.b);
    pbit=&bit;
    pbit->a=0;   pbit->b=66;
    printf("%o, %c\n",pbit->a,pbit->b);
}
```

上例程序中定义了位域结构bs，2个位域为a，b。说明了bs类型的变量bit和指向bs类型的指针变量 pbit。程序分别给每个位域赋值(应注意赋值不能超过该位域的允许范围),以整型量格式输出每个域的内容。然后把位域变量 bit 的地址送给指针变量 pbit。用指针方式给位域重新赋值,用指针方式输出了这个位域的值。

程序的输出结果为

```
1, 7
0, B
```

9.2.2　位运算和位运算符

以前介绍的各种运算都是以字节作为最基本位进行的。但在很多系统程序中常要求在位(bit)一级进行运算或处理。C语言提供了位运算的功能,这使得C语言也能像汇编语言一样用来编写系统程序。C语言提供了六种位运算符:

&	按位与
|	按位或
∧	按位异或
~	取反
<<	左移
>>	右移

1. 按位与运算

按位与运算符"&"是双目运算符。其功能是参与运算的两数各对应的二进位相与。只有对应的两个二进位均为1时,结果位才为1,否则为0。参与运算的数以补码方式出现。

例如:9&5 可写算式如下:

```
   00001001      (9的二进制补码)
 & 00000101      (5的二进制补码)
 ------------------------------
   00000001      (1的二进制补码)
```

可见 9&5=1。

按位与运算通常用来对某些位清0或保留某些位。例如把整型变量 a 的高八位清0,保留低八位,可作 a&255 运算(255 的二进制数为 0000000011111111)。

例 9.5　位与运算程序举例。

```
#include<stdio.h>
void main()
{
    unsigned a=9,b=5,c;
    c=a&b;
    printf(" a=%d\n b=%d\n c=%d\n",a,b,c);
}
```

2. 按位或运算

按位或运算符"|"是双目运算符。其功能是参与运算的两数各对应的二进位相或。只要对应的两个二进位有一个为1时,结果位就为1。参与运算的两个数均以补码出现。

例如:9|5 可写算式如下:

```
        00001001
   |    00000101
-------------------------------
        00001101        (十进制为 13)
```

可见 9|5=13。

例 9.6 位或运算程序举例。

```
#include<stdio.h>
void main()
{
    unsigned a=9,b=5,c;
    c=a|b;
    printf(" a=%d\n b=%d\n c=%d\n",a,b,c);
}
```

3. 按位异或运算

按位异或运算符"∧"是双目运算符。其功能是参与运算的两数各对应的二进位相异或,当两对应的二进位相异时,结果为1;对应的二进制位相同时,结果为0。参与运算数仍以补码出现,例如 9∧5 可写成算式如下:

```
        00001001
   ∧    00000101
-------------------------------
        00001100        (十进制为 12)
```

例 9.7 位异或运算程序举例。

```
#include<stdio.h>
void main()
{
    unsigned a=9;
    a=a^5;
    printf("a=%d\n",a);
}
```

4. 求反运算

求反运算符"~"为单目运算符,具有右结合性。其功能是对参与运算的数的各二进位按位求反。

例如～9的运算为：

～(0000000000001001)结果为:1111111111110110

例9.8 求反运算程序举例。

```
#include<stdio.h>
void main()
{
    unsigned a=9,b;
    b=~a;
    printf(" a=%d\n b=%d\n",a,b);
}
```

5. 左移运算

左移运算符“<<”是双目运算符。其功能是把“<<”左边的运算数的各二进位全部左移若干位，由“<<”右边的数指定移动的位数，高位丢弃，低位补0。

例如：

a<<4

指把a的各二进位向左移动4位。如a=00000011(十进制3)，左移4位后为00110000(十进制48)。

例9.9 左移运算程序举例。

```
#include<stdio.h>
void main()
{
    char a='a',b='b';
    int p,c,d;
    p=a;
    p=(p<<8)|b;
    d=p&0xff;
    c=(p&0xff00)>>8;
    printf("a=%d\nb=%d\nc=%d\nd=%d\n",a,b,c,d);
}
```

6. 右移运算

右移运算符“>>”是双目运算符。其功能是把“>>”左边的运算数的各二进位全部右移若干位，“>>”右边的数指定移动的位数。如设 a=15，则a>>2 表示把000001111右移为00000011(十进制3)。

应该说明的是，对于有符号数，在右移时，符号位将随同移动。当为正数时，最高位补0，而为负数时，符号位为1，最高位是补0或是补1取决于编译系统的规定。Turbo C等很多系统规定为补1。

例9.10 右移运算程序举例。

```
#include<stdio.h>
void main()
{
    unsigned a,b;
    printf("input a number:   ");
    scanf("%d",&a);
    b=a>>5;
    b=b&15;
    printf("a=%d\tb=%d\n",a,b);
}
```

9.3 编译及预处理

预处理是指在编译以前进行的处理。每个C语言编译系统都提供了一组预处理命令。预处理命令都是以"#"开头,在对C的源程序进行编译以前,首先调用预处理程序对源程序中的预处理命令进行处理,然后才对程序进行编译。预处理命令可以出现在源程序的任何地方,作用域是从当前说明的地方开始到文件结束。出了文件就失去作用。常用的预处理命令有文件包含,宏定义和条件编译。

9.3.1 文件包含#include

文件包含是C预处理程序的一个重要功能。文件包含命令行的一般形式为:

```
#include <文件名>
#include "文件名"
```

在前面已多次用此命令包含过库函数的头文件。例如:

```
#include <stdio.h>
#include"math.h"
```

该命令的功能是把指定的文件插入该命令行位置,把指定的文件和当前的源程序文件连成一个源文件。在程序设计中,一个大的程序可以分为多个模块,由多个程序员分别编程。对于一些公用的常量,符号和标准的功能函数,可以写入一个独立的文件中,在各自编写的源程序中用#include"文件名"将这个文件包含进来就可以了。典型的应用是在以前的程序中用#include"stdio.h"和#include"math.h"把标准输入输出函数和数学库函数包含进来。

对文件包含命令还要说明以下几点。

(1) 包含命令中的文件名可以用双引号括起来,也可以用尖括号括起来。例如以下写法都是允许的:

```
#include "stdio.h"
#include < stdio.h >
```

但是这两种形式是有区别的:使用尖括号表示在包含文件目录中去查找(Turbo C在tc\

include 目录下，Visual C++ 在对应安装目录下的 VC98\include 目录下）；使用双引号表示首先在当前的源文件所在的目录中查找，若未找到才到包含目录 include 中去查找。用户编程时可根据自己文件所在的位置来选择某一种命令形式。

（2）一个 include 命令只能指定一个被包含文件，若有多个文件要包含，则需用多个 include 命令。现在举例说明多文件包含的应用。例子中有 3 个文件，minfile.c、maxfile.c 和 mainfile.c。

minfile.c 文件的内容如下所示，在该文件中定义了 min(int a,int b)函数，该函数返回出两个整型参数 a 和 b 中较小的数。

```
/ * minfile.c * /
int min(int a,int b)
{
return a<b? a:b;
}
```

注意：在 minfile.c 文件中没有 main()函数。

maxfile.c 文件的内容如下所示，在该文件中定义了 max(int a,int b)函数，该函数返回出两个整型参数 a 和 b 中较大的数。

```
/ * maxfile.c * /
int max(int a,int b)
{
    return a>b? a:b;
}
```

注意：在 maxfile.c 文件中也没有 main()函数。

mainfile.c 文件的内容如下所示。在该文件中的 main()函数分别调用了 minfile.c 中的 min(int a,int b)函数和 maxfile.c 中的 max(int a,int b)函数。

```
/ * mainfile.c * /
#include<stdio.h>          / * 包含标准输入输出库函数 * /
#include "maxfile.c"       / * 包含 maxfile.c 文件，以便调用 max(int a,int b)函数 * /
#include "minfile.c"       / * 包含 minfile.c 文件，以便调用 min(int a,int b)函数 * /
void main()
{
  int a=18,b=9,c,d;
  c=max(a,b);              / * 调用 maxfile.c 文件中的 max(int a,int b)函数 * /
  d=min(a,b);              / * 调用 minfile.c 文件中的 min(int a,int b)函数 * /
  printf("max=%d,min=%d\n",c,d);
}
```

注意：在调试这个程序时一定要把 maxfile.c 和 minfile.c 存放到 mainfile.c 所在的目录下面。如果三个文件不在同一个目录下面，需要在 mainfile.c 中用#include 包含文件时在文件名前加上该文件所在的路径。另外需要注意的问题是在三个文件中一定要有main()函数,并且只能有一个main()函数。

(3) 文件包含允许嵌套,即在一个被包含的文件中又可以包含另一个文件。现在举例说明嵌套文件包含的应用。例子中有3个文件,file1.c、file2.c和main.c。

file1.c文件的内容如下所示,在该文件中定义了int maxfactor(int a,int b)函数,该函数返回出两个整型参数a和b的最大公约数。

```
/*file1.c*/
#include<stdio.h>
int maxfactor(int a,int b)
{    int temp;
     if(a<b)
     { temp=a;    a=b;    b=temp; }
     do
     {    temp=a%b;
          a=b;
          b=temp;
     }while(temp! =0);
     return a;
}
```

注意:在file1.c文件中没有main()函数。

file2.c文件的内容如下所示,在该文件中定义了int minmultiple(int a,int b)函数,该函数返回出两个整型参数a和b的最小公倍数。在求最小公倍数时用到了file1.c中的函数int maxfactor(int a,int b),故在文件file2.c中包含了文件file1.c。

```
/* file2.c*/
#include"file1.c"                                /* 包含文件file1.c */
int minmultiple(int a,int b)
{
     return a*b/maxfactor(a,b);                  /* 调用file1.c中maxfactor(a,b)函数 */
}
```

注意:在file2.c文件中也没有main()函数。

main.c文件的内容如下所示。在该文件中的main()函数分别调用了file1.c中的maxfactor(int a,int b)函数和file2.c中的minmultiple(int a,int b)函数。因为file2.c中已经包含了file1.c,所以在main.c中只包含file2.c。

```
/*main.c*/
#include"file2.c"                                      /* 包含file2.c文件 */
main()
{ int x,y;
```

```
    printf("input 2 numbers: ");
    scanf("%d%d",&x,&y);
    printf("minmutiple= %d \n",minmultiple(x,y));   /* 调用 file2.c 的 minmultiple
                                                        (int a,int b) */
    printf("maxfactor = %d \n",maxfactor(x,y));   /* 调用 file1.c 的 maxfactor(int a,
                                                        int b) */
}
```

注意:在调试这个程序时一定要把 file1. c 和 file2. c 存放到 main. c 所在的目录下面。如果三个文件不在同一个目录下面,并将该目录设置成当前目录。

9.3.2 宏定义#define

C 语言源程序中允许用一个标识符来表示一个字符串,称为"宏"。以前用#define 定义符号常量就是简单的宏定义。C 语言中,"宏"分为有参数和无参数两种。

1. 无参宏定义

无参宏的宏名后不带参数。其定义的一般形式为:

#define 标识符 字符串

"标识符"为所定义的宏名。"字符串"可以是常数、表达式、格式串等。如前面介绍过的符号常量的定义:

#define PI 3.1415926

就是一种无参宏定义,其中 PI 为宏名。对程序中反复使用的表达式或者常量可以进行宏定义。但在作宏定义时必须十分注意。应保证在宏代换之后不发生错误。

对于宏定义还要说明以下几点。

(1) 宏定义是用宏名来表示一个字符串,在宏展开时又以该字符串取代宏名,这只是一种简单的代换,字符串中可以含任何字符,可以是常数,也可以是表达式,预处理程序对它不作任何检查。如有错误,只能在宏展开后编译源程序时发现。

(2) 宏定义不是说明或语句,在行末不必加分号,如加上分号则连分号也一起置换。

(3) 宏定义必须写在函数之外,其作用域为宏定义命令起到源程序结束。如要终止其作用域可使用 # undef 命令,例如:

```
# define PI 3.14159                /*定义宏*/
void main()
{
    …
}
# undef PI                        /*结束宏 PI 的作用域*/
f1()
{
}
```

表示PI只在main函数中有效，在f1中无效。

(4) 宏名在源程序中若用引号括起来，则预处理程序不对其作宏代换。

```
#define OK 100
void main()
{
  printf("OK");
  printf("%d",OK);
}
```

上例中定义宏名OK表示100，但在printf语句中OK被引号括起来，因此不作宏代换。只把“OK”当作普通字符串处理。

(5) 宏定义允许嵌套，在宏定义的字符串中可以使用已经定义的宏名。在宏展开时由预处理程序层层代换。例如：

```
#define PI 3.1415926
#define S PI*r*r                    /* PI是已定义的宏名 */
```

对语句：

```
printf("%f",s);
```

在宏代换后变为：

```
printf("%f",3.1415926*r*r);
```

习惯上宏名用大写字母表示，以便于与变量区别。但也允许用小写字母。

```
#define P printf
#define D "%d\n"
#define F "%f\n"
void main()
{
    int a=5, c=8, e=11;
    float b=3.8, d=9.7, f=21.08;
    P(D F,a,b);
    P(D F,c,d);
    P(D F,e,f);
}
```

2. 带参宏定义

C语言允许宏带有参数。在宏定义中的参数称为形式参数，在宏调用中的参数称为实际参数。对带参数的宏，在调用中，不仅要宏展开，而且要用实参去代换形参。

带参宏定义的一般形式为：

　　#define　宏名(形参表)　字符串

带参宏调用的一般形式为：

　　宏名(实参表)；

例如：

```
#define AREA(r) 3.1416 * r * r          /* 宏定义 */
...
k = AREA(5);                            /* 宏调用 */
...
```

在宏调用时，用实参 5 去代替形参 r，经预处理宏展开后的语句为：

```
k=3.1416 * 5 * 5;
```

对于带参的宏定义有以下问题需要说明。

(1) 在带参宏定义中，形式参数不分配内存单元，不做类型定义。宏调用时的实参代换形参，不做类型检查。这是与函数中的情况不同的。在函数中形参和实参是两个不同的量，各有自己的作用域，调用时要把实参值赋予形参，并且有严格的数据类型的限制。利用宏不做数据类型检查的特性，可以用宏来实现某些函数无法实现的功能，在调用宏时避开数据类型的限制。如下所示。

例 9.11　带参宏程序举例(一)。

```
#define MAX(a,b) (a>b)? a:b
void main()
{
    int x,y,iMax;
    float a,b,fMax;
    printf("input two integer numbers:    ");
    scanf("%d %d",&x,&y);
    printf("input two float numbers:    ");
    scanf("%f %f",&a,&b);
    iMax=MAX(x,y);              /* 传入的整数参数 */
    fMax=MAX(a,b);              /* 传入的实数参数 */
    printf("iMax=%d\n fMax=%f\n ",iMmax,fMax);
}
```

上例程序的第一行进行带参宏定义，用宏名 MAX 表示条件表达式(a>b)? a:b，形参 a，b 均出现在条件表达式中。语句

```
max=MAX(x,y);
```

为宏调用，实参 x，y，将代换形参 a，b。宏展开后该语句为：

```
max=(x>y)? x:y;
```

用于计算 x，y 中的大数。

程序中传入宏的参数无论是实数还是整数都能够求得需要的结果，如果用函数来实现需要编写两个不同的函数来实现实数参数和整数参数的最大值。

(2) 带参宏定义中，宏名和形参表之间不能有空格出现。例如把：

```
#define MAX(a,b) (a>b)? a:b
```

写为：

```
#define MAX  (a,b)  (a>b)? a:b
```

将被认为是无参宏定义，宏名 MAX 代表字符串 (a,b) (a>b)? a:b 。

宏展开时，宏调用语句：

```
max=MAX(x,y);
```

将变为：

```
max=(a,b)  (a>b)? a:b(x,y);
```

这显然是错误的，而且此类错误是极其难调试的。

(3) 在宏定义中的形参是标识符，而宏调用中的实参可以是表达式。在宏调用中的实参是表达式时，可能引起意想不到的错误。

如定义宏：

```
#define AREA(r) 3.1416*r*r
```

在宏调用时按如下方式调用：

```
k= AREA(3+5);
```

则宏展开后形式为

```
k= 3.1416*3+5*3+5;
```

计算结果和本来意图相差很远。所以在宏定义中，建议字符串内的形参和整个字符串都用括号括起来以避免出错。如上述宏可以写成：#define AREA(r) (3.1416*(r)* (r))。

例 9.12 带参宏程序举例(二)。

```
#include<stdio.h>
#define  AREA(r)  (3.1416*(r)* (r))
void main()
{
    float  a, b, area;
    printf("input a number :     ");
    scanf("%f %f ",&a,&b);
    k= AREA(a+b);
    printf("area=%f\n",area);
}
```

这样定义带参数宏后，实参是数据表达式都不会出错。

9.3.3 条件编译

预处理程序提供了条件编译的功能。可以按不同的条件去编译不同的程序部分，因而产生不同的目标代码文件。这对于程序的移植和调试是很有用的。

条件编译有三种用法。

1. #ifdef / #else / #endif

用法如下所示：

```
#ifdef 标识符
    程序段 1
#else
    程序段 2
#endif
```

它的功能是，如果标识符已被 #define 命令定义过则对程序段 1 进行编译；否则对程序段 2 进行编译。如果没有程序段 2(它为空)，本格式中的 #else 可以没有，即可以写为：

```
#ifdef 标识符
    程序段
#endif
```

比较以下程序：

```
/* file1.c */
#include<stdio.h>
#define NUM ok
void main()
{
  #ifdef NUM
  printf("NUM is defined! \n");
  #else
  printf("NUM is not defined! \n ",);
  #endif
  printf("complete! \n");
}
```

```
/* file2.c */
#include<stdio.h>
void main()
{
  #ifdef NUM
  printf("NUM is defined! \n");
  #else
  printf("NUM is not defined! \n ",);
  #endif
  printf("complete! \n");
}
```

程序 file1.c 中定义 NUM 表示字符串 ok，其实也可以为任何字符串，甚至不给出任何字符串，写为：

```
#define NUM
```

也具有同样的意义。

2. #ifndef / #else / #endif

用法如下所示：

```
#ifndef 标识符
        程序段 1
#else
        程序段 2
#endif
```

它的功能是，如果标识符未被 #define 命令定义过则对程序段 1 进行编译，否则对程序段 2 进行编译。

3. ＃if / ＃else / ＃endif

用法如下所示：

```
#if 常量表达式
        程序段1
#else
        程序段2
#endif
```

它的功能是,如常量表达式的值为真(非0),则对程序段1进行编译,否则对程序段2进行编译。因此可以使程序在不同条件下,完成不同的功能。比较以下两段程序：

```
/* file3.c */
#define R 1
void main()
{
    #if R
    printf("R is true! \n");
    #else
    printf("R  is false! \n");
    #endif
}
```

```
/* file4.c */
#define R 0
void main()
{
    #if R
    printf("R is true! \n");
    #else
    printf("R  is false! \n");
    #endif
}
```

上面介绍的条件编译当然也可以用条件语句来实现。但是用条件语句将会对整个源程序进行编译,生成的目标代码程序很长,而采用条件编译,则根据条件只编译其中的某一段程序,生成的目标程序较短。

第 10 章　集成开发环境介绍

本章介绍两种常用的 C 语言上机环境，Visual C＋＋ 6.0 和 Turbo C 2.0，并说明这两种编译环境下 C 程序的调试过程。Visual C＋＋ 6.0 的特点是兼容面向对象程序设计，使用该环境有利于读者从 C 语言向 C＋＋过渡；而 Turbo C 2.0 短小精悍，运行要求低，支持标准 ANSI C，也是一个不错的选择。

10.1　Visual C＋＋开发环境简介

10.1.1　Visual C＋＋集成开发环境简介

1. 介绍

Visual C＋＋6.0 是 Microsoft 公司出品的基于 Windows 的 C＋＋开发工具，它是 Microsoft Visual Studio 套装软件的一个有机组成部分，在以前版本的基础上又增加了或增强了许多特性。Visual C＋＋ 6.0 包含了许多单独的组件，主要包括编辑器、编译器、链接器、生成实用程序、调试器、以及各种为开发 Microsoft Windows 下的 C/C＋＋程序而设计的工具。Visual Stutio 把所有的 Visual C＋＋工具结合在一起，集成一个由窗口、对话框、菜单、工具栏、快捷键及宏组成的系统，通过该集成开发环境可以观察和控制整个开发进程。Visual C＋＋ 6.0集成开发环境如图 10.1 所示。

2. 窗口组成

工作区窗口主要将项目或者工作区的文件按照一定的规则组织起来显示给用户。该窗口有 ClassView、ResourceView、FileView 三个标签页。ClassView 标签页中显示当前项目中所有的类，结构体，公用体，全局变量，全局函数等。ResourceView 中显示当前项目中使用的资源，包括菜单，对话框，工具栏，鼠标光标，图标，字符串等。FileView 中主要包括项目中的所有源文件列表。

编辑区主要用来显示当前正在编辑的文件，在工作区窗口的 ClassView 标签页中双击某个类、函数，或者 FileView 标签页双击某个文件，都可以在编辑区打开相应的文件。如果在 ResourceView 标签页中双击某个资源，则会在编辑区使打开该资源文件方便用户编辑。

输出窗口是程序的项目或者文件编译、链接、程序调试、在源文件中查找时输出提示信息，在该窗口没有显示时可以用 View 菜单中的 Output 菜单打开，或者使用快捷键 Alt＋2 也可以打开输出窗口。

调用堆栈显示窗口用于在调试程序过程中显示函数调用过程的堆栈。在调试状态下，View 菜单的 Debug Window 菜单组中单击 Call Stack 菜单项，可以打开函数调用堆栈窗口。

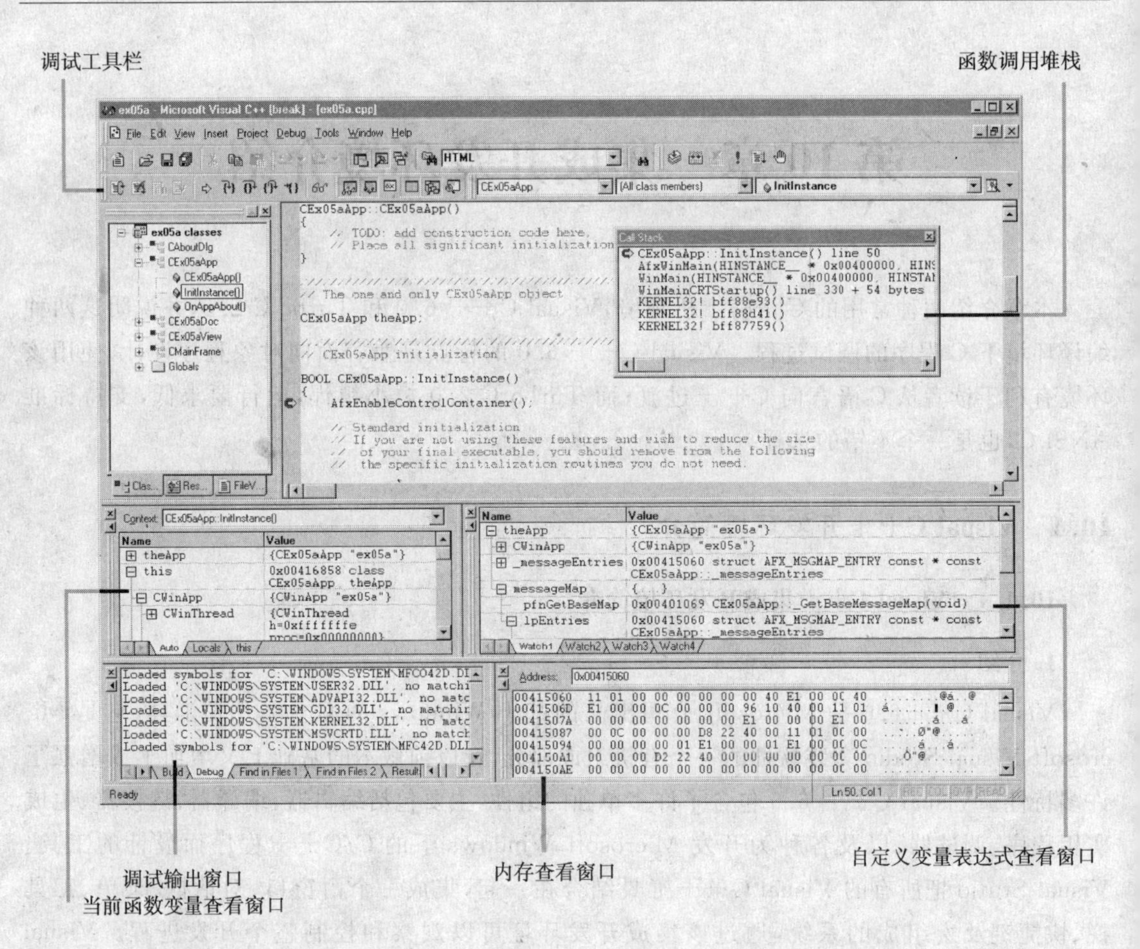

图10.1　Visual C++ 6.0集成开发环境

在调试状态下使用快捷键Alt+7也可以打开函数调用堆栈窗口。

当前变量显示窗口用于显示在当前函数中局部变量的值；在调试状态下，View菜单的Debug Window菜单组中单击Variables菜单项，可以打开当前变量显示窗口；在调试状态下使用快捷键Alt+6也可以打开当前变量显示窗口。

内存显示窗口显示当前应用程序中的内存状态；在调试状态下，View菜单的Debug Window菜单组中单击Memory菜单项，可以打开内存显示窗口；在调试状态下使用快捷键Alt+4也可以打开内存显示窗口。

表达式显示窗口用于显示用户需要查看的变量的值和表达式的值；在调试状态下，View菜单的Debug Window菜单组中单击Watch菜单项，可以打开表达式显示窗口；在调试状态下使用快捷键Alt+3也可以打开表达式显示窗口。

寄存器显示窗口用于显示寄存器中的值及其变化；在调试状态下，在View菜单的Debug Window菜单组中单击Registers菜单项，可以打开寄存器显示窗口；在调试状态下使用快捷键Alt+5也可以打开寄存器显示窗口。

反汇编代码显示窗口用于显示用户编写的代码生成汇编代码的情况。在调试状态下，View菜单的Debug Window菜单组中单击Disassembly菜单项，可以打开反汇编代码显示窗口;在调试状态下使用快捷键 Alt+8 也可以打开反汇编代码显示窗口。

一个程序从编写到运行出结果要经过编辑、预处理、编译、连接、加载和执行六个阶段。在 Visual C++集成开发环境中可以完成以上所有功能。

Visual C++ 6.0 提供多种应用程序的向导,以下分别以 Win32 控制台应用程序向导和 Win32 窗口应用程序向导为例子,说明 Visual C++ 6.0 集成开发环境的使用。

10.1.2 新建和输入源程序

1. CUI 应用程序

以下就一个简单 Win32 控制台应用程序在 Visual C++集成开发环境上编辑和编译的过程来说明 Visual C++集成开发环境的使用方法。该控制台应用程序的功能是在屏幕上输出一行字符串"hello,world!"。

启动 Visual C++ 6.0 集成开发环境,单击 File 菜单,在下拉菜单中选择 New 菜单项,打开 New 对话框,在 New 对话框中选择 Project 标签页,在列表中选择 Win32 Console Application。在对话框的右侧 Project Name 输入框中输入项目名称,在 Location 框中选择该项目的保存目录。其他选项保持默认设置不做修改。新建项目对话框如图 10.2 所示。

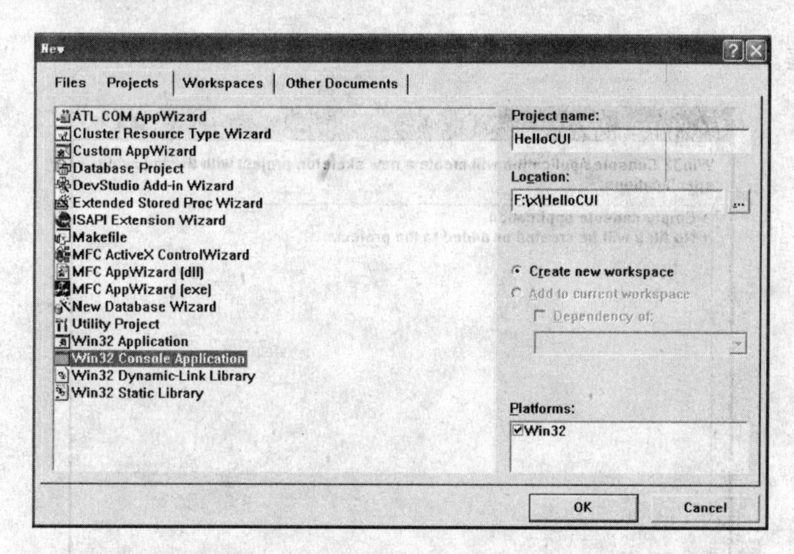

图 10.2 新建项目对话框

单击 OK 按钮,进入 Win32 控制台应用程序的设置对话框。在 Win32 控制台应用程序设置对话框中有四个可选设置,"An empty project"表示建立一个空的应用程序项目;"An simple application"表示建立一个简单的应用程序向导;"A 'Hello,world!' application"表示建立一个在屏幕上显示"Hello World"应用程序向导;"An application that support MFC"表示建立一个支持 MFC 的应用程序。在此选择"An empty application"选项。单击"Finish"按钮,关闭向导对话框,完成项目的建立。Win32 控制台应用程序的设置对话框如图 10.3 所示。

项目建立完成以后,集成开发环境显示如图 10.4 所示的对话框,报告项目建立情况。在该对话框中显示建立一个空的控制台应用程序,在项目中没有添加任何文件。单击"OK"按钮

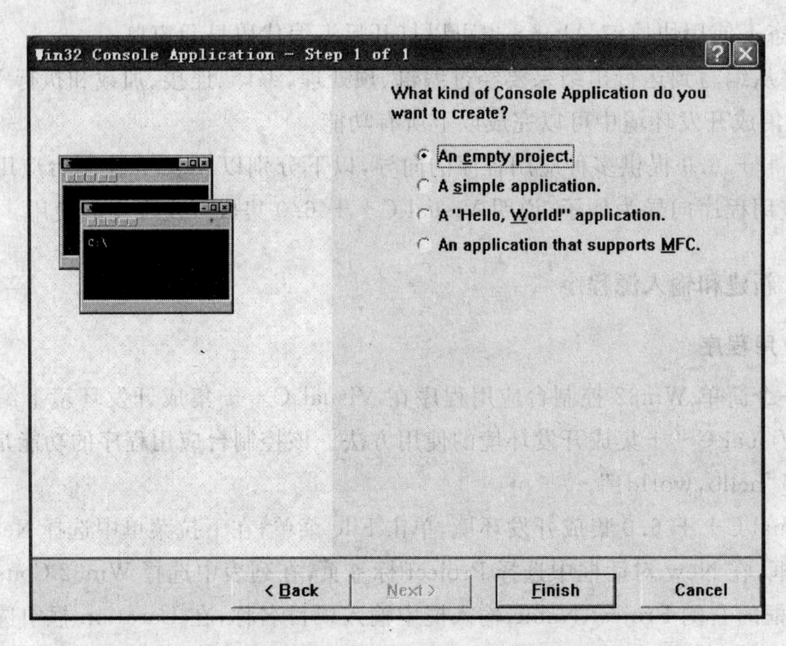

图 10.3 Win32 控制台应用程序的设置对话框

关闭该对话框。

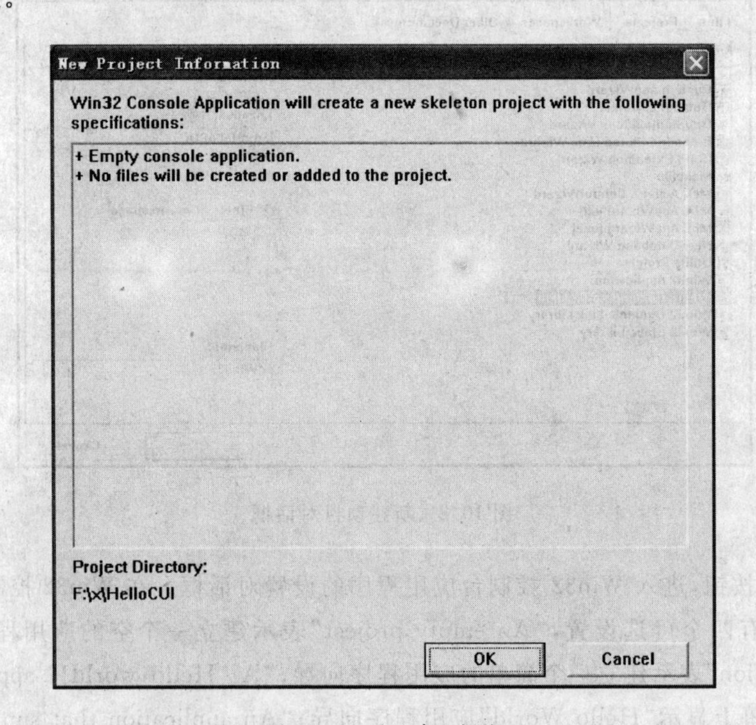

图 10.4 项目建立报告

在工作区窗口中显示的是当前创建的项目,项目中没有任何文件,在 ClassView 标签页和 FileView 标签页中没有显示任何内容。

在 ClassView 标签页中选中当前创建的项目。单击 File 菜单中的 New 菜单项,显示

New 对话框，在框中选择 Files 标签页，在列表中选择“C＋＋ Source File”选项，在对话框的右侧的 File 输入框中输入文件“hello. c”。在该对话框中显示当前项目的名称，存盘文件所在的目录等信息。单击“OK”按钮关闭该对话框。新建文件对话框如图 10.5 所示。

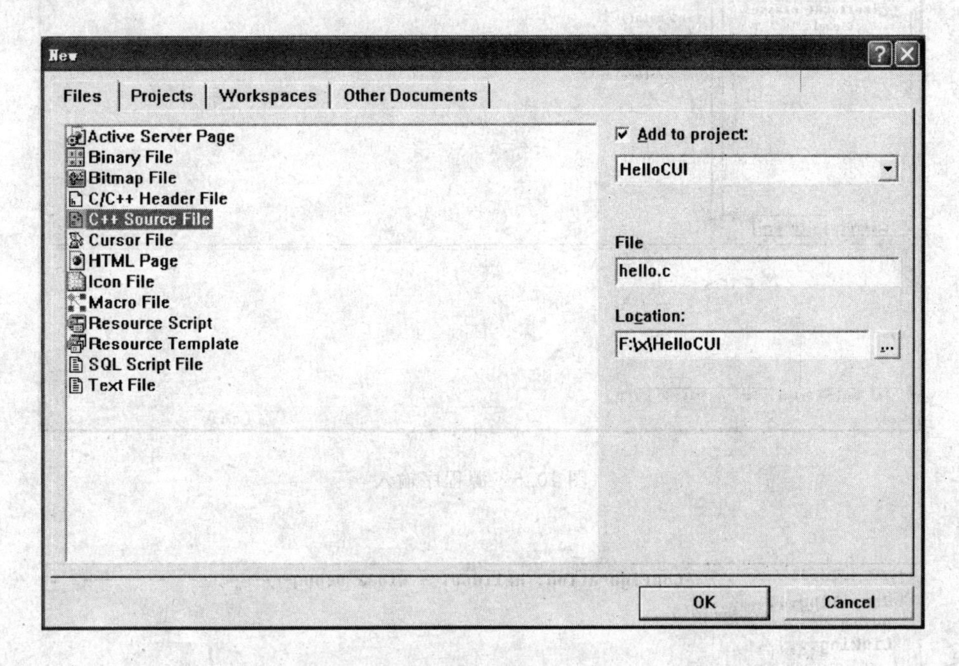

图 10.5　新建文件对话框

关闭新建对话框后在编辑区自动打开新建的文件 hello. c，用户可以在编辑区打开的文件中输入源程序。在文件中输入如下程序。

```
#include<stdio.h>
int main()
{
    printf("\nhello,CUI! \n")
    return 0;
}
```

源程序输入完成以后(如图 10.6 所示)，首先单击 File 菜单的 Save 菜单项的保存文件或者按 Ctrl＋S 按键保存文件。

然后单击 Build 菜单中的 Build 菜单项，或者在工具栏上单击 Build 按钮()，或者按 F7 按键，可以实现对输入源程序的编译和链接。

在编译过程中输出窗口的 Build 标签页上显示编译信息，新建立的程序输出窗口的 Build 标签页的输出信息如图 10.7 所示。

Build 标签页中显示当前编译项目的 debug 配置，编译的源文件是 hello. c，编译生成 HelloCUI. exe 文件，“0 error(s)，0 warning(s)”表示当前程序在编译过程中没有产生错误和警告。如果程序编写有误，则在编译过程中会提示编译出现的错误和警告。编译中的错误表示在源程序中存在的问题不能使程序编译通过，需要改正该问题。编译中的警告表示程序中可

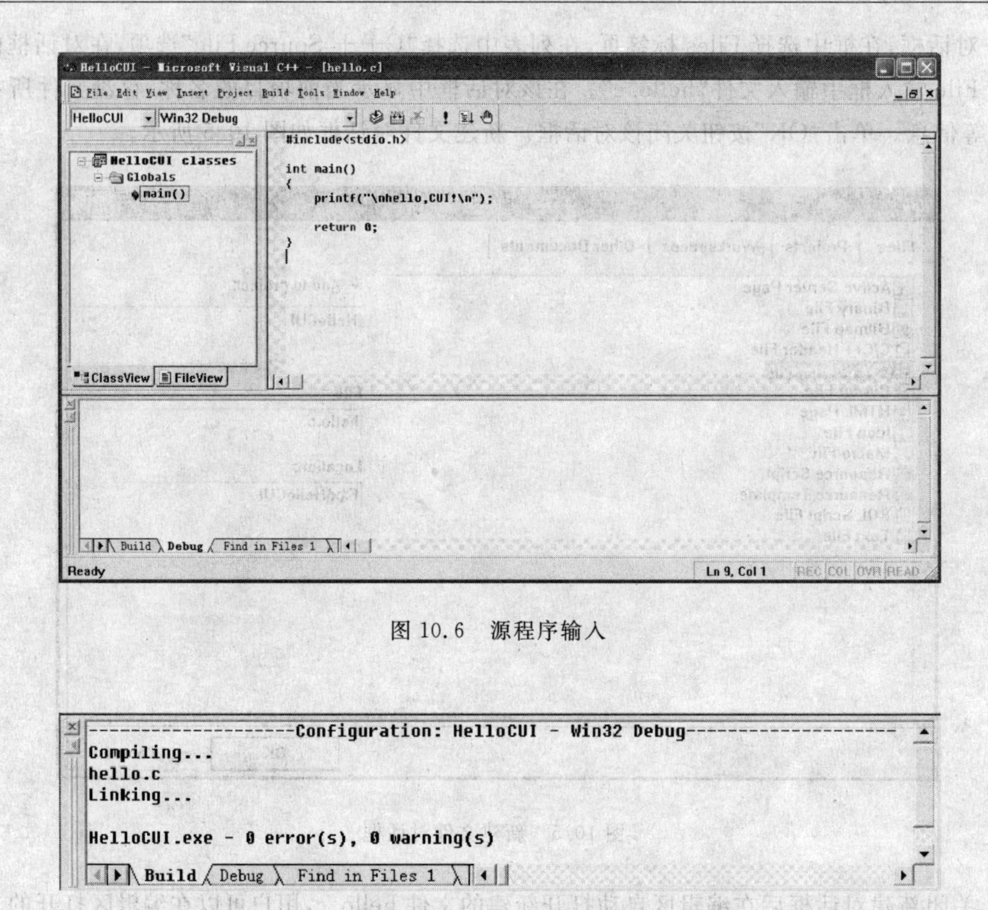

图 10.6　源程序输入

图 10.7　显示编译信息

能存在潜在的问题，该问题不影响程序的编译，警告是编译器在编译过程中一个善意的提示，用户如确定该警告没有问题或者错误的情况下可以忽略该警告。

如果在输入的源程序中有错误或者警告，在错误或者警告之后会提示错误在源文件中出现的位置以及错误出现的原因。用户可以根据编译器提示的错误出现的位置和原因修改源程序，消除该错误。

编译完成，没有提示错误和警告，可以执行当前程序。单击 Build 菜单项的 Execute 菜单项可以执行当前程序生成的可执行文件，或者在 Build 工具栏上单击执行按钮(!)可以执行当前程序生成的可执行文件，或者按 Ctrl+F5 也可以执行当前程序生成的可执行文件。执行结果如图 10.8 所示。

在创建项目窗口中的 Location 框中显示的是创建项目时当前项目保存的路径，在该路径中保存了该项目的所有文件。在这些文件中，Hello.c 文件是用户创建并输入的源程序，其他文件是由集成开发环境生成的项目文件。在该目录中还生成一个 Debug 目录，该目录是集成开发环境针对 Debug 编译配置生成的输出目录，在 Debug 目录中，扩展名是.exe 的文件就是集成开发环境生成的当前项目的可执行文件。用户可以以命令行方式输入该文件的路径名执行该程序。执行效果如图 10.9 所示。

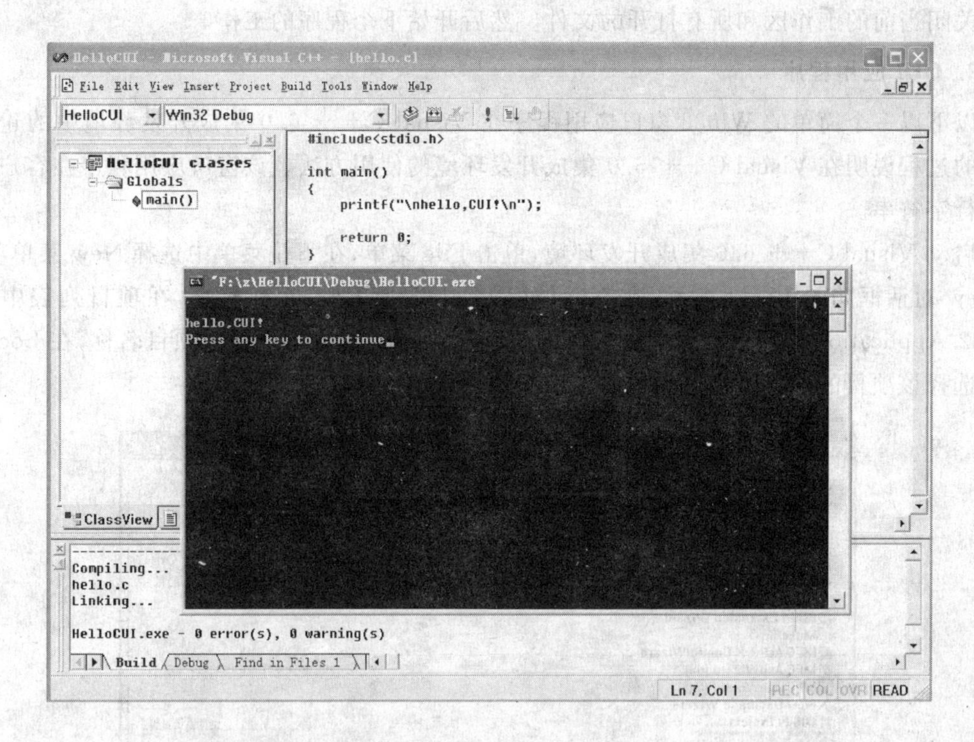

图 10.8　执行结果

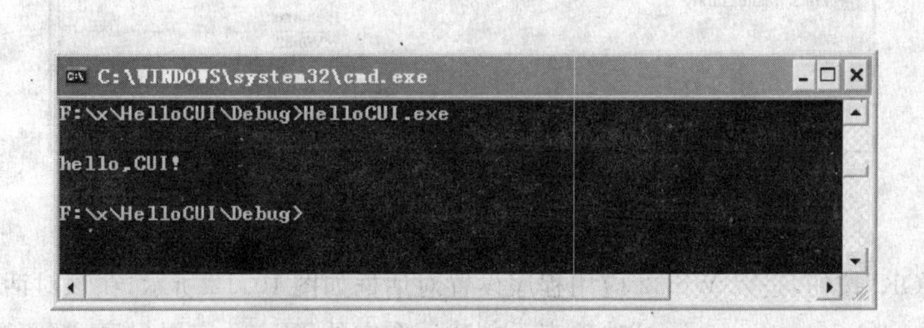

图 10.9　以命令行方式执行该程序

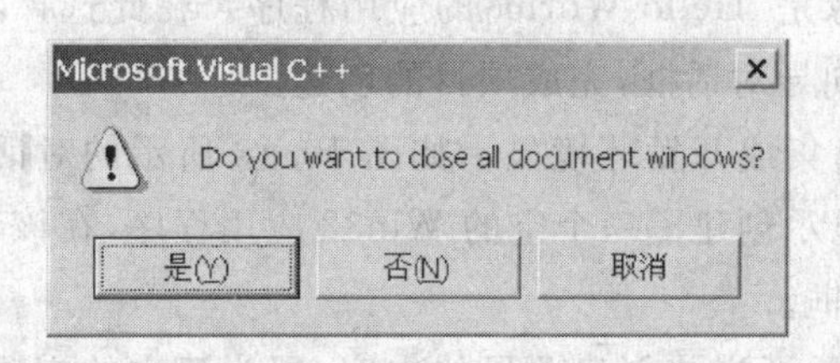

图 10.10　关闭当前的工作区

在程序正确编译通过并且运行结果正确以后，就要关闭当前的工作区，以便进行下一个程序的输入和编译。关闭当前工作区以后连同当前编译的文件一起关闭。关闭当前工作区的方法是点击“File”菜单中的“Close WorkSpace”命令。点击“File”菜单中的“Close WorkSpace”命令后会弹出如图 10.10 所示的对话框，询问用户是否要关闭所有的文件窗口，点击“是(Y)”

即可关闭当前的工作区和所有打开的文件。然后开始下个程序的工作。

2. GUI应用程序

以下以一个简单的Win32窗口应用程序在Visual C++ 6.0集成开发环境中的建立和编译的过程说明在Visual C++ 6.0集成开发环境的使用方法。该窗口应用程序在客户区显示一行字符串。

启动Visual C++ 6.0集成开发环境,单击File菜单,在下拉菜单中选择New菜单项,打开New对话框如图10.11所示,在New对话框中选择Project标签页,在项目列表中选择Win32 Application选项。在对话框右侧的Project Name输入框中输入项目名称,在Location框中选择该项目的保存路径。其他的选项保持默认值不作修改。

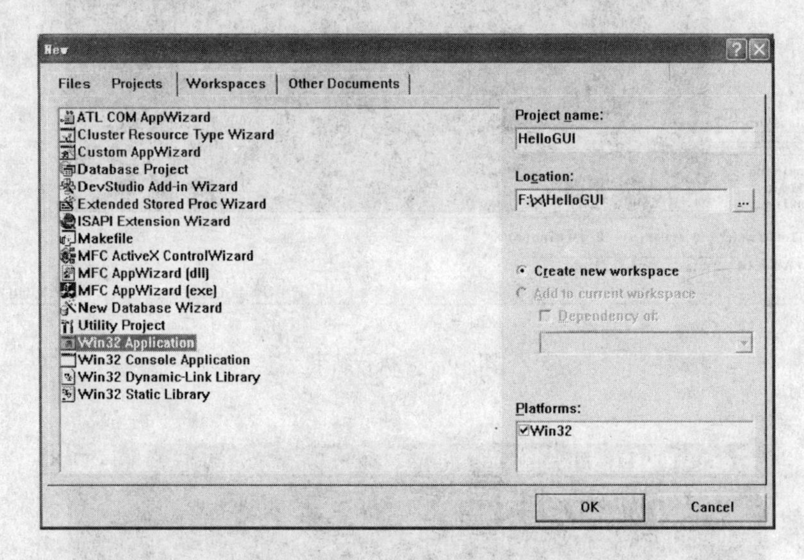

图10.11　新建项目对话框

单击"OK"按钮,进入Win32应用程序设置对话框如图10.12所示,在该对话框中提供三个设置选项。"An empty project"选项表示创建一个空的Win32应用程序;"A simple Win32 application"选项表示创建一个简单的Win32应用程序;"A typical 'Hello World' application"选项表示创建一个像是"Hello World"的应用程序。在此选择"An empty project"选项。单击"Finish"按钮,关闭向导对话框,完成项目的创建。

项目创建完成以后,集成开发环境显示如图10.13所示的对话框,向用户报告项目的建立信息。在该对话框中显示创建了一个空的Win32应用程序,在该项目中没有创建文件。单击"OK"按钮关闭该对话框。

在工作区窗口中显示了当前创建项目的内容,因为建立的空项目,在工作区窗口只显示了项目的名称,在ClassView标签页和FileView标签页中显示的内容只有项目的名称,在名称下没有任何内容。

在工作区窗口的ClassView标签页中选中当前创建的项目名称,单击File菜单中New菜单项,显示New对话框。在New对话框中选择Files标签页,在列表中选择C++ Source File选项。在对话框的右侧File输入框中输入文件名。在Location输入框中显示了当前文

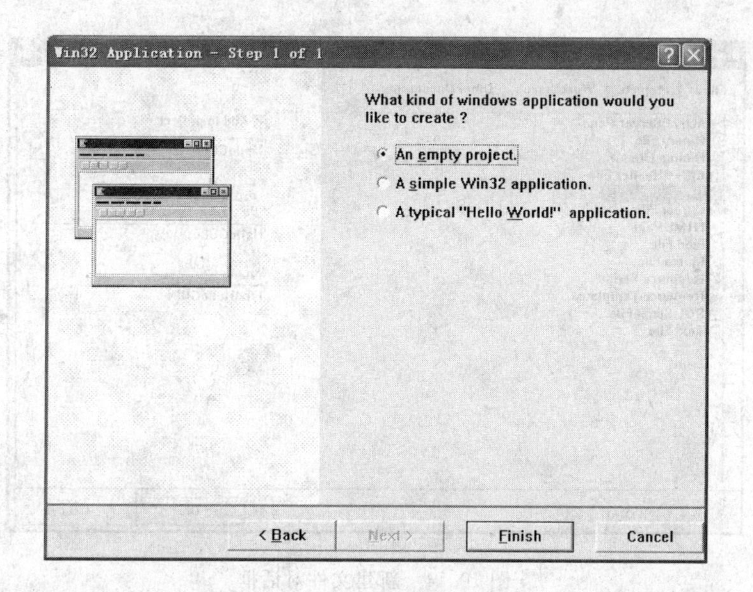

图 10.12　项目设置对话框

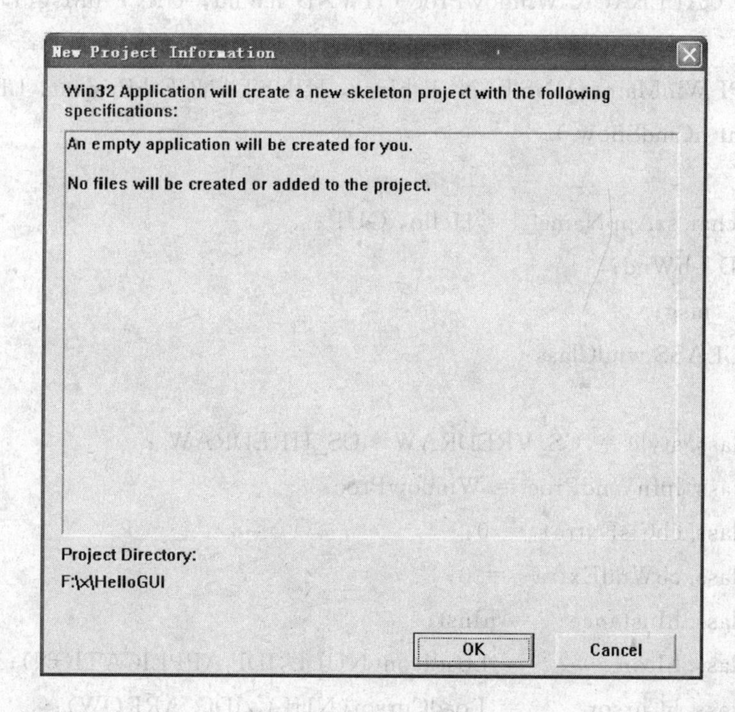

图 10.13　项目建立报告

件的存储位置。新建文件对话框如图 10.14 所示。该对话框中其他选项不做修改，单击“OK”按钮关闭该对话框。

在工作区窗口的右侧编辑区已经打开了新创建的文件，用户可以在此输入文件。在新建的文件中输入如下程序：

＃include＜windows. h＞

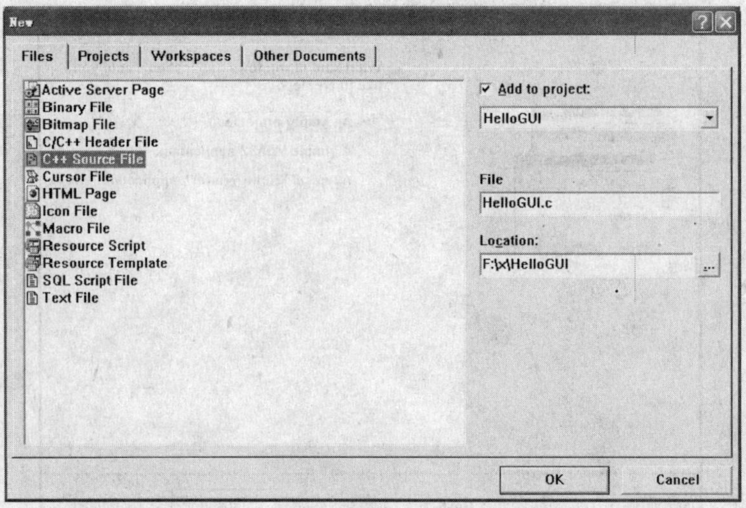

图 10.14　新建文件对话框

```
LRESULT CALLBACK WindowProc (HWND hWnd, UINT uMsgId, WPARAM
                                        wParam, LPARAM  lParam);
int WINAPI WinMain(HINSTANCE hInst, HINSTANCE hPreInst, LPSTR pszCmd-
    Line, int nCmdShow )
{
    static char szAppName[]="Hello, GUI";
    HWND  hWnd;
    MSG   msg;
    WNDCLASS wndClass;

    wndClass.style = CS_VREDRAW | CS_HREDRAW ;
    wndClass.lpfnWndProc = WindowProc;
    wndClass.cbClsExtra   = 0;
    wndClass.cbWndExtra   = 0;
    wndClass.hInstance    = hInst;
    wndClass.hIcon        = LoadIcon(NULL,IDI_APPLICATION);
    wndClass.hCursor      = LoadCursor(NULL,IDC_ARROW);
    wndClass.hbrBackground = (HBRUSH)GetStockObject(WHITE_BRUSH);
    wndClass.lpszMenuName  = NULL;
    wndClass.lpszClassName = szAppName;

    if(0==RegisterClass(&wndClass))
      return 0;
```

```
    hWnd = CreateWindow(szAppName, szAppName, WS_OVERLAPPEDWIN-
                DOW, CW_USEDEFAULT, CW_USEDEFAULT, CW_USEDE-
                FAULT, CW_USEDEFAULT, NULL, NULL, hInst, NULL);
    if(0 == hWnd)   return 0;

    ShowWindow(hWnd,nCmdShow);
    UpdateWindow(hWnd);

    while(GetMessage(&msg,NULL,0,0))
    {
        TranslateMessage(&msg);
        DispatchMessage(&msg);
    }
    return msg.wParam ;
}
LRESULT CALLBACK WindowProc (HWND hWnd, UINT uMsgId, WPARAM
                                    wParam, LPARAM  lParam)
{
    HDC hDC;
    PAINTSTRUCT paintStruct;
    switch(uMsgId)
    {
    case WM_PAINT:
        hDC = BeginPaint(hWnd,&paintStruct);
        TextOut(hDC,100,100,"Hello, GUI",strlen("Hello, GUI"));
        EndPaint(hWnd,&paintStruct);
        return 0;
    case WM_DESTROY:
        PostQuitMessage(0);
        return 0;
    case WM_CLOSE:
        DestroyWindow(hWnd);
        break;
    default :
        return DefWindowProc(hWnd,uMsgId,wParam,lParam);
    }
```

```
    return 0 ;
}
```

源程序输入完成以后，首先单击 File 菜单的 Save 菜单项的保存文件或者按 Ctrl+S 按键保存文件。单击 Build 菜单中的 Build 菜单项，或者在工具栏上单击 Build 按钮(　)，或者按 F7 按键，可以实现对输入源程序的编译和链接。在编译过程中输出窗口的 Build 标签页上显示编译信息。项目的工作区、编辑区、输出区的显示如图 10.15 所示。

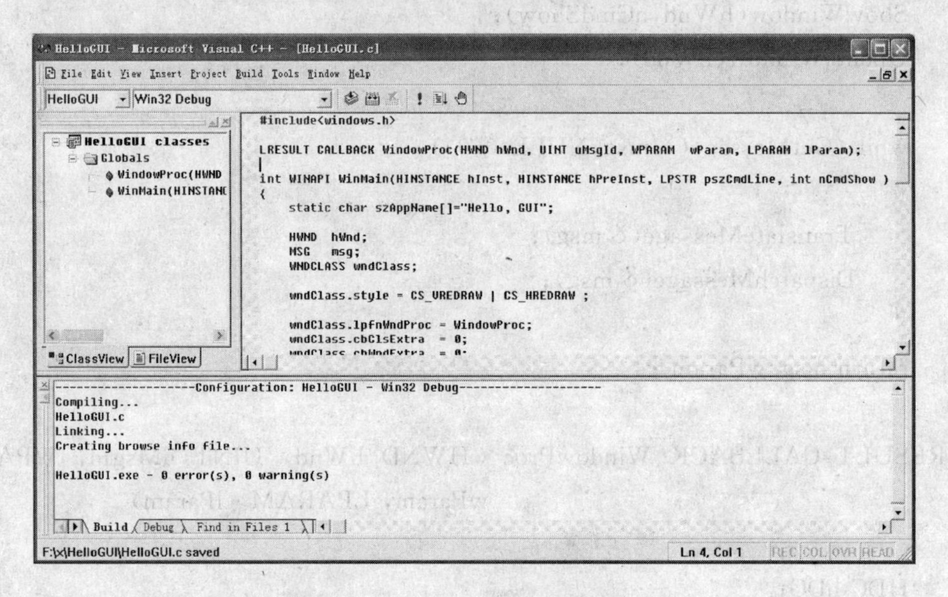

图 10.15　输入、编译源程序

编译完成，提示没有错误和警告，可以执行当前程序。单击 Build 菜单项的 Execute 菜单项可以执行当前程序生成的可执行文件，或者在 Build 工具栏上单击执行按钮(!)可以执行当前程序生成的可执行文件，或者按 Ctrl+F5 也可以执行当前程序生成的可执行文件。执行结果如图 10.16 所示。

在创建项目窗口中的 Location 框中显示的是创建项目时当前项目保存的路径，在该路径中保存了该项目的所有文件。在这些文件中，HelloGUI.c 文件是用户创建并输入的源程序，其他文件是由集成开发环境生成的项目文件。在该目录中还生成一个 Debug 目录，该目录是集成开发环境针对 Debug 编译配置生成的输出目录，在 Debug 目录中，扩展名是.exe 的文件就是集成开发环境生成的当前项目的可执行文件。鼠标双击该文件也可打开图 10.17 所示的窗口。

在程序正确编译通过并且运行结果正确以后，就要关闭当前的工作区，以便进行下一个程序的输入和编译。关闭当前工作区以后连同当前编译的文件一起关闭。关闭当前工作区的方法是点击“File”菜单中的“Close WorkSpace”命令。

3. 建立应用程序步骤

以上通过控制台应用程序和图形界面应用程序介绍了 Visual C++ 6.0 编译开发环境的

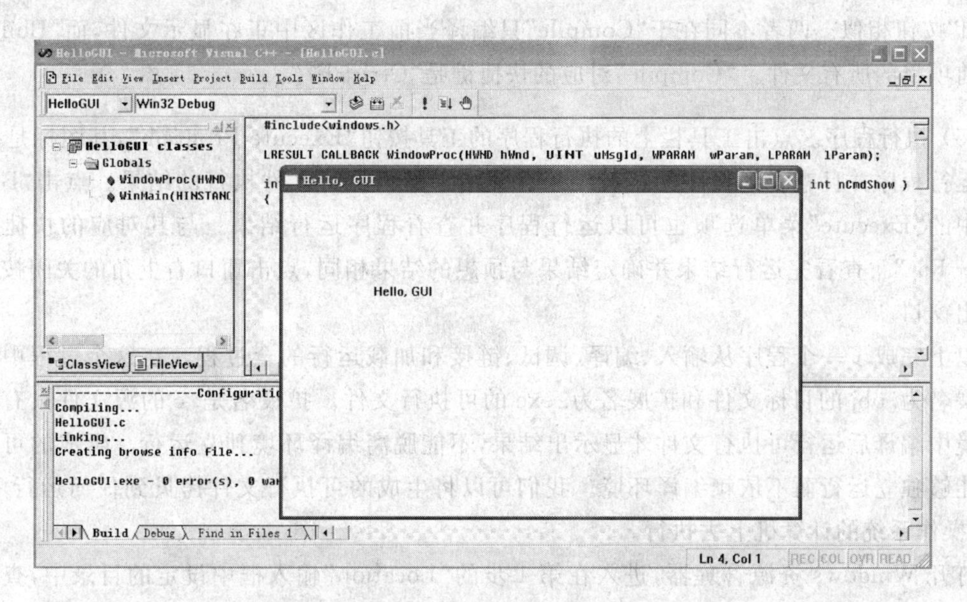

图 10.16　程序运行结果

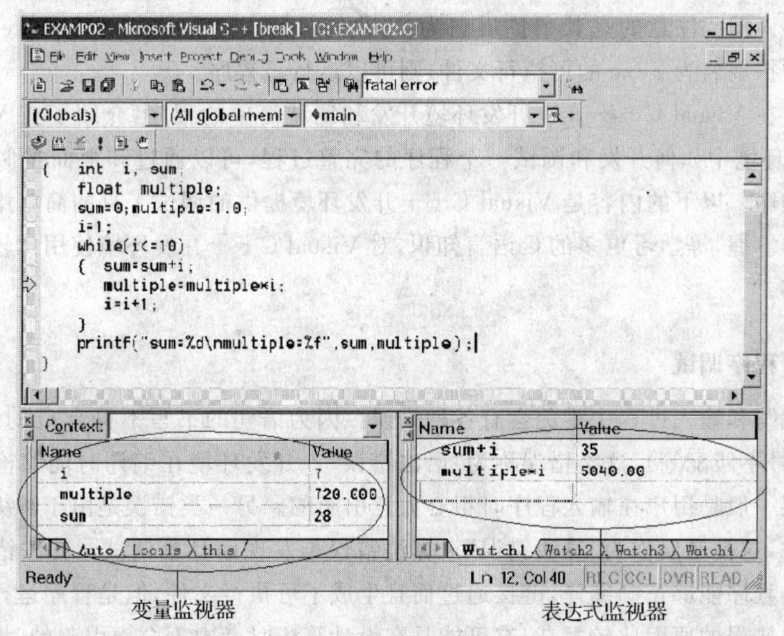

图 10.17　设置监视表达式和单步调试程序

使用。从两个例子可以看出在 Visual C++ 6.0 编译开发环境编写程序，主要的步骤包括

（1）新建项目，在新建项目时要正确选择项目的类型。

（2）设置项目的属性。

（3）在新建的项目中添加源程序。

（4）编译程序。在 Build 工具栏上还有一个按钮是“Compile”，对应的按钮是 ，功能与

"Build"按钮相似。两者不同在于"Compile"只编译当前工作区中正在显示文件,而"Build"编译当前项目的所有文件。"Compile"对应的快捷键是"Ctrl+F7"。

(5) 执行程序。点击工具栏上的执行程序的工具按钮"Execute Program",其图标是 ! ,可以运行程序并且查看到程序的运行结果。该结果是可执行文件执行的结果。点击"Build"菜单中的"Execute"菜单选项也可以运行程序并查看程序运行结果。与其对应的快捷键是"Ctrl+F5 "。查看完运行结果并确定结果与预想的结果相同,点击窗口右上角的关闭按钮关闭输出窗口。

以上完成了一个程序从输入、编译、调试、链接和加载运行的全过程。在这个过程中生成了扩展名为.obj的目标文件和扩展名为.exe的可执行文件。扩展名是.c的源文件只有在编译环境中编译后运行可执行文件才显示出结果,不能脱离编译环境独立运行。生成的可执行文件能够独立运行而不依赖编译环境。我们可以将生成的可执行文件拷贝到任何运行Windows操作系统的计算机上去执行。

打开Windows资源管理器,进入在第1步的"Location"输入框中设定的目录中,查看编译生成的文件。注意在该目录中有一个Debug目录(或者Release目录),该目录是Visual C++集成编译环境在编译过程中自动生成的。在该目录中存放了在编译和链接过程中生成的一系列文件。需要注意的是其中扩展名为.obj的目标文件和扩展名为.exe的可执行文件。鼠标双击扩展名为.cxc的可执行文件,则可以运行该程序。

以上通过在Visual C++ 6.0开发环境开发和调试简单的程序,介绍了在Visual C++ 6.0集成开发环境中如何开发和调试一个程序的完整过程,可以通过和上面类似的步骤开发和调试其他程序。以下的内容是Visual C++开发环境提供的调试工具的简单用法。初学者可以暂时不必掌握,等学习更多的C语言知识,对Visual C++开发环境使用比较熟悉以后再学习以下内容。

10.1.3 程序调试

程序在编写和输入过程中难免会有各种错误。因为语句的书写不符合C的语法(譬如缺少分号,大括号不匹配等),这类错误称为"语法错误"。开发环境在编译时能够检查出语法错误。语法错误一般是用户在输入程序时粗心大意引起的。另一类错误是由于解决问题的方法不正确引起的,这类错误称为"算法错误"。算法错误难发现而且难调试。算法错误时常出现的一种现象是程序能够正确编译,链接通过而且生成了可执行文件,但是程序运行的结果不正确。引起算法错误的原因比较复杂,有可能是在设计算法时考虑不全面引起的;也有可能是因为语法错误导致算法错误(譬如丢失复合语句外的大括号)或者其他原因引起的。

在调试算法错误时,可以利用Visual C++开发环境提供的调试工具。Visual C++开发环境提供了监视表达式、单步调试和设置断点调试等。使用这些调试工具的目的在于缩小错误可能的范围,逐步确定错误的位置。监视表达式需要和单步调试或者设置断点结合起来使用。

监视表达式是指在程序执行过程中查看某个变量或者表达式值的变化,并判断其值与预想的值是否相同,用以确定程序产生错误的地方。单步调试是指在用户的操作下一行一行执行代码，在执行过程中判断程序是否按预期的步骤执行，也可以在执行过程中查看某些变量值的变化，以判断程序的错误所在。断点是指在程序执行过程中在设置了断点的地方停止执行，判断程序是否按预期的步骤执行或者查看某些变量值的变化情况，以判断程序的错误所在。

1. 单步调试程序

用 Visual C＋＋集成编译环境新建一个 C＋＋ 源程序文件，将文件以 examp02. c 保存，并在程序中输入以下内容：

```
#include<stdio.h>
int main()
{
    int i=1, sum=0;
    float multiple=1.0;
    i=1;
    while(i<=10)
    {
        sum=sum+i;
        multiple = multiple * i;
        i=i+1;
    }
    printf("sum=%d\n multiple =%f",sum, multiple);
}
```

此时按 F10 键，编译环境首先编译和链接程序，然后开始单步执行程序。不断按下 F10 键，程序一行一行向下执行。在将要执行的程序行前边有一个黄色箭头标记。快捷键 10 对应的命令是“Debug”菜单中的“Step Over”，该命令的功能是单步执行程序，在遇见执行语句是函数调用时不进入函数内部执行。

在屏幕下边的变量监视器中可以看到程序中的每个变量在程序运行过程中数值的变化。如果在屏幕下边没有变量监视器，则可以在“View”菜单的“Debug Windows”选项中的“Variables”选项打开变量监视器。或者用快捷键“Alt＋4” 打开变量监视器。

在屏幕下边的表达式监视器中用户可以输入需要求值的表达式并且在程序单步执行的过程中观察这个表达式的数值变化。如果在屏幕下边没有表达式监视器，则可以在“View”菜单的“Debug Windows”选项中的“Watch”选项打开表达式监视器。或者用快捷键“Alt＋3” 打开表达式监视器。用监视表达式和单步调试程序如图 10.17 所示。

Visual C＋＋还提供了两个单步调试程序的命令是“Step Into”和“Step Out”；“Step Into”命令的功能是单步执行程序，与“Step Over”不同的是“Step Into”命令在遇见执行语句是函数调用时要进入函数内部跟踪执行。与“Step Into”对应的快捷键是 F11。“Step Out”命令的功能是执行完成当前正在执行的函数，返回到上层函数中去执行。与“Step Out”对应的快捷键是 Shift＋F11。

如果发现程序的错误后需要退出单步调试状态，可以点击“Debug”菜单中的“Stop Debugging”命令,该命令对应的快捷键是 Shift+F5。

以上介绍了设置监视表达式单步调试程序,下面介绍设置监视表达式断点调试程序。

2. 断点调试程序

关闭当前打开的工作区,点击“File”菜单中的“Open”命令,在弹出的“打开”对话框中选择在步骤1中建立的文件 examp02.c。按F7键编译该程序,在新建工作区的过程中会弹出如图10.18所示的对话框。告知用户工程文件已经存在,询问用户是否覆盖当前的工程文件,点击“是(Y)”按钮覆盖已经存在的工程文件。程序正常编译通过。

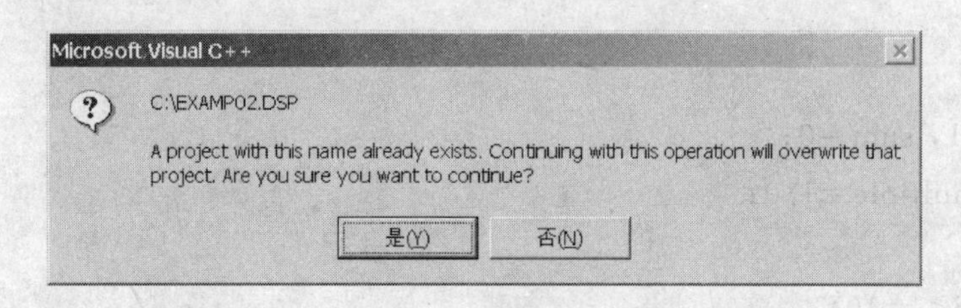

图 10.18 创建新的工作区

用鼠标点击源程序中“i=i+1;”所在的行,使输入点在源程序中“i=i+1;”所在的行闪烁。此时点击工具栏上的快捷图标或者按F9键,则在源程序中“i=i+1;”所在的行前边会出现一个暗红色实心圆。该实心圆表示在当前行设置了断点。此时点击工具栏上的快捷按钮或者按下F5键,程序开始执行,当执行到断点所在的行时程序停止执行。在屏幕上能看到断点所在的行前有一个黄色箭头。编译环境还在变量监视器中显示变量的当前值,用户也可以在表达式监视器中输入一些表达式查看这些表达式的值。当用户再次点击工具栏上的快捷按钮或者按下F5键,程序从断点所在的行接着执行,在遇见下一个断点时又停下来。如此循环,直到程序执行结束。

工具栏上的快捷按钮对应的菜单选项是“Debug”菜单中的“Go”选项,其功能是执行程序,并在设置断点的地方停止执行。与其对应的快捷键是F5。设置断点运行程序如图10.19所示。

如果调试程序的过程中,需要取消在某些行上设置的断点,选中需要取消的断点所在的行,点击工具栏上的快捷图标或者按F9键,就可以设置在该行上的断点清除。在清除了断点以后,在该行前代表断点的暗红色实心圆消失。

本节介绍的程序调试技巧是编译开发环境提供的通用的、最简单的调试技巧和调试工具。程序的调试是一项艰巨而且复杂过程,需要使用多种思路、手段、工具判断错误所在的位置,在此过程中需要使用到计算机组成原理、系统结构、操作系统、编译原理等相关知识以及扎实的语言知识,需要不断在程序设计和调试中提高自己的程序设计、编写和调试的技巧。

以上简单介绍了 Visual C++ 6.0 编译开发环境,包括窗口组成、菜单、工具栏、工作区窗口、调试输出窗口、常用的向导工具、以及如何在 Visual C++ 6.0 编译开发环境中建立基于 CUI 的应用程序和 GUI 的应用程序,最后简单介绍了在 Visual C++6.0 中调试程序的

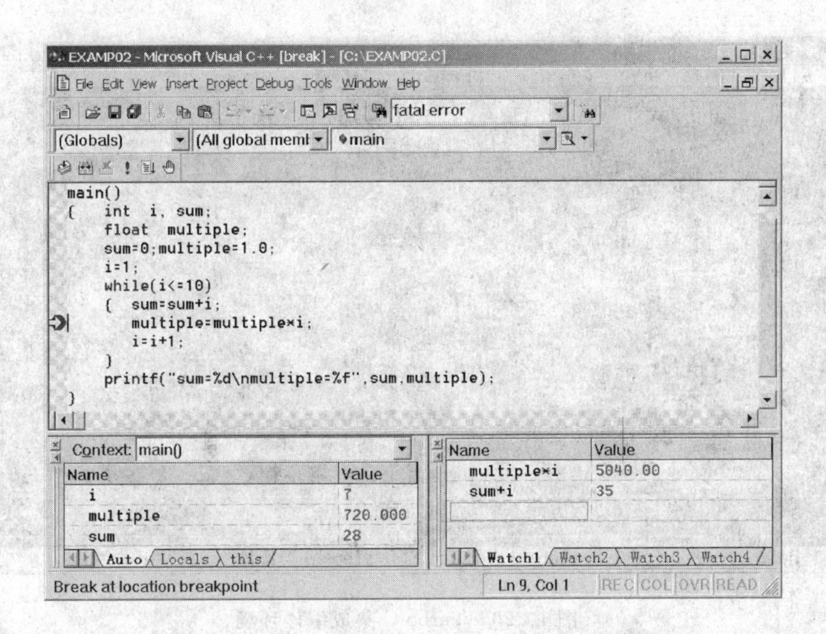

图 10.19　设置监视表达式和断点调试程序

方法。

在 Visual C++ 6.0 编译开发环境还包括其他适用于不同特性的向导工具、调试工具和相应的软件包。此处介绍的只是一些与基本 C 语言相关的向导、工具和软件包。其他的软件包需要在以后的学习过程中不断地深化了解。

10.2　Turbo C 2.0 集成开发环境的使用

10.2.1　Turbo C 2.0 集成开发环境简介

Turbo C 2.0 是 Borland 公司 1987 年推出的 C 语言编译器，具有编译速度快、代码优化效率高等优点。Turbo C 2.0 提供了两种编译环境：一种是命令行，包含一个 TCC 编译器和一个 MAKE 实用程序；一种是集成开发环境，由编辑器、编译器、MAKE 实用程序、RUN 实用程序和一个调试器组成。这里主要介绍 Turbo C 集成开发环境。

在命令提示符下进入 Turbo C 所在的目录，然后键入"tc＜回车＞"就可以进入 Turbo C 集成编译环境。Turbo C 集成编译环境如图 10.20 所示。

屏幕顶端是菜单，有 8 个菜单项，分别是 File(文件)、Edit(编辑)、Run(运行)、Compile(编译)、Project(工程)、Option(配置)、Debug(调试)、Break/watch(断点\查看)。菜单项标题的第一个字母都是红色，表示可以用"Alt+字母"打开该项对应的子菜单。按 F10 键可以选中菜单，用"←"、"→"方向键可以在上述菜单项间切换。用"↓"方向键或回车键可以拉下选中菜单项对应的的子菜单。用"↑"、"↓"方向键可以实现在每个子菜单的选项间切换，按回车键执行该项的功能。

此外，许多功能可以直接按相应功能的快捷键(热键)实现。屏幕底部是常用快捷键的定义，如：F1 是帮助键。按 F1 键可以查到其他快捷键的定义。在下拉子菜单中可以查到相应功

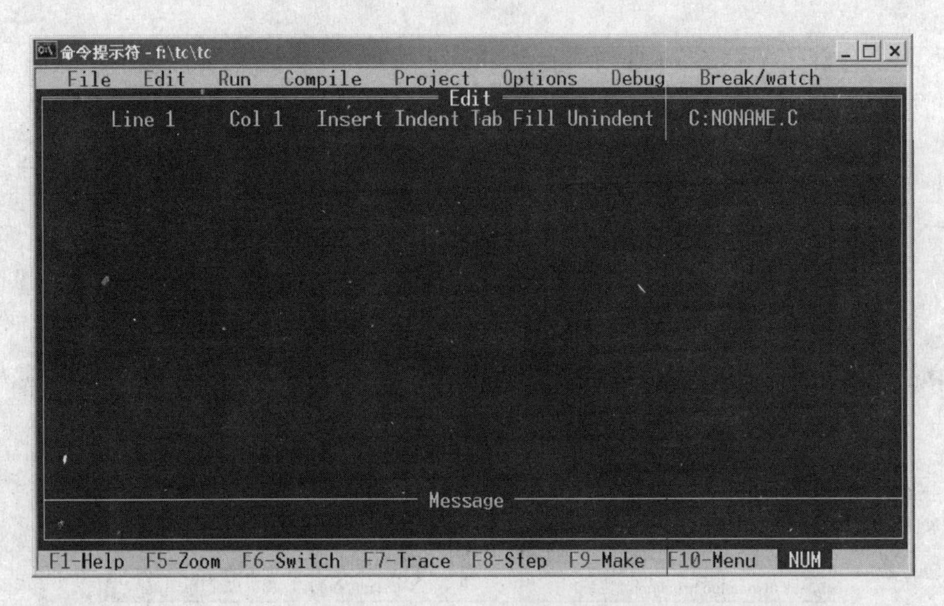

图 10.20 Turbo C 集成编译环境

能快捷键的定义。如 Ctrl+F9 表示编译、链接和运行程序,Alt+F5 表示查看程序运行结果。

10.2.2 编译环境使用

1. 新建源文件

按 F10 到菜单,将光标移到 File 菜单,按回车键或者"↓"方向键打开下拉菜单(也可以按 Alt+f 打开 File 下拉菜单),按向下的方向键"↓"选中 File 菜单中的"New"选项,然后按回车键,Turbo C 集成编译环境会关闭正在编译的文件,新建一个新文件(如正在编译的文件没有保存,会弹出提示用户保存文件的对话框,只需按 Y 保存文件或按 N 不保存文件)。注意:新建的文件的文件名在屏幕的右上角,默认的文件名是 noname. c。

2. 保存源文件

按 Alt+f 键打开 File 下拉菜单,按向下的方向键选中 File 菜单中的"Save"选项,然后按回车键,会弹出重命名文件的对话框。在对话框中 Turbo C 集成编译环境提供的默认的文件名是 noname. c,建议用户修改此文件名。这里将文件名改为 examp01. c,必要时可以在文件名前输入文件的存储路径。然后按回车键,Turbo C 集成编译环境将按用户命名的文件名保存文件。注意:此时在屏幕右上角的文件名改为用户命名的文件名。

3. 输入源程序

在编辑区域输入以下代码,在输入过程中随时按 F2 键保存输入内容。

```
#include<stdio.h>
void main()
{
    printf("\nhello,world! \n")
```

```
}
```

4. 编译，链接和运行

输入完毕后，按 F10 到菜单，将光标移到 Run 菜单，按回车键或者“↓”方向键打开下拉菜单(也可以按 Alt+r 打开 Run 下拉菜单)，选中 Run 菜单中的“Run”选项，按回车键，此时 Turbo C 集成编译环境开始编译源程序，如图 10.21 所示。

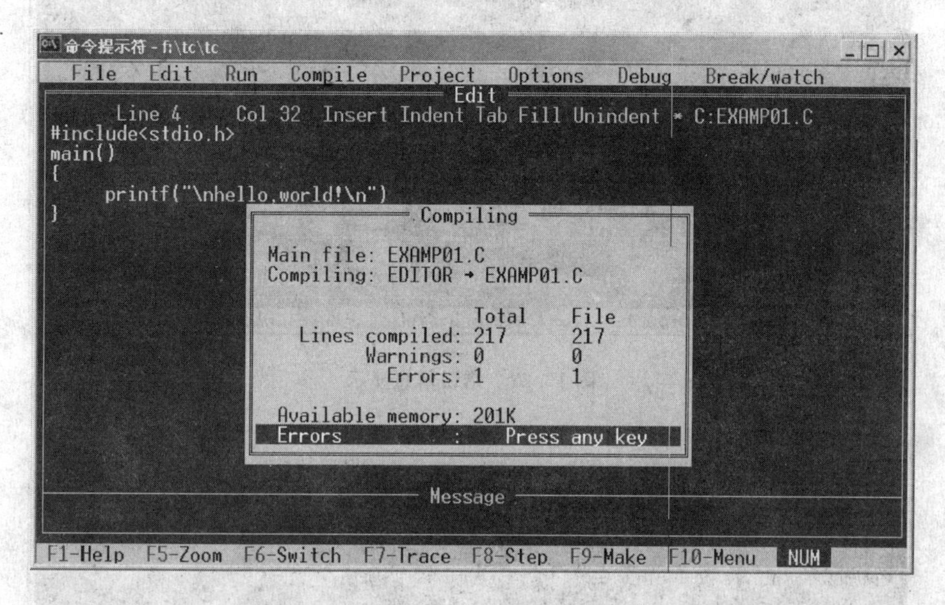

图 10.21　编译源程序

在提示框中显示了正在编译的文件名、编译的行数、警告信息的数目、错误信息的数目和可用的内存大小。在上图的提示框中显示当前编译的主文件名为 examp01.c，该程序共编译了 217 行，警告信息为 0，错误信息有 1 条。在提示框下右方的亮蓝色框中有提示“Press any key”表示用户按任意键继续。此时用户按回车键或者其他任意按键继续，出现如图 10.22 所示窗口。

在该窗口的底部 Message(信息提示)窗口中显示了当前编译程序的错误。在上图中编译环境显示：“Error C:\EXAMP01.C 5: Statement missing ; in function main”表示在 EXAMP01.C 程序第 5 行丢失了分号，实际在第 4 行的“printf("hello,world! \n")”语句后遗漏了分号(;)。

在源程序中的“printf("hello,world! \n")”语句后添加一个分号，按 Ctrl+F9 编译程序。屏幕很快的闪烁后恢复到编辑状态。

5. 查看运行结果

按 Alt+r 打开 Run 下拉菜单，选中 Run 菜单中的“User screen Alt－F5”选项，按回车键，此时屏幕显示程序运行结果，也可以直接按 Alt+F5 查看程序运行结果。查看程序运行结果后按回车键返回程序编辑状态。程序运行结果如图 10.23 所示。

6. 查看和运行生成的可执行文件

按 Alt+O 拉开 Options 菜单，选中菜单中的“Directories”选项，按回车键，编译环境显示

```
命令提示符 - f:\tc\tc
  File  Edit  Run  Compile  Project  Options  Debug  Break/watch
                              Edit
     Line 6     Col 1   Insert Indent Tab Fill Unindent * C:EXAMP01.C
#include<stdio.h>
main()
{
    printf("\nhello,world!\n")
}
                             Message
 Compiling C:\EXAMP01.C:
•Error C:\EXAMP01.C 5: Statement missing ; in function main
 F1-Help  F5-Zoom  F6-Switch  F7-Trace  F8-Step  F9-Make  F10-Menu  NUM
```

图 10.22　错误信息显示

图 10.23　程序运行结果

目录配置信息提示框，如图 10.24 所示。

在这个提示框中显示了如下内容：

Include directories：Turbo C 包含文件所在的目录。

Library directories：Turbo C 库文件所在的目录。

Output directory：输出目录，是生成目标文件(.obj)和可执行文件(.exe)所在目录。

Turbo C directory：Turbo C 所在的目录。

Pick file name：定义加载的 pick 文件名。

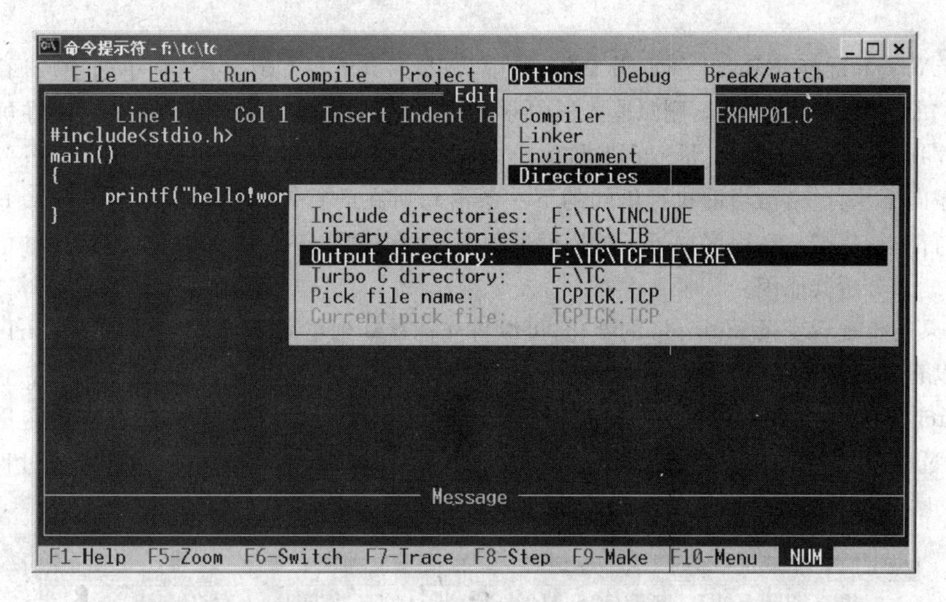

图10.24　编译环境目录配置信息

Current pick file：当前加载的pick文件名。

注意"Output directory："选项的内容，并记住该输出目录的路径。按Alt＋f拉开File菜单，选择"OS shell "选项，这时编译环境将暂时挂起，返回DOS命令提示符模式下。进入Turbo C的输出目录（使用cd命令），查看该目录下的文件（用dir命令）。在这个目录下存在由examp01.c编译和链接生成的两个文件：目标文件examp01.obj、可执行文件examp01.exe。在DOS命令提示符下输入可执行文件的文件名"examp01.exe"（或者examp01也可以）后回车，可以看到运行结果和用"Alt ＋F5"的结果相同。

在DOS命令提示符下输入exit后回车返回到Turbo C集成开发环境。

7. 用监视表达式和单步调试程序

新建一个文件，将文件以examp02.c保存，并在程序中输入以下内容：

```
#include<stdio.h>
void main()
{   int i, sum;
    float multiple;
    sum=0;multiple=1.0;
    i=1;
    while(i<=10)
    {   sum=sum+i;
        multiple = multiple * i;
        i=i+1;
    }
    printf("sum=%d\n multiple =%f",sum, multiple);
```

}

按 Alt＋b 键打开 Break/watch 菜单，选中"Add watch　Ctrl－F7"菜单选项按回车，这时弹出"Add Watch"输入框，删除输入框中原有的字符串，输入 i 后回车。编译系统在屏幕下方的"Watch"窗口中显示变量 i 的当前值。此时按下 F8 键，程序开始单步执行，按一下 F8 键，程序向下执行一行，当前执行语句的下一条语句所在的行高亮显示。不断的按下 F8 键，程序一行一行执行。在程序一行一行执行过程中，注意观察"Watch"区域显示的变量 i 的取值的变化。并分析其原因。

如果还想查看变量 multiple 的变化，可以将光标移动到单词 multiple 下边，按"Ctrl＋F7"键，可以看到变量 multiple 就在"Add Watch"输入框中，直接按回车键，变量 multiple 立即加入"Watch"窗口中。用同样的方法也可以把 sum 加入到"Watch"窗口中，查看这些变量在程序执行过程中的变化。用监视表达式和单步调试程序如图 10.25 所示。在单步调试过程如果需要停止，按"Ctrl＋F2"结束单步调试，返回程序初始运行状态。

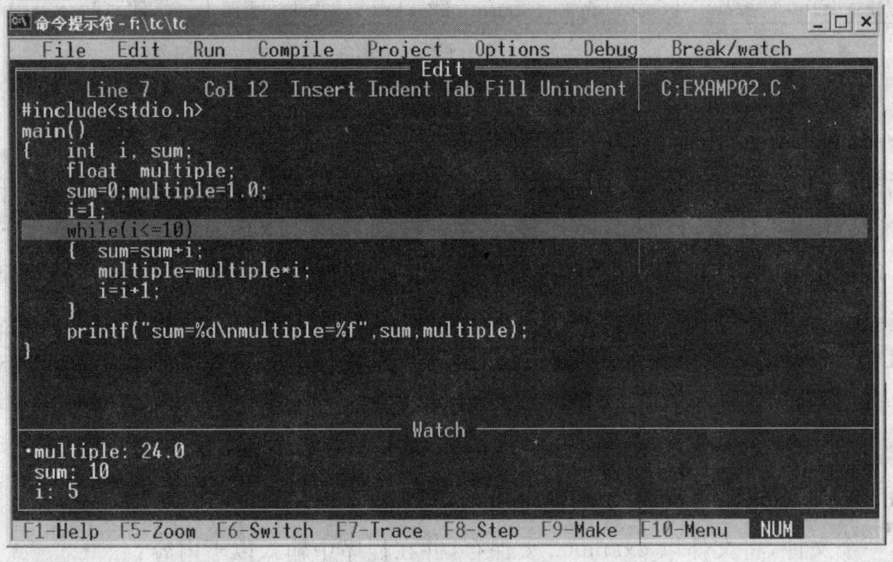

```
命令提示符 - f:\tc\tc
 File  Edit  Run  Compile  Project  Options  Debug  Break/watch
                              Edit
    Line 7    Col 12  Insert Indent Tab Fill Unindent  C:EXAMP02.C
#include<stdio.h>
main()
{   int  i, sum;
    float  multiple;
    sum=0;multiple=1.0;
    i=1;
    while(i<=10)
    {  sum=sum+i;
       multiple=multiple*i;
       i=i+1;
    }
    printf("sum=%d\nmultiple=%f",sum,multiple);
}
                              Watch
•multiple: 24.0
 sum: 10
 i: 5
F1-Help  F5-Zoom  F6-Switch  F7-Trace  F8-Step  F9-Make  F10-Menu  NUM
```

图 10.25　单步调试界面

在 Turbo C 集成编译环境中还有跟踪调试快捷键 F7，与单步调试 F8 功能相似。两者不同在于 F7 在执行一条调用其他用户定义的子函数时，将跟踪到该子函数内部去执行。F8 执行下一条语句如果是函数调用不会跟踪进函数内部执行，只将其作为普通语句执行。

如果不再需要查看"Watch"窗口中监视表达式的值，可以用"Break/watch"菜单中的"Delete watch"或者"Remove all watches"菜单选项删除"Watch"窗口中设置的监视表达式。

8. 用监视表达式和断点调试程序

按"Alt＋f"打开 File 菜单，选择菜单中的"Load"选项，打开在前面编译的源程序 examp02. c。按照上面步骤 7 中方法设置变量 i,、sum、multiple 监视表达式。

将光标移动到源程序中"i＝i＋1;"所在的行，然后按"Alt＋b"打开"Break/watch"菜单，选中菜单中的"Toggle breakpoint Ctrl－F8"选项后回车。源程序中"i＝i＋1;"所在的行红色显示，表示在该行设置了断点。按“Ctrl+F9”运行程序，程序执行到源程序中“i=i+1;”所在的行后停止运行，并在“Watch”窗口中显示变量的当前值。再次按下“Ctrl+F9”，程序接着从停止运行的地方开始继续运行，再次遇到断点时停止运行，并显示变量的当前值。不断按“Ctrl+F9”，程序不断运行和停止，直到程序结束。

在程序或者需要调试的区间比较小时用F7和F8调试程序比较方便。在程序比较长或者需要调试的区间比较大的时候用设置断点的办法比较方便。在调试复杂的程序时往往两种方法同时使用，首先用监视表达式和设置断点的方法确定程序出错的代码区间。然后在出错的代码区间内单步或者跟踪调试程序，以确定和改正错误。

另外一个与设置断点比较相似的方法是“Run”菜单中的“Go to cursor”，表示运行光标所在的行停止运行，对应的快捷键是F4。

如果程序中设置的断点不再需要，可以用“Break/watch”菜单中的“Clear all breakpoints”菜单选项删除程序中设置的断点。

9. 用工程菜单(Project)编译多文件程序

编译多文件程序可以用C语言中提供的预处理命令#include来实现。下面介绍用Turbo C集成编译环境提供的工程菜单(Project)来实现编译多文件程序。

新建一个源程序，文件名为minfile.c，输入如下源代码：

```
/* minfile.c */
int min(int a,int b)
{
    return a<b? a:b;
}
```

新建一个源程序，文件名为maxfile.c，输入如下源代码：

```
/* maxfile.c */
int max(int a,int b)
{
    return a>b? a:b;
}
```

新建一个源程序，文件名为mainfile.c，输入如下源代码：

```
/* mainfile.c */
#include<stdio.h>
void main()
{
    int a=18,b=9,c,d;
```

```
    c=max(a,b);
    d=min(a,b);
    printf("max=%d,min=%d\n",c,d);
}
```

用 Turbo C 编译集成环境新建一个文件,文件名保存为 mywork. prj,输入如下文本:

minfile. c

maxfile. c

mainfile. c

注意:以上 4 个文件保存在同一目录中。按"Alt+f"打开 File 菜单,选择菜单中的"Change dir"选项后回车,在弹出的"New Directory"对话框中输入以上 4 个文件保存目录的完整路径。按"Alt+p"打开"Project"菜单,选中菜单中的"Project name"选项后回车,在弹出的"Project Name"输入框中输入"mywork. prj"后回车。按键盘左上角的"ESC"键关闭"Project"菜单。按"Ctrl+F9"编译该工程。若有错误信息,则根据提示信息修改出错的文件,使该工程正确通过。在工程正确通过后一定要删除"Project"菜单"Project name"选项中工程文件名,以保证以后的程序能正确编译。编译工程如图 10.26 所示。

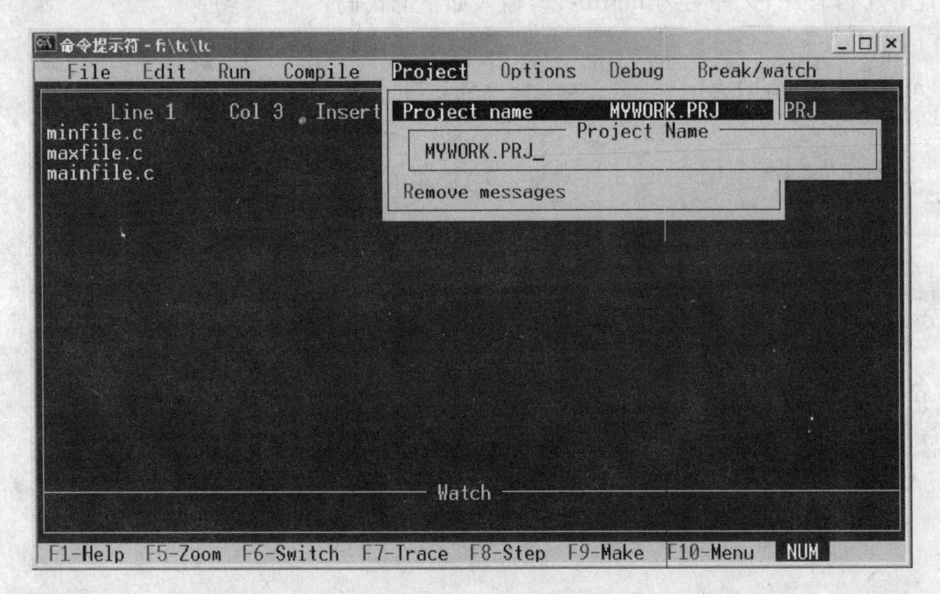

图 10.26 定义工程

按 F10 到菜单,将光标移到 Options,打开下拉菜单(或可以按 Alt+O 打开 Options 下拉菜单),选择 Directories,第一行是 include 文件目录,在这里设成 c:\tc20\include;第二行是 library 目录,设成 c:\tc20\lib 第三行为输出. EXE 和. OBJ 文件的目录,如果为空则输出到 c:\tc20 目录下;第四行为 Tc 的目录,这里设为 c:\tc20;第五行是建立 PICK 文件,默认是 TCPICK. TCP,该文件的作用是每次只要键入 tc 即可在启动 TC 时自动加载上次编辑的文件。完了以后要 Save Options。设置完这些目录以后,就可以开始进行基本的开发工作了。

10.2.3　Turbo C 2.0 的配置文件

所谓配置文件是包含 Turbo C 2.0 有关信息的文件，其中存有编译、链接的选择和路径等信息。可以用下述方法建立 Turbo C 2.0 的配置。

(1) 建立用户自命名的配置文件。

从 Options 菜单中选择 Options/Save options 命令，将当前集成开发环境的所有配置存入一个由用户命名的配置文件中。下次启动 TC 时只要在 DOS 下键入：

tc/c<用户命名的配置文件名>

就会按这个配置文件中的内容作为 Turbo C 2.0 的选择。

(2) 若设置 Options/Environment/Config auto save 为 on，则退出集成开发环境时，当前的设置会自动存放到 Turbo C 2.0 配置文件 TCCONFIG.TC 中。Turbo C 在启动时会自动寻找这个配置文件。

(3) 用 TCINST 设置 Turbo C 的有关配置，并将结果存入 TC.EXE 中。Turbo C 在启动时，若没有找到配置文件，则取 TC.EXE 中的缺省值。

本节简单介绍了 Turbo C 2.0 编译开发环境，包括窗口组成、菜单、调试输出窗口、以及如何在 Turbo C 2.0 编译开发环境中建立基于 CUI 的应用程序，最后简单介绍了在 Turbo C 2.0中调试程序的方法。

本章介绍的程序调试技巧是编译开发环境提供的通用的、最简单的调试技巧和调试工具。程序的调试是一项艰巨而且复杂过程，需要使用多种思路、手段、工具判断错误所在的位置，在此过程中需要使用到计算机组成原理、系统结构、操作系统、编译原理等相关知识以及扎实的语言知识，需要不断在程序设计和调试中提高自己的程序设计、编写和调试的技巧。

关于 Visual C++ 和 Turbo C 更具体、全面的使用方法请参考相关手册。

第 11 章　综合实例——上位机监测系统软件设计

基础篇已经系统地介绍了C语言的各个方面，同时也给出了大量的例题和习题，但由于这些题目的规模较小，所涉及到的C语言理论知识也是以章节为主，缺少一些连贯性，因此学习者很难在这种基础上设计出一些小型的实用程序软件。为了解决这一问题，本章将就一个具体的应用实例—— 一个上位机监测系统软件设计，将基础篇内容进行综合和提高，同时想通过这一实例来介绍如何采用软件工程设计方法进行软件设计。

1. 问题描述

为某热力供电厂的压力控制系统编写一个上位机实时监测软件，要求能实现在主控室监测远端工业现场一个压力罐的工作情况（压力罐的压力、温度、流量）及3个油罐的液位（高、正常、低），即能将这些数据实时显示在主控室的工控机屏幕上供操作人员分析并做出及时处理，同时还可以把这些数据写入文件，作为历史记录供以后查询、分析。

2. 问题分析

本上位机监测系统要完成的工作是通过数据采集板采集现场各种数据（模拟量、开关量），经数据处理后最终以图形的方式实时显示在屏幕上，同时将数据写入文件。

在前面学习C语言的特点时了解到C语言可以对硬件进行直接操作，但前面章节却未对此展开讨论，而通过本实例的学习，将有助于学习者了解和掌握这方面的知识。

完成一个上位机监测系统的设计就是完成一个应用软件的开发。随着计算机科学技术的发展，计算机的应用的确已拓展到各个领域，本例就涉及工业领域，为适应这一发展的需要，就必须开发出相应的应用软件，而在软件开发过程中为了避免盲目性，提高软件的开发质量和开发效率，提出了用工程化的设计思想来指导软件开发，因此本章决定从这一角度出发来具体介绍解决本系统软件设计的思路与做法。

所谓工程化的设计思想是指人们可以把一个软件的开发看成是一个实际的工程项目，就像建筑、机械、电子工程一样，因此就需要像工程项目一样去完成一些相关的工程步骤，如：需求计划、分析、设计、测试、维护等。有了这一指导思想就为软件开发提供了“如何做”的技术。因此要对软件设计开发的整个完成过程做出像工程项目中的工程步骤类似的划分，即把一个软件设计的整个完成过程划分为如下的几个主要任务阶段：问题定义、需求分析、总体设计、详细设计、编码、测试以及维护。在软件设计时应该严格按照这几个阶段步骤有序进行，如果忽视前几个步骤，而急急忙忙地投入程序的编写，往往是欲速不达，若没有计划的开发，极易把错误隐藏到最后，最终将会为此付出巨大的代价。

下面是以几个主要任务阶段作为章节来详细讨论本监测系统软件设计完成过程。

11.1 问题定义

问题定义是软件开发的第一步,其主要任务是在解决问题之前先要弄清楚问题是什么,这也就是通常所说的问题定义阶段要必须回答一个问题——"要解决的关键问题是什么?"。一般它是由几方面来描述的,如:问题是在什么情况下提出的,要完成的任务最终实现的目标是什么?等等。因此问题定义阶段的主要内容包括:问题的背景、实现的目标。

11.1.1 问题背景

热力供电厂在诸多方面与一般电厂都存在着差异,其在发电的同时又兼有供热的任务,有着测点种类繁多,数据处理复杂等特点(本题列举3个模拟量、3个开关量测点,只是为简单说明)。在热力供电厂的生产运行中,每天都要产生大量的与供热和发电相关的原始数据。对这些原始数据进行提取、存储、分析、处理使之反映出生产管理所需要的各种信息,是热电厂生产部门的主要任务之一,同时也是保证设备正常运行、经济指标准确计算、生产决策正确制定的关键。由于传统的对模拟仪表的手工抄写数据既不准确又不能实时将这些数据显示,已不能满足现代生产的需要,所以用户提出能否将计算机应用于这一领域,由计算机完成数据的处理及显示,来提高热力供电厂的生产管理与控制水平。

11.1.2 用户目标

用户的目标也是监测系统所希望达到的目的是:

(1) 无须在工业现场由人工来抄写数据,而是通过数据采集板将数据采集,然后送入计算机,使获得的数据既准确又及时;

(2) 操作人员能在主控室直接观察被监测数据的变化,以便做出快速判断与处理。这样就能省时省力,提高效率,也减少了故障的发生率。

11.2 概要设计

概要设计阶段必须回答的关键问题是:"概括的说,应该如何解决这个问题?"。它的主要任务是:①完成方案的确定;②模块分解;③确定软件的模块结构图,即软件的组成,以及各组成成分(子系统或模块)之间的相互关系。当然此时只是从宏观上进行结构设计,并未涉及每一模块具体算法的实施细节,这样可以更好的确定模块和模块间的结构,能让设计人员站在较高的层次上进行思考。

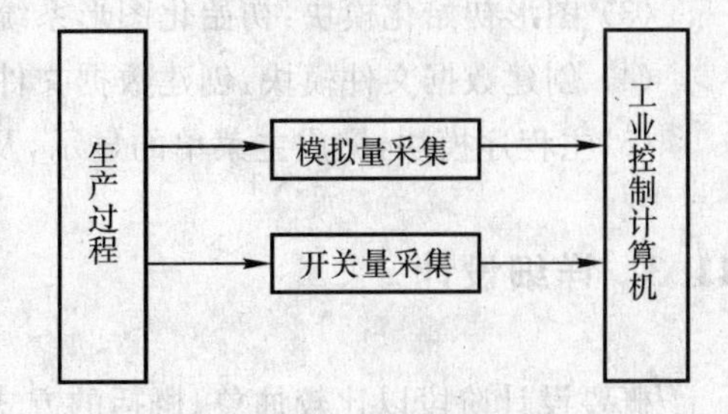

图11.1　系统的总体结构

11.2.1 方案确定

针对本监测系统提出如图11.1所示方案。

系统分别由模拟量、开关量采集板完成工业现场的数据采集，模拟量采集板负责采集一个压力罐压力、温度、流量的模拟量数据，而开关量采集板负责采集3个油罐液位的开关量数据，再将采集的数据送入上位工控计算机进行数据处理，之后即能将这些数据实时显示在主控室的工控计算机屏幕上，供操作人员分析并做出及时处理。同时能将这些数据写入文件作为历史记录供以后查询、分析。

11.2.2　软件结构

方案确定之后，接着对系统的结构进行设计。结构设计的任务是通过对功能的抽象和分析，最后确定系统是由哪些模块组成，以及这些模块之间的相互关系。层次图和结构图是描绘软件结构的常用工具，本次设计以层次图(见图11.2)为工具描绘本系统软件结构。

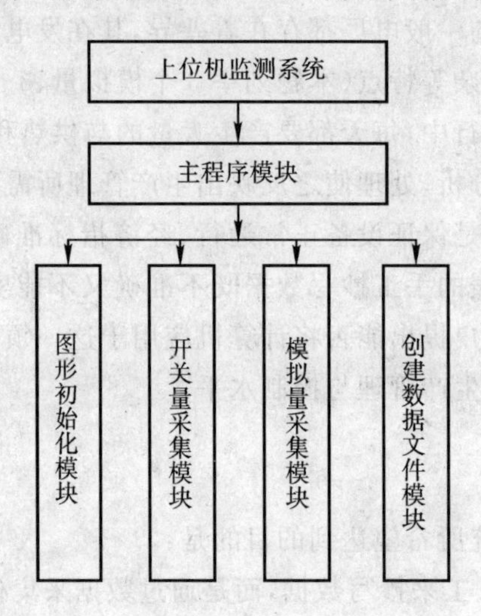

图11.2　上位机实时监测系统的层次图

11.2.3　模块功能说明

图11.2中各模块的功能介绍如下：

(1) 模拟量采集模块：完成现场的模拟量数据采集并送入上位工控计算机；

(2) 开关量采集模块：完成现场的开关量数据采集并送入上位工控计算机；

(3) 图形初始化模块：初始化图形系统；

(4) 创建数据文件模块：创建数据文件用于保存数据，供以后分析；

(5)主程序模块：完成主菜单的显示，及对各模块的调用。

11.3　详细设计

概要设计阶段以比较抽象、概括的方式提出了解决问题的办法。在详细阶段就是如何把解法具体化，也就是回答下面这个关键问题："应该怎样具体地解决这个问题?"，即细化概要设计的各功能模块，因此，详细设计的主要任务是给出模块结构中各模块的内部过程描述——确定内部的算法和数据结构。例如，概要设计可以声明一个模块的功能是对模拟数据量的采集，那么详细设计则要确定使用何种算法完成采集功能，也就是说在详细设计阶段为每个模块增加足够的细节，从而使程序员能够在编码阶段以相当直接的方式对每个模块进行编码。

设计步骤如下：

(1)进行数据设计，确定数据类型及数据结构；

(2)为每一模块确定所采用的具体算法，选择以流程图为工具来表达算法的执行过程。

11.3.1　数据设计

1. 数据类型的选择

现场采集的模拟量数据由模拟量数据采集板通过模/数转换将其变换为数字量，开关量数据由开关量数据采集板直接采入，也为数字量，因此本系统的数据类型选取整型。

2. 数据结构的选择

由于绘制趋势图，因此需要用数组来存放一段时间的数据以体现数据的变化过程，即便于绘制连续时刻的变化趋势，故本系统的数据结构选取顺序存储结构线性表——数组。

11.3.2　流程图

结构化程序设计是详细设计的逻辑基础，而结构化设计方法是自顶向下逐步求精，通常进行详细设计采用的工具是流程图，因此，本例选用流程图作为工具来对模块的算法进行描述。

图 11.3～图 11.6 分别是模拟量采集模块、开关量采集模块、图形初始化模块和主程序的流程图。

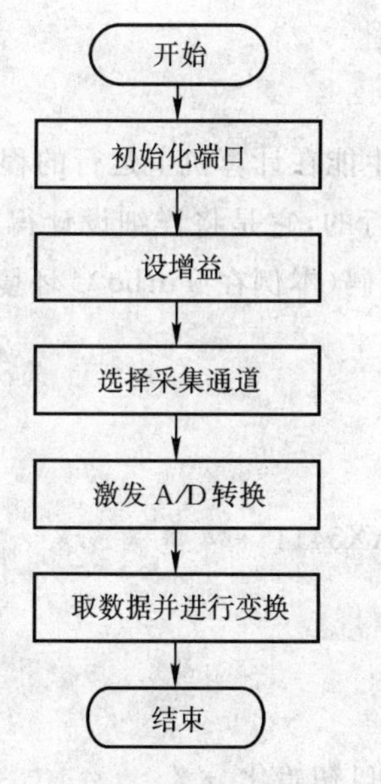

图 11.3　模拟量采集模块流程图

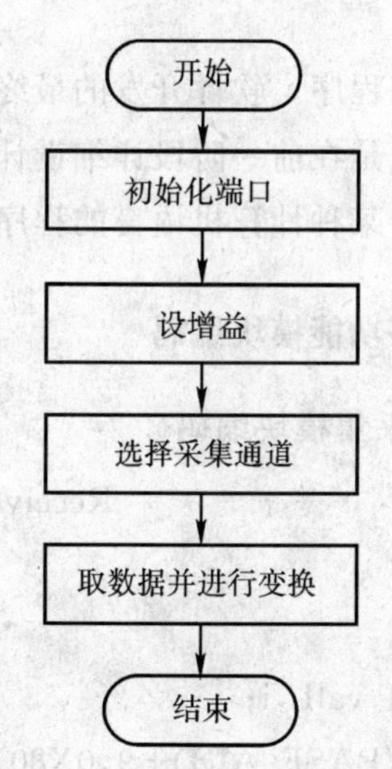

图 11.4　开关量采集模块流程图

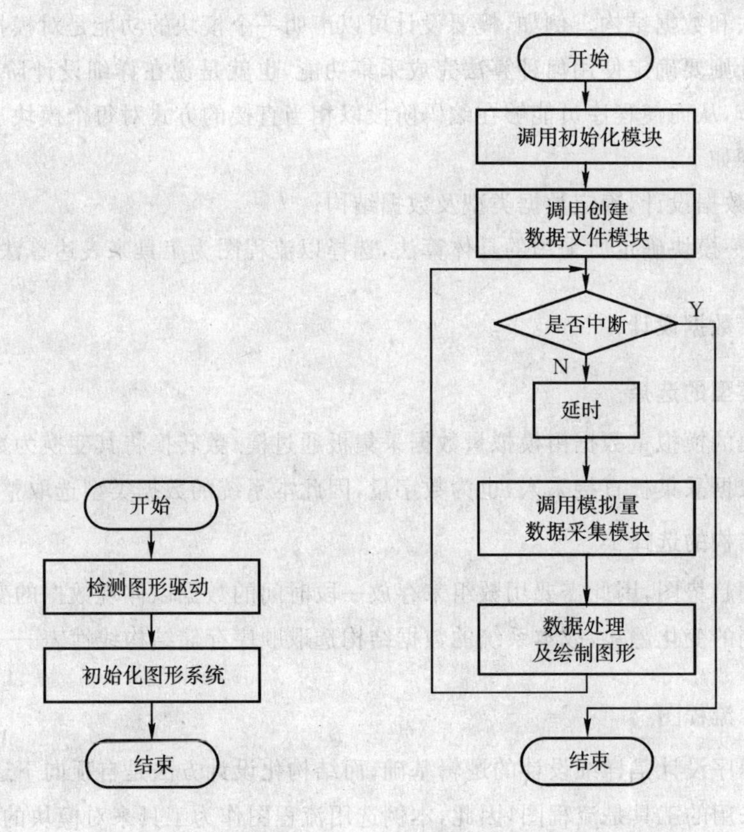

图 11.5 图形初始化模块流程图　　图 11.6 主程序流程图

11.4 编码

编码俗称编程序。软件开发的最终目标就是产生能在计算机上运行的程序。完成编码阶段的任务实际上是在前一阶段详细设计的基础上进行的,它是将详细设计得到的处理过程的描述转换为基于某种计算机语言的程序,即源程序代码(本例在 Turbo C 环境下运行)。

11.4.1 各功能模块编码

1. 模拟量采集模块编码

```
/************ Receive data from AX5411 ************/
void receiv()
{
    int valH,valL,i;
    outport(BASE_ADD+9,0X80);      /* 端口初始化 */
    outport(BASE_ADD+1,0x00);      /* 增益为1 */
    for(i=0;i<3;i++)
```

```
    {
      outport(BASE_ADD+3,i);          /* 选择通道 0-2 */
      outport(BASE_ADD,0x00);         /* 激发 A/D 转换 */
      valL=inport(BASE_ADD);          /* 从 BASE_ADD 读取数据 */
      valL=valL>>4;                   /* 将读取的数据右移 4 位 */
      valL=valL&0x000f;  /*屏蔽其他位,只取后 4 位作模拟量信号数据的低 4 位*/
      valH=inport(BASE_ADD+1);        /* 从 BASE_ADD+1 读取数据 */
      valH=(valH&0x00ff)<<4;          /* 将读取的数据左移 4 位 */
      valH=valH&0x0ff0;               /* 取 8 位作为模拟量信号数据的高 8 位 */
      Dat[i]=valH+valL;
      Dat[i]=(Dat[i]-0x800)/2;        /* 得到实际值 */
    }
}
```

2. 开关量采集模块编码

```
  void rec()
  {
    int kg1,kg2,i,j;
    kg1=inport(BASE_ADD+10);          /* 从该地址取 8 位开关量 */
    kg2=inport(BASE_ADD+11);          /* 从该地址取 8 位开关量 */
    for(i=0;i<3;i++)                  /* 给开关量表赋值 */
    {
      for(j=0;j<3;j++)
      {
        kg[i][j]=kg1&0x01;
        kg1=kg1>>1;
      }
    }
   kg[2][2]=kg2&0x01;
  }
```

3. 图形初始化模块编码

```
void init_graph()
{
  int GraphDriver,GraphMode;                 /*定义图形驱动程序,定义图形模式*/
  int ErrorCode;
  GraphDriver = DETECT;                      /* 自动检测 */
  initgraph( &GraphDriver, &GraphMode,"");   /*初始化图形*/
  ErrorCode = graphresult();                 /* 读取初始化结果 */
```

```
  if( ErrorCode ! = grOk )                    /* 初始化出错处理 */
  {   printf(" Graphics System Error: %s\n", grapherrormsg( ErrorCode ) );
      exit( 1 );
  }
}
```

4. 创建数据文件模块编码

```
void creatfile()
{
  if((fp=fopen("d:\\jilu.txt","w"))==NULL)
  {
    printf("cannot   open   the   data_file\n");
    exit(1);
  }
  fprintf(fp,"Temperature   Pressure     Flux       kg1       kg2       kg3\n");
}
```

11.4.2 主程序编码

最后为使整个程序以及输出格式更加清晰易读,除进行各功能模块编码的组合外,还可适当加入一些语句,如适当的注释、输出空行、结束信息等等。然后进行测试,以确保程序的可靠性。

```
#include <dos.h>
#include <math.h>
#include <conio.h>
#include <stdio.h>
#include <stdlib.h>
#include <stdarg.h>
#include <graphics.h>
void creatfile();
void init_graph();
void rec();
void receiv();
FILE *fp;
int Dat[3];
static int Data[3][501];
#define BASE_ADD 200            /* 定义基地址 */
static int kg[3][3];            /* 定义开关量表 */
void main()
```

```
{
  int i,j,k;
  char * Temp[] = {"0","100","200","300","400","500","600","700","800",
                "900","1000",""};
  char * Timer[] = {"0","60","120","180","240","300","360","420","480","540",
               "600","660"};
  char * war[] = {"High","Normal","Low","High","Normal","Low","High","Nor-
            mal","Low"};
  init_graph();                    /* 调用图形初始化模块 */
  setbkcolor(WHITE);
  creatfile();                     /* 调用创建数据文件模块 */
  while(1)
  {
    delay(60000);    /* 延时,单位:毫秒,具体时间根据不同的操作环境而变化 */
    rec();                         /* 调用模拟量采集模块 */
    receiv();                      /* 调用开关量采集模块 */
    for(i=0;i<3;i++)
    {
      for(j=1;j<=500;j++)
        Data[i][j-1]=Data[i][j];
        Data[i][500]= Dat[i];      /* Dat[i]为现场采集的模拟量数据 */
    }
    fprintf (fp,"%8d%12d%8d%8d%2d%2d%5d%2d%2d%5d%2d%2d\n",Data
        [0][500], Data[1][500],Data[2][500],kg[0][0],kg[0][1],kg[0][2],
        kg[1][0] , kg[1][1],kg[1][2], kg[2][0],kg[2][1],kg[2][2]) ;
    cleardevice();
    outtextxy(50,10,"Trending");
    outtextxy(210,6,"Temperature");
    outtextxy(330,6,"Pressure");
    outtextxy(430,6,"Flux");
    setfillstyle(SOLID_FILL,4);      /* 设置填充模式和颜色 */
    bar(195,6,205,16);
    setfillstyle(SOLID_FILL,5);      /* 设置填充模式和颜色 */
    bar(315,6,325,16);
    setfillstyle(SOLID_FILL,6);      /* 设置填充模式和颜色 */
    bar(415,6,425,16);
    setcolor(BLUE);
```

```
    for(i=0;i<3;i++)
    {
      rectangle(40,20+i*150,500,150+i*150);
      for(j=0;j<11;j++)
        line(40,j*13+20+i*150,500,j*13+20+i*150);
      for(j=0;j<=11;j++)
      {
        outtextxy(5,(j-1)*13+17+i*150,Temp[11-j]);
        outtextxy(30+(j)*40,155+i*150,Timer[j]);
      }
      for(k=1;k<24;k++)
      {
        line(40+k*20,20+150*i,40+k*20,150*i+150);
        line(40+k*20,150*i+150,40+k*20,150*i+145);
      }
  }
  for(i=0;i<3;i++)
  {
      setcolor(4+i);
      moveto(500,150*(i+1)-Data[i][500]*13/100);
      lineto(500,150*(i+1)-Data[i][500]*13/100);
      for(j=500;j>40;j--)
      lineto(j,150*(1+i)-Data[i][j]*13/100);
  }
  setcolor(BLUE);
  for(i=0;i<3;i++)
  {
      for(j=0;j<3;j++)
      {
        if(kg[i][j]==1)
        {
          setfillstyle(SOLID_FILL,YELLOW);  /*显示灯高亮(黄色)显示*/
          bar(540,40+j*40+i*150,560,60+j*40+i*150);
        }
        else
        {
```

```
            setfillstyle(SOLID_FILL,DARKGRAY); /*显示灯低亮(灰色)显示*/
            bar(540,40+j*40+i*150,560,60+j*40+i*150);
          }
          outtextxy(565,47+j*40+i*150,war[3*i+j]);
        }
      }
    }
  fclose(fp);
  closegraph();
}
```

11.5 测试

目前,软件测试仍然是保证软件可靠性的主要手段,它是软件开发过程中最艰巨也是最繁重的工作。测试的目的是要尽量发现程序中的错误,但决不能证明程序的正确性。调试不同于测试,调试主要是推断错误的原因,从而进一步改正错误,而测试是精心设计一组测试用例,利用这些用例找出软件中潜在的各种错误和缺陷。

在测试中,应注意贯彻以下指导原则:

(1) 测试用例应由输入数据和预期的输出数据两部分组成;

(2) 测试用例不仅选用合理的输入数据,还要选择不合理的输入数据。

测试和调试是软件测试阶段的两个密切相关的过程,通常是交替进行的。

测试应由模块测试、整体测试及系统测试三阶段组成,这里只做整体测试,因为整个系统是由模拟量、数字量采集板完成数据采集,由于受硬件条件的限制,无法在这里完成。所以就选取随机函数产生的随机数作为模拟量采样值,而用人为的给定值来作为开关量采样值。

主模块程序段如下:

```
void main()
{
  int i,j,k;
  char  * Temp [ ] = {" 0"," 100"," 200"," 300"," 400"," 500"," 600"," 700"," 800",
                     "900","1000",""};
  char  * Timer[]={"0","60","120","180","240","300","360","420", "480", "540",
                   "600","660"};
  char  * war[]={"High","Normal","Low","High","Normal","Low","High","Nor-
               mal","Low"};
  init_graph();                        /*调用图形初始化模块*/
  setbkcolor(WHITE);
  creatfile();                         /*调用创建数据文件模块*/
```

```
while(1)
{
  delay(60000);          /*延时,单位:毫秒,具体时间根据不同的操作环境而变化*/
  /*rec();*/               /*调用模拟量采集模块*/
  /*receiv();*/            /*调用开关量采集模块*/
  for(i=0;i<3;i++)
  {
      for(j=1;j<=500;j++)
        Data[i][j-1]=Data[i][j];
      /*Data[i][500]= Dat[i];*/   /*Dat[i]用随机数代替采集的模拟量数据*/
      Data[i][500]=(i+1)*150+(i+1)*random(200)-100;
                                                  /* 随机数变化范围*/
      if(Data[i][500]>500)          /* 若随机数在上限500和下限400之间*/
                                    /*则显示灯高亮(黄色)显示*/
      {
        kg[i][0]=1;     /*  用人为给定值(1、0)代替采集的开关量数据*/
        kg[i][2]=0;
        kg[i][1]=0;
      }
      else if(Data[i][500]<400)
      {
        kg[i][2]=1;
        kg[i][0]=0;
        kg[i][1]=0;
      }
      else
      {
        kg[i][1]=1;
        kg[i][0]=0;
        kg[i][2]=0;
      }
  }
fprintf(fp,"%8d%12d%8d%8d%2d%2d%5d%2d%2d%5d%2d%2d\n",Data[0]
      [500], Data[1][500],Data[2][500],kg[0][0],kg[0][1],kg[0][2],kg[1][0],
      kg[1][1],kg[1][2], kg[2][0],kg[2][1],kg[2][2]);
cleardevice();
outtextxy(50,10,"Trending");
```

```
outtextxy(210,6,"Temperature");
outtextxy(330,6,"Pressure");
outtextxy(430,6,"Flux");
setfillstyle(SOLID_FILL,4);            /* 设置填充模式和颜色 */
bar(195,6,205,16);
setfillstyle(SOLID_FILL,5);            /* 设置填充模式和颜色 */
bar(315,6,325,16);
setfillstyle(SOLID_FILL,6);            /* 设置填充模式和颜色 */
bar(415,6,425,16);
setcolor(BLUE);
for(i=0;i<3;i++)
{
  rectangle(40,20+i*150,500,150+i*150);
  for(j=0;j<11;j++)
    line(40,j*13+20+i*150,500,j*13+20+i*150);
  for(j=0;j<=11;j++)
  {
    outtextxy(5,(j-1)*13+17+i*150,Temp[11-j]);
    outtextxy(30+(j)*40,155+i*150,Timer[j]);
  }
  for(k=1;k<24;k++)
  {
    line(40+k*20,20+150*i,40+k*20,150*i+150);
    line(40+k*20,150*i+150,40+k*20,150*i+145);
  }
}
for(i=0;i<3;i++)
{
    setcolor(4+i);
    moveto(500,150*(i+1)-Data[i][500]*13/100);
    lineto(500,150*(i+1)-Data[i][500]*13/100);
    for(j=500;j>40;j--)
    lineto(j,150*(i+1)-Data[i][j]*13/100);
}
setcolor(BLUE);
for(i=0;i<3;i++)
{
```

```
    for(j=0;j<3;j++)
    {
     if(kg[i][j]==1)
     {
      setfillstyle(SOLID_FILL,YELLOW);        /*显示灯高亮(黄色)显示*/
      bar(540,40+j*40+i*150,560,60+j*40+i*150);
     }
     else
     {
      setfillstyle(SOLID_FILL,DARKGRAY);   /*显示灯低亮(灰色)显示*/
      bar(540,40+j*40+i*150,560,60+j*40+i*150);
     }
      outtextxy(565,47+j*40+i*150,war[3*i+j]);
    }
   }
  }
  fclose(fp);
  closegraph();
 }
```

选取随机函数作测试用例,程序最后运行的结果及监测界面如图 11.7 所示。

图 11.7 右边有 9 个小方框分别对应 Temperature(温度)、Pressure(压力)、Flux(流量)3 个量的 High(高)、Normal(正常)、Low(低)3 种状态,9 个小方框对应实际工业现场控制柜上 9 个指示灯,可以看出图中有 3 个小方框为高亮显示,分别代表温度、压力、流量当前数据的状态(高、正常、低),对应工业现场则为控制柜上 3 个指示灯点亮,其余 6 个小方框为低亮灰度显示,表示控制柜上 6 个指示灯为关闭状态。

对于图 11.7,High(高)、Normal(正常)、Low(低)3 个开关量数据的显示与温度、压力、流量 3 个数据有关,而实际上,High(高)、Normal(正常)、Low(低)3 个开关量应表示 3 个油罐的液位(高、正常、低),对应系统中 3 个油罐液位的开关量数据,它们是从现场的开关量采集板中获取的,并不是和温度、压力、流量 3 个数据有关。

写入(d:\\jilu.txt)文件的历史数据如下:

Temperature	Pressure	Flux	kg1	kg2	kg3
196	460	896	0 0 1	0 1 0	1 0 0
140	312	701	0 0 1	0 0 1	1 0 0
245	230	794	0 0 1	0 0 1	1 0 0
176	208	824	0 0 1	0 0 1	1 0 0
221	358	626	0 0 1	0 0 1	1 0 0
210	224	713	0 0 1	0 0 1	1 0 0
113	294	707	0 0 1	0 0 1	1 0 0

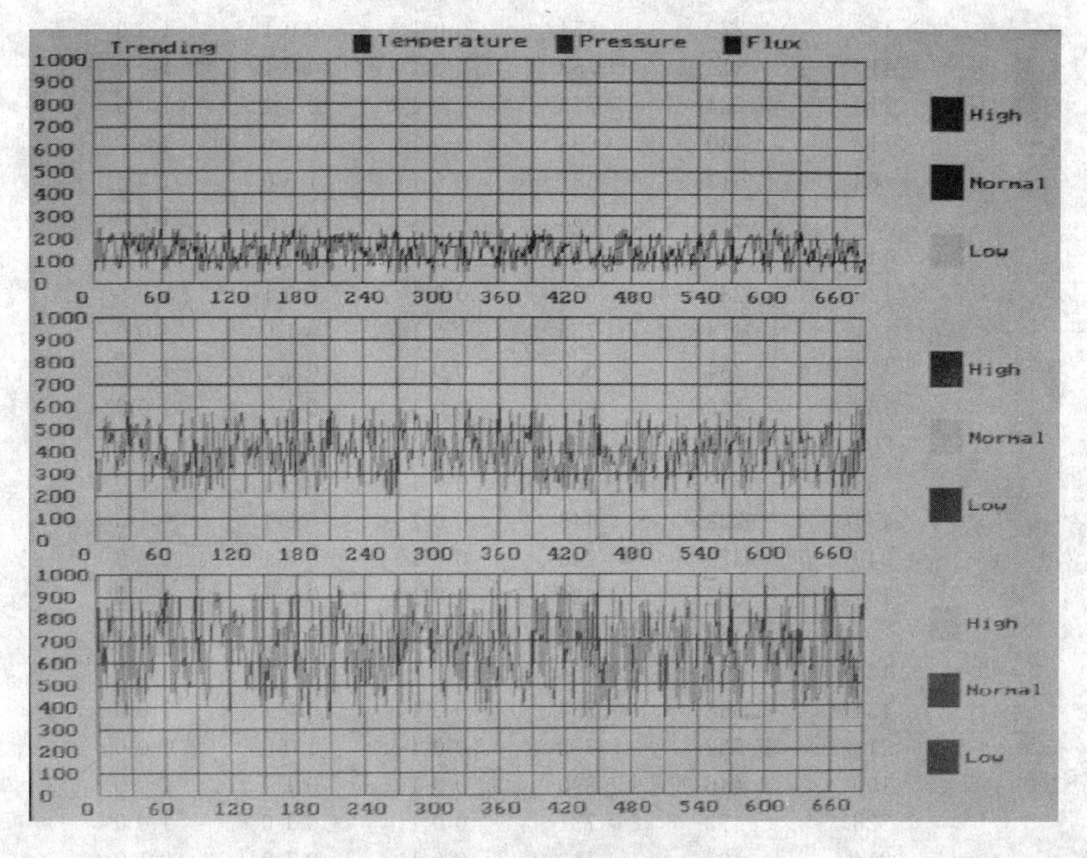

图 11.7　监测界面

91	580	905	0 0 1	1 0 0	1 0 0
64	418	506	0 0 1	0 1 0	1 0 0
221	558	398	0 0 1	1 0 0	0 0 1
131	302	935	0 0 1	0 0 1	1 0 0
243	468	680	0 0 1	0 1 0	1 0 0
229	590	833	0 0 1	1 0 0	1 0 0
142	378	614	0 0 1	0 0 1	1 0 0
116	328	626	0 0 1	0 0 1	1 0 0
113	532	842	0 0 1	1 0 0	1 0 0
89	502	431	0 0 1	1 0 0	0 1 0
150	590	386	0 0 1	1 0 0	0 0 1
158	332	791	0 0 1	0 0 1	1 0 0
92	548	857	0 0 1	1 0 0	1 0 0
239	566	548	0 0 1	1 0 0	1 0 0
191	580	584	0 0 1	1 0 0	1 0 0
215	558	920	0 0 1	1 0 0	1 0 0
83	306	437	0 0 1	0 0 1	0 1 0
135	244	749	0 0 1	0 0 1	1 0 0

187	272	554	0 0 1	0 0 1	1 0 0
110	316	758	0 0 1	0 0 1	1 0 0
210	284	776	0 0 1	0 0 1	1 0 0
117	430	698	0 0 1	0 1 0	1 0 0
68	512	587	0 0 1	1 0 0	1 0 0
58	318	833	0 0 1	0 0 1	1 0 0
147	510	893	0 0 1	1 0 0	1 0 0
125	280	620	0 0 1	0 0 1	1 0 0
51	474	755	0 0 1	0 1 0	1 0 0
193	334	686	0 0 1	0 0 1	1 0 0
161	466	929	0 0 1	0 1 0	1 0 0
204	506	728	0 0 1	1 0 0	1 0 0
68	372	860	0 0 1	0 0 1	1 0 0
134	228	443	0 0 1	0 0 1	0 1 0
249	372	740	0 0 1	0 0 1	1 0 0
154	382	626	0 0 1	0 0 1	1 0 0
65	486	488	0 0 1	0 1 0	0 1 0
134	560	854	0 0 1	1 0 0	1 0 0
154	358	734	0 0 1	0 0 1	1 0 0
215	532	755	0 0 1	1 0 0	1 0 0
190	446	890	0 0 1	0 1 0	1 0 0
228	472	731	0 0 1	0 1 0	1 0 0
214	496	410	0 0 1	0 1 0	0 1 0
163	290	497	0 0 1	0 0 1	0 1 0
93	360	566	0 0 1	0 0 1	1 0 0
75	382	947	0 0 1	0 0 1	1 0 0
72	488	443	0 0 1	0 1 0	0 1 0
130	340	413	0 0 1	0 0 1	0 1 0
226	406	365	0 0 1	0 1 0	0 0 1
172	584	689	0 0 1	1 0 0	1 0 0
128	544	713	0 0 1	1 0 0	1 0 0
231	322	746	0 0 1	0 0 1	1 0 0
232	524	872	0 0 1	1 0 0	1 0 0
168	410	617	0 0 1	0 1 0	1 0 0
173	504	458	0 0 1	1 0 0	0 1 0
215	530	587	0 0 1	1 0 0	1 0 0

本实例不仅综合运用了前面所学 C 语言基础知识的内容，如结构体、数组、文件等，及一些库函数如：访问端口函数、画线函数、图形初始化函数等的使用，而且在软件设计中始终贯穿软件工程的设计指导思想，给软件设计提供了一个重要的思路和方法，为今后大型软件的设计奠定基础。

第12章　综合实例二
——超市库存货品信息管理系统设计

至此，读者已基本具备了用C语言开发一些简单应用程序的能力，为使这一能力得到进一步的提高和扩展，本章再就一个具体的应用实例—— 一个简单的数据库管理系统软件的开发仍从软件工程角度作一次详细探讨。

1. 问题描述

为某大型超市编写一个库存货品信息管理系统软件，要求能实现超市库存货品信息的输入、输出、插入、删除、修改、排序、查找等功能，并能将建立和更新的库存信息保存于文件供输出或打印。对于查找、排序、修改、删除功能要求能按货品名、货品号分别进行。每个货品的相关信息包括：货品号、货品名、货品库存量、进货日期、货品生产厂家及供应商等。

2. 问题分析

本例实际上要完成的是一个简单数据库管理系统的设计，而数据库又是计算机应用的另一个重要方面，用C语言也可以编写数据库软件，但需要掌握一些数据结构方面的知识，有关内容可参考数据结构方面的书籍。

下面和第11章一样也从软件工程角度出发来进行本系统软件的设计与分析。

12.1　问题定义

12.1.1　问题背景

对于超市库存货品信息管理系统，其数据不仅复杂、量大而且还经常变化，要是采用传统的手工方式采集，不仅工作效率低、容易出错，而且管理也不够规范。由于计算机技术在管理应用领域中的开展，开发此数据库管理系统是十分必要的，并且具有可行性。当然目前超市的数据库系统不是采用C语言而是采用一些数据库语言开发的，但为了说明C语言也同样可编写数据库软件，故本系统选用C语言作为开发工具。

12.1.2　用户目标

由计算机来完成超市库存货品信息的管理，要求实现如下功能：建立超市库存货品表列，且可对此表列进行输出、插入、删除、查找、修改、保存等操作。

12.2　概要设计

12.2.1　方案确定

超市库存货品信息管理系统要求实现许多功能,可遵循前面所学的结构化程序设计思想来进行本系统的设计——自顶向下、逐步细化,也就是将系统软件设计任务划分成许多容易解决的小的子任务,即分解出许多子功能模块进行设计。

12.2.2　软件结构

本实例中超市库存货品信息管理系统的软件结构如图12.1所示。

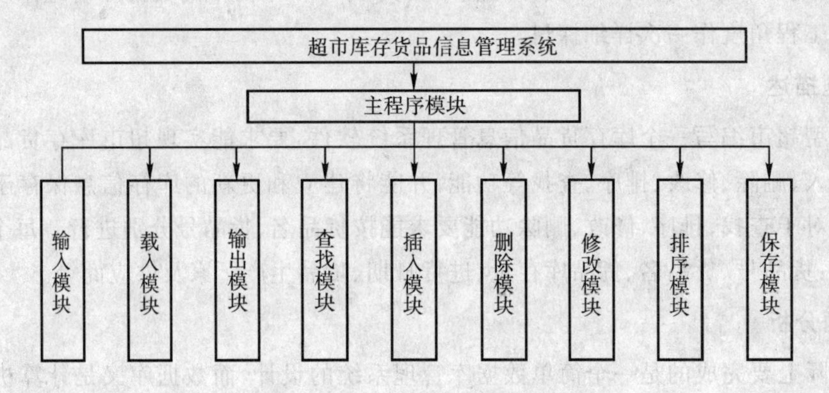

图12.1　超市库存货品信息管理系统层次图

12.2.3　模块功能说明

对本系统的功能进行分析后可作如下的模块化设计

输入模块实现功能:能把用户逐一输入的数据添加进表中。

载入模块实现功能:能把磁盘上数据文件载入表中。

输出模块实现功能:能逐一把数据按指定格式输出到屏幕。

查找模块实现功能:能搜索到符合用户指定条件的数据,并将数据输出到屏幕。

插入模块实现功能:能把用户再次输入的数据插入表中。

删除模块实现功能:能把符合用户指定条件的数据从表中删除。

修改模块实现功能:能让用户修改指定的表中数据。

排序模块实现功能:能按照指定的关键字进行排序。

保存模块实现功能:能将数据保存为文件形式,长期保存。

主程序模块实现功能:完成主菜单的显示,及对各模块的调用。

12.3　详细设计

12.3.1　数据设计

1. 数据结构的选择

通过前面章节的学习可知本系统的设计可以使用以结构体为基类型的一维数组结构来完成,但使用数组时会存在这样一些缺陷。

① 对于各个超市,其规模各不相同,在建立某个超市库存货品的目录时无法预知其货品品种的多少,那么在用数组完成这一设计时,由于数组是在编译时分配内存的,所以其分配的空间大小是不可改变的,当数组的空间定义过小而货品种量很多时,就可能会出现数组很快用完的情况,使得数据量难以扩充,从而就限制了程序的应用能力;若数组的空间定义过大而当下又未被使用时,势必又会造成内存浪费。

② 对于某一个固定的超市,它每天需要进出的货品品种可能不同,因而一定会有新旧货品需要进行增加或删除。在由数组完成数据设计时,在数组中插入、删除一个元素需要移动数组中的大量数据元素,因此操作费时费事。

造成上述缺陷的原因是数组采用的是静态的存储分配方式,那么能否找到一种由程序负责控制的存储分配方式,即能根据各个超市的不同需要来决定其货品目录的长短,当需要增加新货品时,临时分配内存单元用以存放有关数据,当需要删除旧的货品时又可以随时释放内存单元,供以后使用。其实 C 语言提供了处理此类问题的一种方法,即采用动态存储分配方式的数据结构(见本书基础篇 7.5 节),其特点是:用则申请,不用则释放,故能高效的利用内存空间,解决了用结构体数组设计时存在的缺陷。但由于篇幅所限及编写程序遵循从易到难的一个渐进过程,故这里只介绍较为简单的一种实现方法——静态存储方式的数据结构来完成本系统设计,因此本系统在数据结构选择上选取静态存储分配方式的数据结构——数组,其他结构可参见《数据结构》课程内容。

2. 数据类型的选择

由于本系统是完成超市货品信息系统,货品数据有多个数据项,采用前面学习的结构体类型是最合适不过的。因为一个结构体可包含若干成员,而这些成员可以是数值类型、字符类型、数组类型、指针类型等,因此本系统在数据类型选择上选取结构体类型。设计如下(为了简单起见,省略了货品的有关信息——如进货日期、货品生产厂家及供应商等):

```
typedef struct goods_stype
{
    int num;                /* 货品号 */
    char name[20];          /* 货品名 */
    int amount;             /* 货品量 */
}GOODS;
```

12.3.2 流程图

1. 输入模块

输入模块实际上是完成一个用来存储超市货品信息的结构体类型数组的建立。

假设要求对表12-1中3个货品建立一个表,那么要建立数组来存储货品信息其算法流程图见图12.2。

表12-1 3个货品信息列表

货品号	货品名:	货品数量(单位)
10001	童袜	125(双)
10201	童鞋	230(双)
20100	童装	180(套)

2. 载入模块

载入模块将已存入文件中的货品数据信息导出,创建成数组,之后可进行数组的插入、删除、修改、查找、排序等操作。

载入模块算法描述的流程图见图12.3。

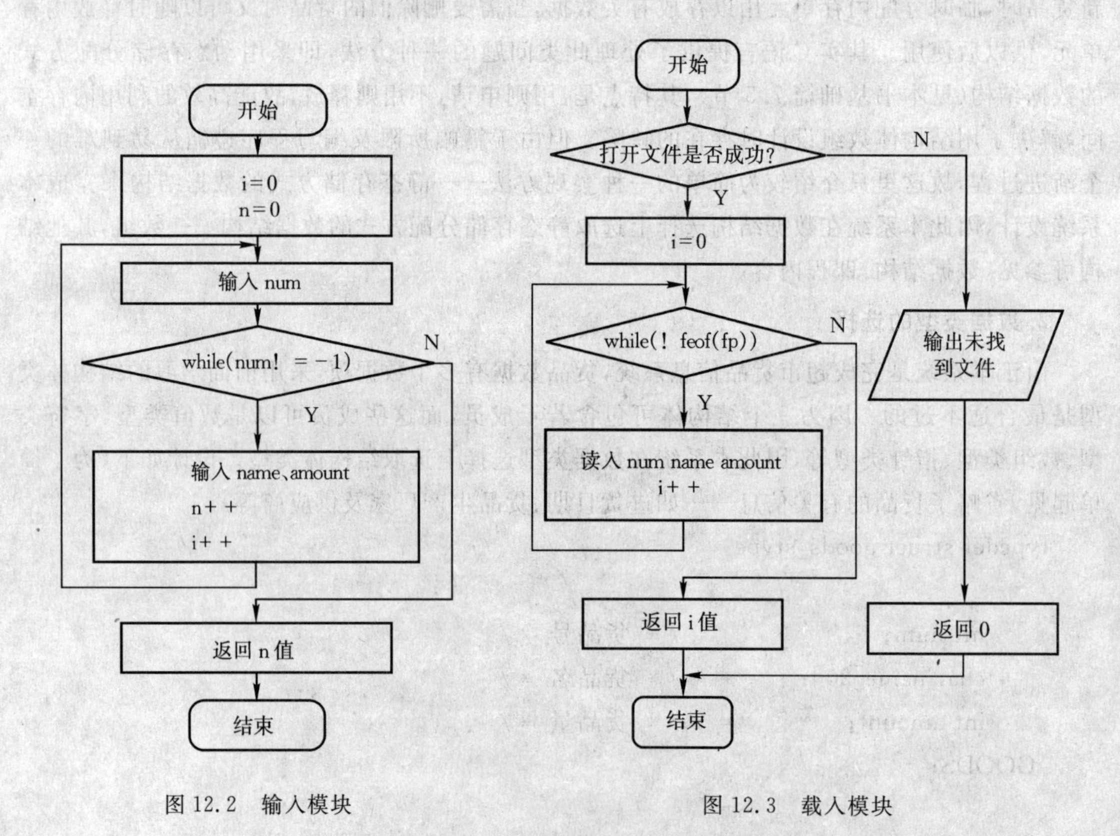

图12.2 输入模块　　图12.3 载入模块

3. 输出模块

输出模块就是依次输出数组中各货品元素，这个问题比较容易处理。输出数组中第一个元素直至最后一个元素即可。

输出模块算法描述的流程图见图 12.4。

4. 查找模块

查找模块是指在已知数组中查找值为某指定值的货品元素，查找过程是从数组的第一个元素开始，顺序查找，当发现有指定值的货品元素时，输出查找结果，或查找至数组最后一个元素都未发现有指定值的货品元素，输出“未找到”，表示数组中没有指定值的货品。查找是常用的一种操作，它常与插入、删除、修改等操作配合使用。

本系统在设计时采用两种查找依据，即可以按“货品号”或“货品名”来分别查找某货品，而在插入模块、删除模块、修改模块和排序模块中，处理方法是相同的，有两种依据。

查找模块算法描述的流程图见图 12.5。（为简单起见，流程图只给出按货品号查找）

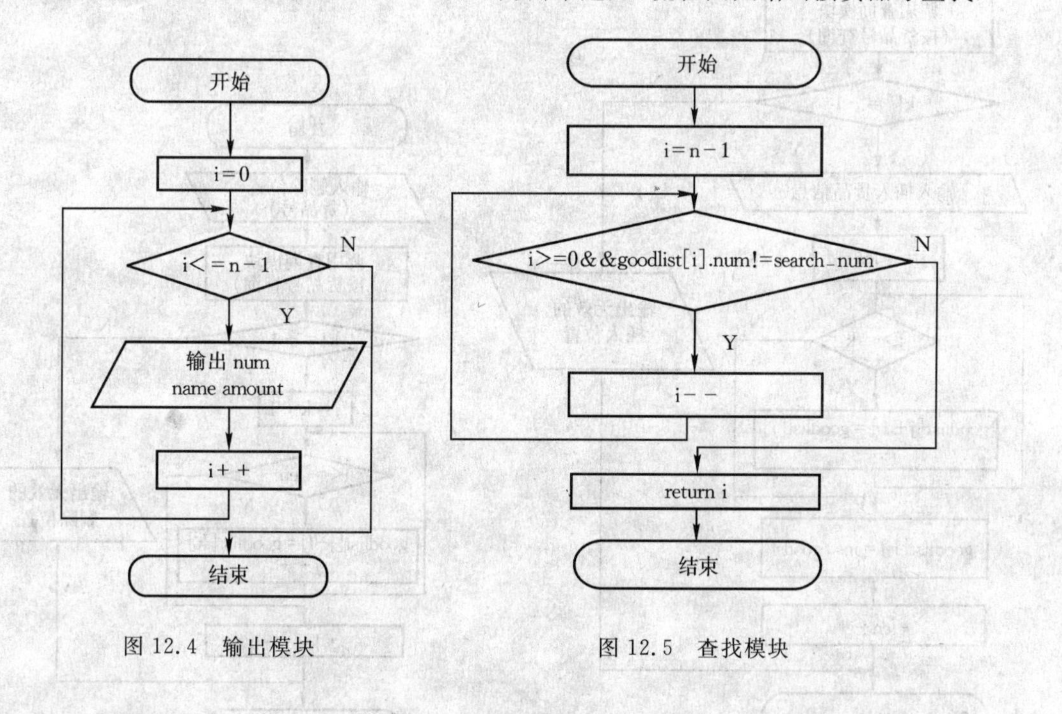

图 12.4　输出模块　　　图 12.5　查找模块

5. 插入模块

插入模块要完成的是货品表的插入操作，即将一个新货品信息插入到一个已有存储货品信息的数组中。假设对刚刚建立的数组，现有一个新货品（货品号：10301，货品名：童帽，数量：300 个）要求插入其中，并要求插入到数组中货品号为“10201”之前，如何完成？

首先新设一个结构体变量 ins_goods，输入预插入货品信息，即新货品有关数据，接下来在数组中查找货品号为“10201”的货品，找到后只需要移动此货品元素及其之后的所有数组元素即可，数组中的此货品元素及其以后的元素要依次向后移动，虽然效率不高但实现起来简单方便。插入模块也可以设计成插入某货品之后，读者可自己设计。

插入模块算法描述的流程图见图12.6。

6. 删除模块

删除模块要完成的是货品的删除操作，此操作也很容易，只需删除数组中指定货品即可。接上例，假设现又要求在刚完成插入操作的数组中再删除一个货品，货品号为"10201"。在数组中查找货品号为"10201"的货品，找到后只需要移动此货品元素之后的所有数组元素即可，数组中的此货品元素之后的元素要依次向前移动。

删除模块算法描述的流程图见图12.7。

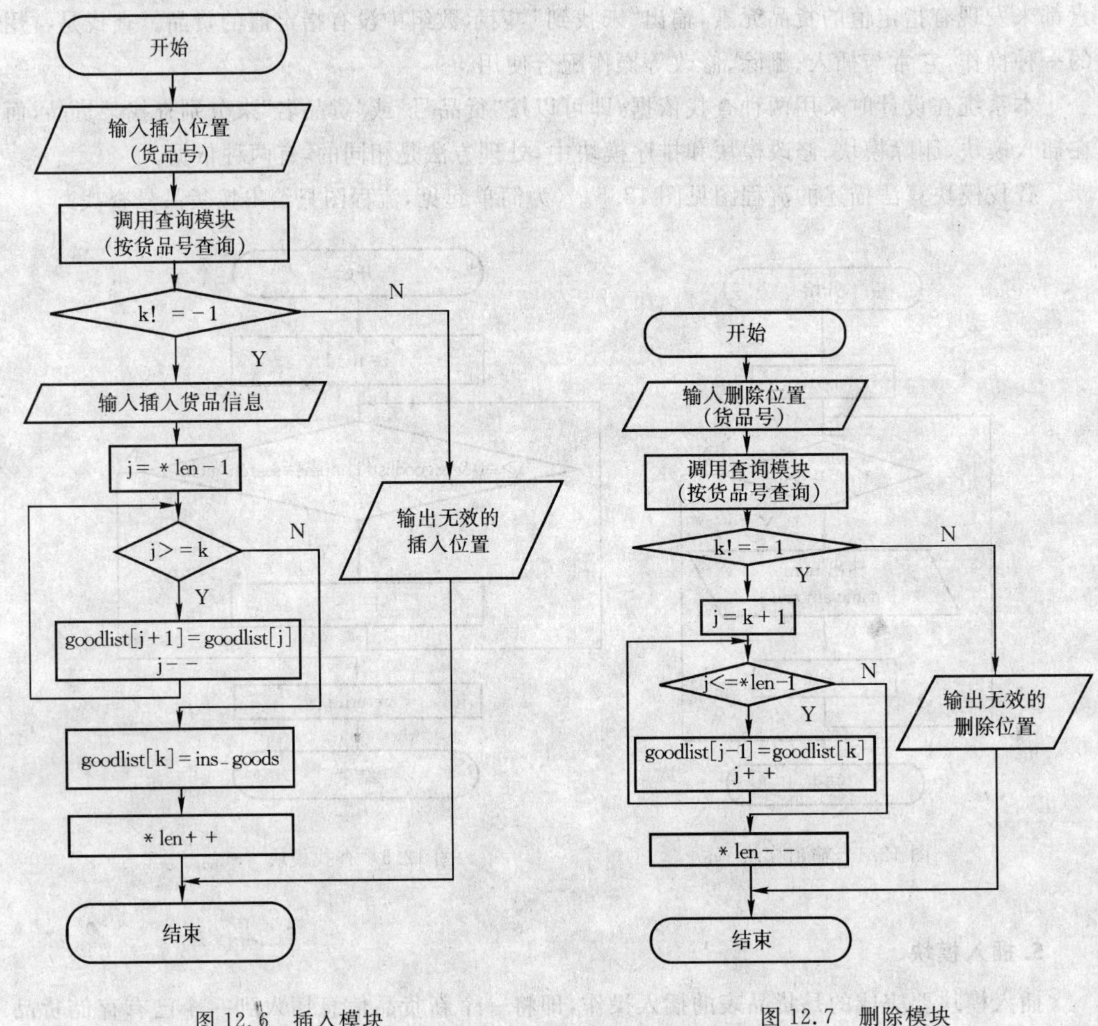

图12.6　插入模块　　　　图12.7　删除模块

7. 修改模块

修改模块是指可对已有货品信息进行修改，修改时应先查找到此货品，然后对其修改。修改模块算法描述的流程图见图12.8。

8. 排序模块

排序模块是指对已有货品表可按某一个指定值(货品名、货品号)对货品进行排序,排序算法可选择已学过的算法进行。

排序模块算法描述的流程图见图 12.9。

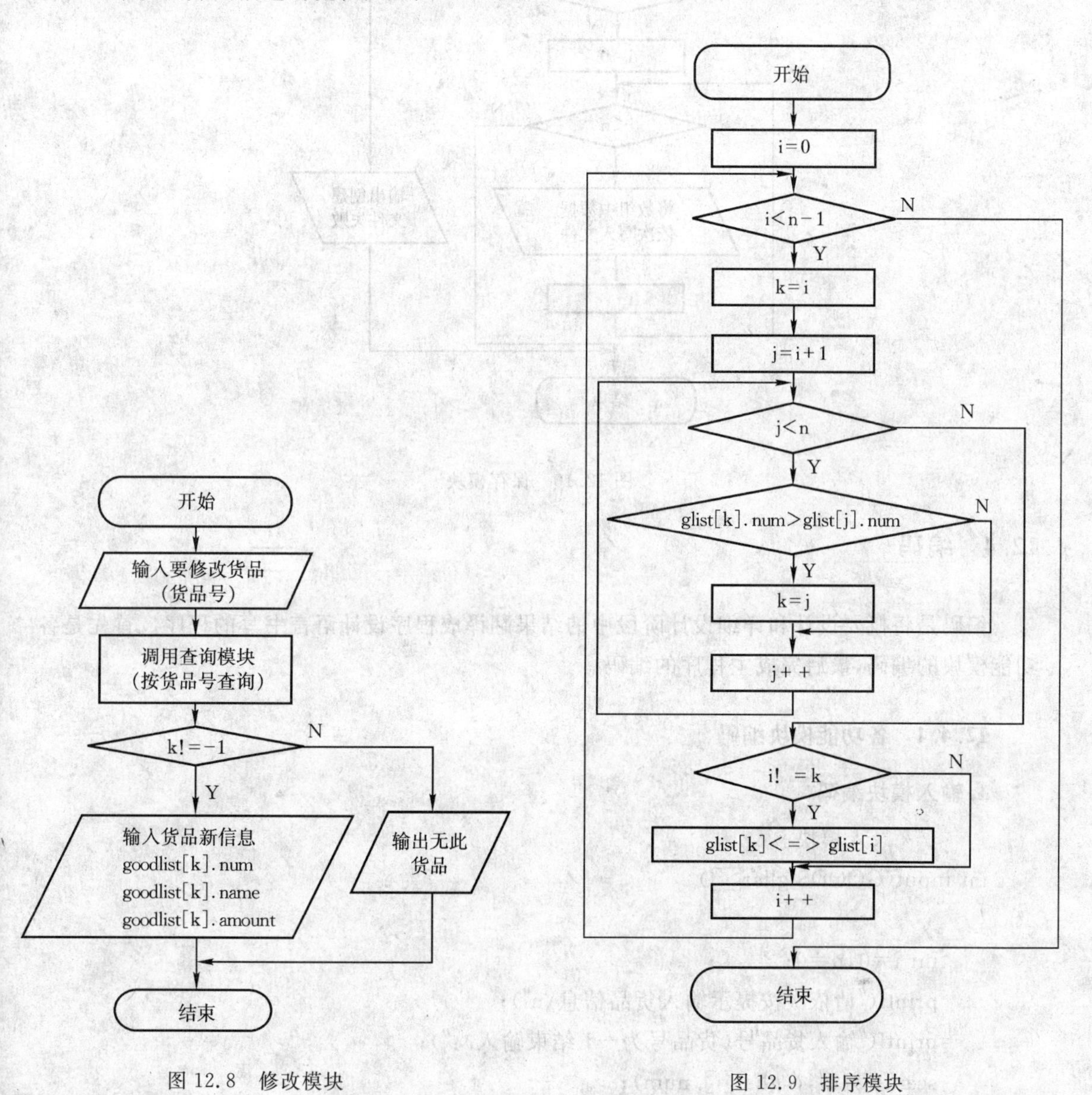

图 12.8　修改模块　　　图 12.9　排序模块

9. 保存模块

保存模块是将最终想要保留的货品数据信息保存于文件中。

保存模块算法描述的流程图见图 12.10。

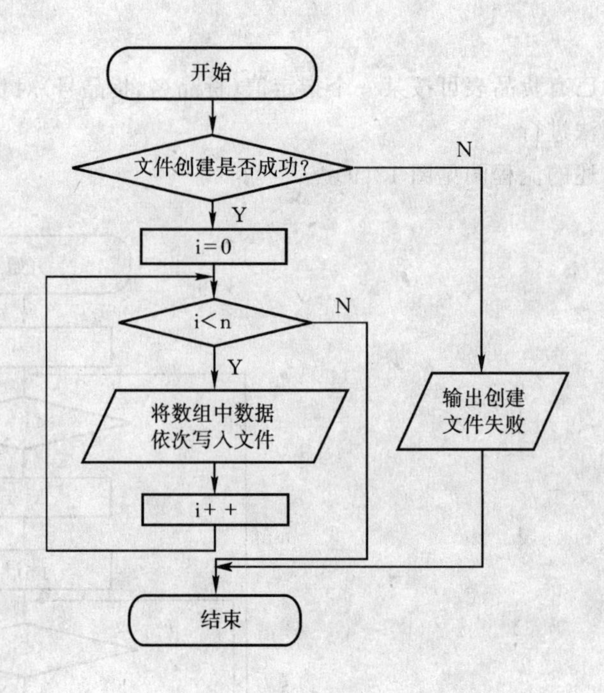

图 12.10　保存模块

12.4　编码

编码是将概要设计和详细设计阶段中的结果翻译成程序设计语言书写的程序。首先是各功能模块的编码,最后完成主程序的编码。

12.4.1　各功能模块编码

1. 输入模块编码

```
    /* 录入模块 */
int input(GOODS glist[ ])
{
    int i=0,n=0;
    printf("请依次按提示输入货品信息\n");
    printf("输入货品号(货品号为-1结束输入):");
    scanf("%d",&glist[i].num);
    while(glist[i].num! =-1)      * 当读入货品号不为-1时,循环读入数据 */
    {
      printf("输入货品名:");
      scanf("%s",glist[i].name);
      printf("输入货品量:");
      scanf("%d",&glist[i].amount);
```

```
        i++;
        n++;
        printf("输入货品号(货品号为-1结束输入):");
        scanf("%ld",&glist[i].num);

    }
    return n;                                    /*返回读入货品的个数*/
}
```

2. 载入模块编码

```
    /*载入模块*/
int openfile(GOODS glist[])
{
    int i=0;
    FILE *fp2;
    fp2=fopen("d:\\货品信息原始表.txt","r");  /*打开D盘"货品信息原始表.txt"文件*/
    if(fp2==NULL)                          /*返回空指针表示文件未正确打开*/
    {
        printf("未找到文件\n");
        return 0;
    }
    else
    {
        while(! feof(fp2))                  /*当文件未读写完,执行循环*/
        {
            fscanf(fp2,"%d%s%d",&glist[i].num,glist[i].name,&glist[i].amount);
            i++;
        }
        fclose(fp2);                        /*关闭文件*/
        printf("载入数据成功\n");
        return i;                           /*返回从文件中读取货品的个数*/
    }
}
```

3. 输出模块编码

```
    /*输出模块*/
void output(GOODS glist[ ],int n)
{
    int i;
```

```
    printf("------------------------\n");
    printf("        超市货品信息表         \n");
    printf("------------------------\n");
    printf("    货品号   货品名   货品量\n");
    for(i=0;i<=n-1;i++)
        printf("%6d%16s%6d\n",glist[i].num,glist[i].name,glist[i].amount);
    printf("------------------------\n");
}                                   /* 函数结束 */
```

4.查找模块编码

```
    /*查找模块*/
int seqsearch1(GOODS goodlist[ ],int n,int search_num)        /*按货品号查找*/
{
    int i=n-1;
    while(i>=0&&goodlist[i].num!=search_num)
      i--;
    return i;                                  /*返回查找到货品的位置(下标)*/
}
int seqsearch2(GOODS goodlist[ ],int n,char search_name[])    /*按货品名查找*/
{
    int i=n-1;
    while(i>=0&&(strcmp(goodlist[i].name,search_name)!=0))
      i--;
    return i;                                  /*返回查找到货品的位置(下标)*/
}
```

5.插入模块编码

```
     /*插入模块*/
void seqinsert(GOODS goodlist[ ],int *len)   /* *len表示货品的个数即货品表的表长*/
{
    int j,k,insert_num,choice;
    char insert_name[20];
    GOODS ins_goods;
    if(*len==MAXLEN-1)                         /* 货品个数已达到数组空间长度*/
        printf("数组已满!");
    else
    {
        do
        {
```

```
printf("1**********按货品号插入*****\n");
printf("2**********按货品名插入*****\n");
printf("0**********返回上级菜单*****\n");
printf("请输入选择\n");
scanf("%d",&choice);
switch(choice)
{
 case 1:
   printf("请输入插入位置(插入某货品号之前):\n");
   scanf("%d",&insert_num);
   k=seqsearch1(goodlist,*len,insert_num);
   if(k==-1)
     printf("无效的插入位置!\n");
   else
   {
     printf("请输入插入货品信息:货品号 货品名 数量\n");
       scanf("%d%s%d",&ins_goods.num,ins_goods.name,&ins_
            goods.amount);
     for(j=*len-1;j>=k;j--)
       goodlist[j+1]=goodlist[j];
     goodlist[k]=ins_goods;
     (*len)++;                        /*货品个数增1*/
     printf("插入成功!\n");
   }
   break;
 case 2:
   printf("请输入插入位置(插入某货品名之前):\n");
   scanf("%s",insert_name);
   k=seqsearch2(goodlist,*len,insert_name);
   if(k==-1)
     printf("无效的插入位置!\n");
   else
   {
     printf("请输入插入货品信息:货品号 货品名 数量\n");
       scanf("%d%s%d",&ins_goods.num,ins_goods.name,&ins_
       goods.amount);
     for(j=*len-1;j>=k;j--)
```

```
                goodlist[j+1]=goodlist[j];
              goodlist[k]=ins_goods;
              (*len)++;
              printf("插入成功! \n");
            }
            break;
          case 0:
            break;
        }
      }while(choice! =0);
  }
}
```

6.删除模块编码

```
    /*删除模块*/
void seqdelete(GOODS goodlist[ ],int *len)
{
    int j,delete_num,k,choice;
    char delete_name[20];
    if(*len==0)
    printf("数组已空!");
    else
    {
      do
        {
            printf("1***********按货品号删除*****\n");
            printf("2***********按货品名删除*****\n");
            printf("0***********返回上级菜单*****\n");
            printf("请输入选择\n");
            scanf("%d",&choice);
            switch(choice)
            {
              case 1:  printf("请输入删除货品的货品号:");
                       scanf("%d",&delete_num);
                       k=seqsearch1(goodlist,*len,delete_num);
                       if(k==-1)
                           printf("无效的删除位置! \n");
                           else
```

```
                {
                    for(j=k+1;j<= *len-1;j++)
                    goodlist[j-1]=goodlist[j];
                    (*len)--;
                    printf("删除成功！\n");
                }
                break;
        case 2:
                printf("请输入删除货品的货品名：");
                scanf("%s",delete_name);
                k=seqsearch2(goodlist, *len,delete_name);
                if(k==-1)
                  printf("无效的删除位置！\n");
                  else
                  {
                    for(j=k+1;j<= *len-1;j++)
                    goodlist[j-1]=goodlist[j];
                    (*len)--;
                    printf("删除成功！\n");
                  }
                  break;
        case 0:break;
        }
    }while(choice! =0);
  }
}
```

7. 修改模块编码

```
/*修改模块*/
void revise(GOODS glist[],int n)
{
int knum,k,choice;
char kname[20];
do
{
    printf("1**********按货品号修改*****\n");
    printf("2**********按货品名修改*****\n");
    printf("0**********返回上级菜单*****\n");
```

```
    printf("请输入选择\n");
    scanf("%d",&choice);
    switch(choice)
    {
      case 1:
              printf("请输入要修改货品的货品号\n");
              scanf("%d",&knum);
              k=seqsearch1(glist,n,knum);
              if(k==-1)
                printf("无此货品\n");
              else
              {
                printf("请输入新货品信息  货品号  货品名  货品量\n");
                 scanf ("%d%s%d", &glist[k]. num,glist[k]. name, &glist[k]. a-
                        mount);
                printf("修改成功! \n");
              }
              break;
      case 2:
              printf("请输入要修改货品的货品名\n");
              scanf("%s",kname);
              k=seqsearch2(glist,n,kname);
              if(k==-1)
                printf("无此货品\n");
              else
              {
                printf("请输入新货品信息  货品号  货品名  货品量\n");
                 scanf ("%d%s%d", &glist[k]. num,glist[k]. name, &glist[k]. a-
                        mount);
                printf("修改成功! \n");
              }
              break;
      case 0:
            break;
    }
  }while(choice! =0);
}
```

8. 排序模块编码

```
    /*排序模块*/
void sort(GOODS glist[],int n)
{
    int i,j,k,choice;
    GOODS t;
    do
    {
      printf("1**********按货品号排序*****\n");
      printf("2**********按货品名排序*****\n");
      printf("0**********返回上级菜单*****\n");
      printf("请输入选择\n");
      scanf("%d",&choice);
      switch(choice)
      {
         case 1:
            for(i=0;i<n-1;i++)
            {
              k=i;
              for(j=i+1;j<n;j++)
                if(glist[k].num>glist[j].num)
                   k=j;
              if(i!=k)
              {
                t=glist[k];
                glist[k]=glist[i];
                glist[i]=t;
              }
            }
            output(glist,n);
            break;
         case 2:
            for(i=0;i<n-1;i++)
            {
              k=i;
              for(j=i+1;j<n;j++)
                if(strcmp(glist[k].name,glist[j].name)>0)
```

```
                k=j;
            if(i! =k)
            {
              t=glist[k];
              glist[k]=glist[i];
              glist[i]=t;
            }
          }
          output(glist,n);
          break;
      case 0:
          break;
    }
  }while(choice! =0);
}
```

9. 保存模块编码

```
    /*保存模块*/
void save(GOODS glist[],int n)
{
    int i;
    FILE *fp1;
    fp1=fopen("d:\\货品信息表.txt","w");
    if(fp1==NULL)
      printf("保存失败\n");
    else
    {
        for(i=0;i<n;i++)
          fprintf (fp1,"%10d%10s%5d\n",glist[i].num,glist[i].name,glist[i].a-
                mount);
        fclose(fp1);
        printf("保存成功\n");
    }
}
```

12.4.2 主程序编码

由主程序完成各功能模块的调用,最后为使整个程序以及输出格式更加清晰易读,还可适当加入一些语句,比如欢迎信息、输出空行、结束信息、适当的注释等。

```
#include<stdio.h>
#include<string.h>
#include<stdlib.h>
#define MAXLEN 100
typedef struct   goods_stype
{
    int   num;                                  /* 货品号 */
    char   name[20];                            /* 货品名 */
    int   amount;                               /* 货品量 */
}GOODS;
int input(GOODS glist[]);                       /* 输入函数声明 */
int openfile(GOODS glist[]);                    /* 载入函数声明 */
void output(GOODS glist[ ],int n);              /* 输出函数声明 */
int seqsearch1(GOODS g[ ],int n,int search_num);   /* 查找(按货品号)函数声明 */
int seqsearch2(GOODS goodlist[ ],int n,char search_name[]);   /* 查找(按货品名)函
                                                                 数声明 */
void seqinsert(GOODS goodlist[ ],int *n);       /* 插入函数声明 */
void seqdelete(GOODS goodlist[ ],int *n);       /* 删除函数声明 */
void revise(GOODS glist[],int n);               /* 修改函数声明 */
void sort(GOODS glist[],int n);                 /* 排序函数声明 */
void save(GOODS glist[],int n);                 /* 保存函数声明 */

void main()
{
    GOODS glist[MAXLEN];
    int sel,choice;
    int n,*len=&n,i;
    int search_num;
    char search_name[20];

    char message[ ]={"* * * * * * * * * * * * * * * * * * * * * * * * * * * * * * * * * * * * * * * * * * * * * * * * * * * * * * * * *\n"
                     "* * * * * * * * * * * * * * * * * * * * * * * * * * * * * * * * * * * * * * * * * * * * * * * * * * * * * * * * * *\n"
                     "            超市库存货品管理系统使用说明           \n"
                     "本系统是一个超市库存货品信息管理系统,您可以在本系\n"
                     "统中输入多类货品信息,也可载入已保存于文件的货品信息,\n"
```

```
                    "之后可进行插入,删除,修改,查询等操作,然后重新保存.  \n"
                    "           欢迎您使用超市库存货品管理系统.          \n"
                    "******************************
                    *****************************\n"
        };
        char menu[ ]={"******************************
                    ****************************\n"
                    "           *1.输入货品信息          \n"
                    "           *2.输出货品信息          \n"
                    "           *3.查找货品信息          \n"
                    "           *4.插入货品信息          \n"
                    "           *5.删除货品信息          \n"
                    "           *6.修改货品信息          \n"
                    "           *7.货品信息排序          \n"
                    "           *8.存盘                  \n"
                    "           *0.退出                  \n"
                    "******************************
                    *****************************\n"
    };
    printf("%s",message);
    do
    {
      printf("%s",menu);
      printf("请在0-8中选择\n");
      scanf("%d",&sel);
      switch (sel)
      {
        case 1:             /*录入模块*/
          printf("1——————--键盘输入\n");
          printf("2——————--文件载入\n");
          printf("请选择1或2\n");
          scanf("%d",&choice);
          switch(choice)
          {
            case 1:
              n=input(glist);       /*n为货品个数   输入模块*/
              break;
```

```
      case 2:
        n=openfile(glist);    /*载入模块*/
        break;
     }
     break;
  case 2:           /*输出模块*/
     output(glist,n);
     break;
  case 3:           /*查找模块*/
     do
     {
       printf("1**********按货品号查找*****\n");
       printf("2**********按货品名查找*****\n");
       printf("0**********返回上级菜单*****\n");
       printf("请输入选择\n");
       scanf("%d",&choice);
       switch(choice)
       {
         case 1:
           printf("请输入查找货品的货品号\n");
           scanf("%d",&search_num);/*search_num 为查找的货品号*/
           i=seqsearch1(glist,n,search_num);
           if(i==-1)
              printf("    无此商品\n");
           else
           {
              printf("--------------------\n");
              printf("    查找货品为:\n");
              printf("%10d%10s%5d\n",glist[i].num,glist[i].name,glist[i].amount);
              printf("--------------------\n");
           }
           break;
         case 2:
              printf("请输入查找货品的货品名\n");
              scanf("%s",search_name); /*search_num 为查找的货品名*/
              i=seqsearch2(glist,n,search_name);
              if(i==-1)
```

```
                    printf("    无此商品\n");
                else
                {
                    printf("---------------------\n");
                    printf("    查找货品为\n");
                    printf("%10d%10s%5d\n",glist[i].num,glist[i].name,glist[i].amount);
                    printf("---------------------\n");
                }
                  break;
            case 0:
                  break;
        }
    }while(choice! =0);
   break;
  case 4:                              /*插入模块*/
     seqinsert(glist,len);/*   len为存放n的指针变量*/
     break;
  case 5:                              /*删除模块*/
     seqdelete(glist,len);             /*   len为存放n的指针变量*/
     break;
  case 6:                              /*修改模块*/
     revise(glist,n);
     break;
  case 7:                              /*排序模块*/
     sort(glist,n);
     break;
  case 8:                              /*保存模块*/
     save(glist,n);
     break;
     case 0:exit(1);
   }/*switch*/
  }while(sel! =0);      /*while*/
}                                      /*主程序结束*/
```

到此程序的设计已进行了问题定义、概要设计、详细设计、编码四个阶段设计，最后还要再进行软件测试，以确保程序的可靠性，关于此阶段不再进行详细说明。

附录Ⅰ 常用字符与ASCⅡ代码对照表

ASCⅡ值	字符	控制字符	ASCⅡ值	字符	ASCⅡ值	字符	ASCⅡ值	字符	ASCⅡ值	字符	ASCⅡ值	字符	ASCⅡ值	字符	ASCⅡ值	字符
000	(null)	NUL	032	(space)	064	@	096	’	128	ç	160	á	192	└	224	α
001	☺	SOH	033	!	065	A	097	a	129	ü	161	í	193	┴	225	β
002	●	STX	034	“	066	B	098	b	130	é	162	ó	194	┬	226	Γ
003	♥	ETX	035	#	067	C	099	c	131	â	163	ú	195	├	227	π
004	◆	EOT	036	$	068	D	100	d	132	ā	164	ń	196	─	228	Ξ
005	♣	END	037	%	069	E	101	e	133	à	165	a̲	197	┼	229	σ
006	♠	ACK	038	&	070	F	102	f	134	å	166	o̲	198	╞	230	μ
007	(beep)	BEL	039	′	071	G	103	g	135	ç	167	□	199	╟	231	τ
008	■	BS	040	(	072	H	104	h	136	ê	168		200	╚	232	
009	(tale)	HT	041	)	073	I	105	i	137	ë	169	┌	201	╔	233	θ
010	(line feed)	LP	042	*	074	J	106	j	138	è	170	┐	202	╩	234	Ω
011	(home)	VT	043	+	075	K	107	k	139	ï	171	1/2	203	╦	235	δ
012	(form feed)	FF	044	,	076	L	108	l	140	î	172	1/4	204	╠	236	∞
013	(carriage return)	CR	045	—	077	M	109	m	141	ì	173	!	205	═	237	∮
014	♫	SO	046	•	078	N	110	n	142	Ã	174	《	206	╬	238	∈
015	☼	SI	047	/	079	O	111	o	143	Å	175	》	207	╧	239	∩

续上表

ASCⅡ值	字符	控制字符	ASCⅡ值	字符	ASCⅡ值	字符	ASCⅡ值	字符	ASCⅡ值	字符	ASCⅡ值	字符	ASCⅡ值	字符	ASCⅡ值	字符
016	▶	DLE	048	0	080	P	112	p	144	É	176	░	208	╨	240	≡
017	◀	DC1	049	1	081	Q	113	q	145	ac	177	▒	209	╤	241	±
018		DC2	050	2	082	R	114	r	146	ÅE	178	▓	210	╥	242	⩾
019	!!	DC3	051	3	083	S	115	s	147	ô	179	│	211	╙	243	⩽
020	╗	DC4	052	4	084	T	116	t	148	ö	180	┤	212	╘	244	「
021	§	NAK	053	5	085	U	117	u	149	ò	181	╞	213	╒	245	」
022	▬	SYN	054	6	086	V	118	v	150	û	182	╢	214	╓	246	÷
023	╖	ETB	055	7	087	W	119	w	151	ù	183	╖	215	╫	247	≈
024	↑	CAN	056	8	088	X	120	x	152	ÿ	184	╕	216	╪	248	。
025	↓	EM	057	9	089	Y	121	y	153	Ö	185	╣	217	┘	249	·
026	→	SUB	058	:	090	Z	122	z	154	ü	186	║	218	└	250	•
027	←	ESC	059	;	091	[	123	〈	155		187	╗	219	█	251	
028	∟	PS	060	<	092	\	124	¦	156	{	188	╝	220	▄	252	Π
029	◆	GS	061	=	093	]	125	〉	157	¥	189	╜	221	█	253	Z
030	▲	RS	062	>	094	∧	126	～	158	Pt	190	╛	222	█	254	■
031	▼	US	063	?	095	—	127		159	*f*	191	┐	223	▀	255 (blank'FF')	

附录Ⅱ　运算符和结合性

优先级	运算符	结合性
1	( ) [ ] -> .	自左向右
2	! ~ ++ -- - () * & sizeof()	自右向左
3	* \ %	自左向右
4	+ -	自左向右
5	<< >>	自左向右
6	<, <=, >, >=	自左向右
7	== !=	自左向右
8	&	自左向右
9	∧	自左向右
10	|	自左向右
11	&&	自左向右
12	||	自左向右
13	?　:	自右向左
14	=, +=, -=, *=, /=, %= >>=, <<=, &=, ^=, |=	自左向右
15	,	自左向右

附录Ⅲ　C库函数

1. 输入输出函数

凡用以下的输入输出函数，应该使用＃include<stdio.h>或＃include"stdio.h"把stdio.h头文件包含到源程序文件中。

函数名称	调用方式	函数功能	返回值	可移植性
clearerr	void clearerr(FILE * stream);	把由stream指定的文件的错误指示器重新设置成0，文件结束标记也重新设置	无返回值	适用于UNIX系统，在ANSI C中有定义
close	int close(int handle);	关闭与handle相关联的文件	关闭成功返回0，否则返回－1	也适用于UNIX系统
creat	int creat(char * path,int amode);	以amode指定的方式创建一个新文件或重写一个已经存在的文件	创建成功时返回非负整数给handle；否则返回－1	也适用于UNIX系统
eof	int eof(int handle);	检查与handle相联的文件是否结束	若文件结束返回1，否则返回0；返回值为－1表示出错	适用于UNIX系统，在ANSI C中有定义
fclose	int fclose(FILE * stream);	关闭stream所指的文件并释放文件缓冲区	操作成功返回0，否则返回非0	适用于UNIX系统，在ANSI C中有定义
feof	int feof(FILE * stream);	检测所给的文件是否结束	若检测到文件结束，返回非0值；否则返回值为0	适用于UNIX系统，在ANSI C中有定义
ferror	int ferror(FILE * stream)	检测stream所指向的文件是否有错	若有错返回非0，否则返回0	适用于UNIX系统，在ANSI C中有定义
fflush	int fflush(FILE * stream);	把stream所指向的文件的所有数据和控制信息存盘	若成功返回0，否则返回非0	适用于UNIX系统，在ANSI C中有定义

函数名称	调用方式	函数功能	返回值	可移植性
fgetc	int fgetc(FILE * stream);	从stream所指向的文件中读取下一个字符	操作成功返回所得到的字符;当文件结束或出错时返回EOF	适用于UNIX系统,在ANSI C中有定义
fgets	char * fgets(char * s, int n, FILE * stream);	从输入流stream中读取n-1个字符,或遇到换行符'\n'为止,并把读出的内容存入s中	操作成功返回所指的字符串的指针;出错或遇到文件结束符时返回NULL	适用于UNIX系统,在ANSI C中有定义
flushall	int flushall(void)	清除所有与打开输入流相联的缓冲区,并把所有和打开输出流相联的缓冲区内容写到各自的文件中。跟在flushall后面的读操作从输入文件中读新数据到缓冲区中	返回一个表示打开输入和输出流总数的整数	适用于UNIX系统,在ANSI C中有定义
fopen	FILE * fopen(char * filename, char * mode);	以mode指定的方式打开以filename为文件名的文件	操作成功返回相连的流;出错时返回NULL	适用于UNIX系统,在ANSI C中有定义
fprintf	int fprintf(FILE * stream, char * format [, argument, …]);	照原样输出格式串format的内容到流stream中,每遇到一个%,就按规定的格式依次输出一个argument的值到流stream中	返回所写字符的个数;出错时返回EOF	适用于DOS系统
fputc	int fputc(char c, FILE * stream);	写一个字符到流中	操作成功返回所写的字符;失败或出错时返回EOF	适用于UNIX系统,在ANSI C中有定义
fputs	int fputs(char * s, FILE * stream);	把s所指的以空字符结束的字符串输出到流中,不加换行符'\n',不拷贝字符串结束标记'\0'	操作成功返回最后写的字符;出错时返回EOF	适用于UNIX系统,在ANSI C中有定义
fread	int fread(void * ptr, int size, int n, FILE * stream);	从所给的流stream中读取n项数据,每一项数据的长度是size字节,放到由ptr所指的缓冲区中	操作成功返回所读的数据项数(不是字节数);遇到文件结束或出错时返回0	适用于UNIX系统,在ANSI C中有定义

函数名称	调用方式	函数功能	返回值	可移植性
freopen	FILE * freopen (char * filename, char * mode, FILE * stream);	用filename所指定的文件代替与打开的流stream相关联的文件	若操作成功返回stream;出错时返回NULL	适用于UNIX系统,在ANSI C中有定义
fscanf	int fscanf(FILE * stream, char * format, address, ….);	从流stream中扫描输入字段,每读入一个字段,就按照从format所指定的格式串中取一个从%开始的格式进行格式化,之后存入对应的地址address中	返回成功地扫描、转换和存储的输入字段的个数;遇到文件结束返回EOF;如果没有输入字段被存储则返回为0	适用于UNIX系统,在ANSI C中有定义
fseek	int fseek(FILE * stream, long offset, int whence);	设置与流stream相联系的文件指针到新的位置,新位置与whence给定的文件位置的距离为offset个字节	调用fseek之后,文件指针指向一个新的位置,成功的移动指针时返回0;出错或失败时返回非0值	适用于UNIX系统,在ANSI C中有定义
ftell	long ftell(FILE * stream);	返回当前文件指针的位置,偏移量是从文件开始处算起的字节数	返回流stream中当前文件指针的位置	适用于UNIX系统,在ANSI C中有定义
fwrite	int fwrite(void * ptr, int size, int n, FILE * stream);	把指针ptr所指的n个数据输出到流stream中,每个数据项的长度是size个字节	操作成功返回确切写入的数据项的个数(不是字节数);遇到文件结束或出错时返回0	适用于UNIX系统,在ANSI C中有定义
getc	int getc(FILE * stream);	getc是返回指定输入流stream中一个字符的宏,它移动stream文件的指针,使之指向一个字符	操作成功返回所读取的字符;到文件结束或出错时返回EOF	适用于UNIX系统,在ANSI C中有定义
getchar	int getchar();	从标准输入流读取一个字符	操作成功返回输入流中的一个字符;遇到文件结束Ctrl+z或出错时返回EOF	适用于UNIX系统,在ANSI C中有定义

函数名称	调用方式	函数功能	返回值	可移植性
gets	char * gets(char * s);	从标准输入流中读取一个字符串,以换行符结束,送入 s 中,并在 s 中用'\0'空字符代替换行符	操作成功返回指向字符串的指针;出错或遇到文件结束时返回 NULL	适用于 UNIX 系统,在 ANSI C 中有定义
getw	int getw(FILE * stream);	从输入流中读取一个整数,不应用于当 stream 以 text 文本方式打开的情况	操作成功时返回输入流 stream 中的一个整数,遇到文件结束或出错时返回 EOF	适用于 UNIX 系统
kbhit	int kbhit();	检查当前按下的键	若按下的键有效,返回非 0 值,否则返回 0 值	适用于 DOS 系统
lseek	long lseek(int handle, long offset, int fromwhere);	lseek 把与 handle 相联系的文件指针从 fromwhere 所指的文件位置移到偏移量为 offset 的新位置	返回从文件开始位置算起到指针新位置的偏移量字节数;发生错误返回 −1L	适用于所有 UNIX 系统
open	int open(char * path, int mode);	根据 mode 的值打开由 path 指定的文件	调用成功返回文件句柄为非负整数;出错时返回−1	适用于 UNIX 系统
printf	int printf(char * format [, argu, …]);	照原样复制格式串 format 中的内容到标准输出设备,每遇到一个%,就按规定的格式,依次输出一个表达式 argu 的值到标准输出设备上	操作成功返回输出的字符值;出错返回 EOF	适用于 UNIX 系统,在 ANSI C 中有定义
putc	int putc(int c, FILE * stream);	将字符 c 输出到 stream	操作成功返回输出字符的值;否则返回 EOF	适用于 UNIX 系统,在 ANSI C 中有定义
putchar	int putchar(int ch);	向标准输出设备输出字符	操作成功返回 ch 值;出错时返回 EOF	适用于 UNIX 系统,在 ANSI C 中有定义

函数名称	调用方式	函数功能	返回值	可移植性
puts	int puts(char * s);	输出以空字符结束的字符串 s 到标准输出设备上，并加上换行符	返回最后输出的字符；出错时返回 EOF	可用于 UNIX 系统
putw	int putw (int w, FILE * stream);	输出整数 w 的值到流 stream 中	操作成功返回 w 的值；出错时返回 EOF	可用于 UNIX 系统
read	int read(int handle, void * buf, unsigned len);	从与 handle 相联系的文件中读取 len 个字节到由 buf 所指的缓冲区中	操作成功返回实际读入的字节数，到文件的末尾返回 0；失败时返回 -1	仅用于 UNIX 系统
remove	int remove(char * filename);	删除由 filename 所指定的文件，若文件已经打开，则先要关闭该文件再进行删除	操作成功返回 0 值，否则返回 -1	仅适用于 UNIX 系统，在 ANSI C 中有定义
rename	int rename(char * oldname, char * newname);	将 oldname 所指定的旧文件名改为由 newname 所指定的新文件名	操作成功返回 0 值；否则返回 -1	与 ANSI C 兼容
rewind	void rewind (FILE * stream);	把文件的指针重新定位到文件的开头位置	无	适用于 UNIX 系统，在 ANSI C 中有定义
scanf	int scanf (char * format, address, …);	scanf 扫描输入字段，从标准输入设备中每读入一个字段，就依次按照 format 所规定的格式串中取一个从%开始的格式进行格式化，然后存入对应的一个地址 address 中	操作成功返回扫描、转换和存储的输入的字段的个数；遇到文件结束，返回值为 EOF	适用于 UNIX 系统
setbuf	void setbuf(FILE * stream, char * buf);	把缓冲区和流联系起来。在流 stream 指定的文件打开之后，使得 I/O 使用 buf 缓冲区，而不是自动分配的缓冲区	无	可用于 UNIX 系统，在 ANSI C 中有定义

函数名称	调用方式	函数功能	返回值	可移植性
setvbuf	int setvbuf(FILE * stream, char * buf, int type, int size);	在流 stream 指定的文件打开之后,使得 I/O 使用 buf 缓冲区,而不是自动分配的缓冲区	操作成功返回 0;否则返回非 0	适用于 UNIX 系统,在 ANSI C中有定义
sprintf	int sprintf(char * buffer, char format, [argu,…]);	本函数接受一系列参数和确定输出格式的格式控制串(由 format 指定),并把格式化的数据输出到 buffer	返回输出的字节数;出错返回 EOF	适用于 UNIX 系统,在 ANSI C中有定义
sscanf	int sscanf(char * buffer, char * format, address, …);	扫描输入字段,从 buffer,所指的字符串每读入一个字段,就依次按照由 format 所指的格式串中取一个从%开始的格式进行格式化,然后存入到对应的地址 address 中	操作成功返回扫描、转换和存储的输入字段的个数;遇到文件结束则返回 EOF	适用于 UNIX 系统,在 ANSI C中有定义
tell	long tell(int handle);	取得文件指针的当前位置	返回与 handle 相联系的文件指针的当前位置,并把它表示为从文件头算起的字节数;出错时返回-1L	适用于 UNIX 系统
tmpfile	FILE * tmpfile (time_t * timer);	以二进制方式打开暂存文件	返回指向暂存文件的指针;失败时返回 NULL	适用于 UNIX 系统,在 ANSI C中有定义
tmpnam	char * tmpnam (char * s);	创建一个唯一的文件名	若 s 为 NULL,返回一个指向内部静态目标的指针;否则返回 s	适用于 UNIX 系统,在 ANSI C中有定义
write	int write(int handle, void * buf, unsigned len);	从 buf 所指的缓冲区中写 len 个字节的内容到 handle 所指定的文件中	返回实际所写的字节数;如果出错返回-1	仅适用于 UNIX 系统

2. 数学函数

使用数学函数时,应该在源文件中使用以下命令行。

include<math. h>或#include"math. h"

函数名	调用形式	函数功能	返回值	可移植性
acos	double acos (double x);	计算 x 的反余弦值	计算结果	对于实数的 acos 适用于 UNIX 系统,在 ANSI C 中有定义;对于复数的 acos 只适用于 Turbo C,不可移值
asin	double asin (double x);	计算 x 的反正弦值	计算结果	对于实数的 asin 适用于 UNIX 系统,在 ANSI C 中有定义;对于复数的 asin 只适用于 Turbo C,不可移值
atan	double atan (double x);	计算 x 的反正切值	计算结果	对于实数的 atan 适用于 UNIX 系统,在 ANSI C 中有定义;对于复数的 atan 只适用于 Turbo C,不可移值
atan2	double atan2 (double y,double x);	计算 y/x 的反正切值	计算结果	适用于 UNIX 系统,在 ANSI C 中有定义
cabs	dbouble cabs (struct complex z);	计算复数 z 的模	计算结果	对于 UNIX 也适用
ceil	double ceil(double x);	舍入	返回>=x 的用双精度浮点数表示的最小整数	适用于 UNIX 系统,在 ANSI C 中有定义
cos	double cos (double x);	计算 x 的余弦值	计算结果	对于实数的 cos 适用于 UNIX 系统,在 ANSI C 中有定义;对于复数的 cos 只适用于 Turbo C,不可移值
cosh	double cosh (double x);	计算 x 的双曲余弦值	计算结果	对于实数的 cosh 适用于 UNIX 系统,在 ANSI C 中有定义;对于复数的 cosh 只适用于 Turbo C,不可移值
exp	double exp(double x);	计算 e 的 x 次方的值	计算结果	适用于 UNIX 系统,在 ANSI C 中有定义
fabs	double fabs (double x);	计算双精度 x 的绝对值|x|	计算结果	适用于 UNIX 系统,在 ANSI C 中有定义

函数名	调用形式	函数功能	返回值	可移植性
floor	double floor (double x);	下舍入	返回<=x的用双精度浮点数表示的最大整数	适用于UNIX系统,在ANSI C中有定义
fmod	double fmod (double x,double y);	计算x对y的模,即x/y的余数	计算结果	与ANSI C兼容
frexp	double frexp (double x,int * exponent);	把x分解成为在0.5到1之间的尾数m和整型的指数n,使原来的数x变为x=m * 2^n,将整型的指数n存入exponent所指的地址中	返回尾数m	适用于UNIX系统,在ANSI C中有定义
ldexp	double ldexp (double x,int exp);	计算x乘以2的exp次方的值	计算结果	适用于UNIX系统,在ANSI C中有定义
log	double log(double x);	计算x的自然对数lnx的值	计算结果	实数类型适用于UNIX系统,在ANSI C中有定义;复数类型只适用于Turbo C,不可移值
log10	double log10 (double x);	计算以10为底的常用对数 $\log_{10} x$ 的值	计算结果	实数类型适用于UNIX系统,在ANSI C中有定义;复数类型只适用于Turbo C,不可移值
modf	double modf (double x,double * iparts);	把x分解为整数和小数	整数存入由iparts所指的地址中,返回小数	仅适用于DOS系统
pow	double pow(double x,double y);	计算x的y次方的值	计算结果	实数类型适用于UNIX系统,在ANSI C中有定义;复数类型只适用于Turbo C,不可移值

函数名	调用形式	函数功能	返回值	可移植性
sin	double sin(double x);	计算x的正弦值	计算结果	实数类型适用于UNIX系统,在ANSI C中有定义;复数类型只适用于Turbo C,不可移值
sinh	double sinh (double x);	计算x的双曲正弦值	计算结果	实数类型适用于UNIX系统,在ANSI C中有定义;复数类型只适用于Turbo C,不可移值
sqrt	double sqrt (double x);	计算x的平方根的值	计算结果	实数类型适用于UNIX系统,在ANSI C中有定义;复数类型只适用于Turbo C,不可移值
tan	double tan(double x);	计算x的的正切值	计算结果	实数类型适用于UNIX系统,在ANSI C中有定义;复数类型只适用于Turbo C,不可移值
tanh	double tanh (double x);	计算x的双曲正切值	计算结果	实数类型适用于UNIX系统,在ANSI C中有定义;复数类型只适用于Turbo C,不可移值

3. 字符分类函数

ANSI C标准要求在使用字符函数时要包含头文件"ctype.h"。有的C编译不遵循ANSI C标准的规定,而用其他名称的头文件。请使用时查有关手册。

函数名	调用形式	函数功能	返回值	可移植性
isalnum	Int isalnum(int c);	字符分类宏,英文字符和数字字符判别	若c是字母('A'～'Z'或'a'～'z')或数字(0～9),返回非0值	可用于UNIX系统
isalpha	int isalpha(int c);	字符分类宏,英文字符判别	若c是字母('A'～'Z'或'a'～'z')返回非0值	可用于UNIX系统,与ANSI C兼容

函数名	调用形式	函数功能	返回值	可移植性
iscntrl	int iscntrl(int c);	字符分类宏，删除字符或控制字符判别	若c的低字节的值在0至127，返回非0值	可用于UNIX系统，与ANSI C兼容
isdigit	int isdigit(int c);	字符分类宏，十进制判别	若c为数字字符(0～9)，返回非0值	可用于UNIX系统，与ANSI C兼容
isgraph	int isgraph(int c);	字符分类宏，可打印字符判别	若c为可印刷字符，并不包括空字符时返回值为非0	可用于UNIX系统，与ANSI C兼容
islower	int islower(int c);	字符分类宏，小写字符判别	若c为小写字母('a'～'z')，返回非0值	可用于UNIX系统，与ANSI C兼容
isprint	int isprint(int c);	字符分类宏，打印字符判别	若c为可打印字符，返值为非0值	可用于UNIX系统，与ANSI C兼容
ispunct	int ispunct(int c);	字符分类宏，标点符判别	若c为标点，iscntrl或isspace时，返值为非0值	可用于UNIX系统，与ANSI C兼容
isspace	int isspace(int c);	字符分类宏，格式符判别	若是空格、制表符、回车、换行或馈送符，返回非0值	可用于UNIX系统，与ANSI C兼容
isupper	int isupper(int c);	字符分类宏，大写字符判断	若c是大写字母('A'～'Z')返回非0值	可用于UNIX系统，与ANSI C兼容

函数名	调用形式	函数功能	返回值	可移植性
isxdigit	int isxdigit(int c);	字符分类宏，十六进制数判别	若c是十六进制数字(0～9,A～F或a～f)字符，返回非0值	仅适用于DOS系统

4. 字符串函数

ANSI C标准要求在使用字符串函数时要包含头文件"string.h"。

函数名	调用形式	函数功能	返回值	可移植性
memchr	void memchr(void *s, int c, size_t n);	由s指向的内存块的前n个字节中搜索字符c中的内容	成功时返回指向s中c首次出现的位置的指针，其他情况返回NULL	可用于UNIX系统，与ANXI C兼容
memcmp	int memcmp(void *s1, void *s2, size_t n);	从首字符开始，逐位比较s1和s2所指的内存块的前n个字节	s1所指的内容小于s2所指的内容，返回小于0的整数；s1所指的内容等于s2所指的内容，返回0；s1所指的内容大于s2所指的内容，返回大于0的整数	可用于UNIX系统，与ANXI C兼容
memcpy	void * memcpy (void * dest, void * src, size_t n);	从src拷贝n个字节的内容到dest，若src与dest重叠，memcpy无意义	返回dest	可用于UNIX系统，与ANXI C兼容
memmove	Void * memmove (void * dest, void * src, size_t n);	从src拷贝n个字节的内存块到dest	返回dest	可用于UNIX系统，与ANXI C兼容
memset	void * memset (void * s, int c, size_t n);	设置数组s的前n个字节均为字符c中的内容	返回s	可用于UNIX系统，与ANXI C兼容

函数名	调用形式	函数功能	返回值	可移植性
strcat	char * strcat (char * dest, char * src);	在dest所指的字符串的尾部添加由src所指的字符串	返回指向连接后的字符串的指针	可用于UNIX系统，与ANXI C兼容
strchr	char * strchr (char * s,int c);	扫描字符串s,搜索由c指定的字符第1次出现的位置	返回指向s中第1次出现字符c的指针;若找不到由c所指的字符，返回NULL	可用于UNIX系统，与ANXI C兼容
strcmp	int strcmp (char * s1,char * s2);	比较串s1和s2,从首字符开始比较,接着比较随后对应的字符,直到发现不同,或到达字符串的结束为止	s1<s2返值<0; s1=s2返值=0;s1>s2返值>0.	可用于UNIX系统，与ANXI C兼容
strcpy	char * strcpy (char * dest,char * src);	把串src的内容拷贝到dest	返回指向的dest内容	可用于UNIX系统，与ANXI C兼容
strcspn	size _ t strcspn (char * s1, char * s2);	寻找第1个不包含s2的s1的字符串的长度	返回完全不包含s2的s1的长度	适用于UNIX系统，在ANSI C中有定义
strlen	size_t strlen(char * s);	计算字符串的长度	返回s的长度(不计空字符)	适用于UNIX系统，在ANSI C中有定义
strncat	char * strncat (char * dest, char * src, size_t maxlen);	把源串src最多maxlen个字符添加到目的串dest后面，再加一个空字符	返回指向dest的指针	适用于UNIX系统，在ANSI C中有定义
strncmp	int strncmp (char * s1, char * s2, size_t maxlen);	比较串s1和s2,从首字符开始比较,接着比较随后对应的字符,直到发现不同,或到达maxlen位为止	s1<s2返值<0; s1=s2返值=0; s1>s2返值>0.	可用于UNIX系统，与ANSI C兼容
strncpy	char * strcpy (char * dest,char * src,. size _ t maxlen);	拷贝src串中至多maxlen个字符到dest	返回指向dest的指针	仅适用于Turbo C系统

函数名	调用形式	函数功能	返回值	可移植性
strpbrk	char * strpbrk (char * s1, char * s2);	扫描字符串s1,搜索出串s2中的任一字符的第1次出现	若找到,返回指向s1中第1个与s2中任何一字符相匹配的字符的指针,否则返回NULL	适用于UNIX系统,在ANSI C中有定义
strspn	size_t strspn(char * s1, char * s2);	搜索给定字符集的子集在字符串中第1次出现的段	返回字符串s1中开始发现包含s2中全部字符的起始位置的初始长度	适用于UNIX系统,在ANSI C中有定义
strstr	char strstr (char * s1,char * s2);	搜索给定子串s2在s1中第1次出现的位置	返回s1中第一次出现子串s2位置的指针;如果在串s1中找不到子串s2,返回NULL。	适用于UNIX系统,在ANSI C中有定义

5.动态存储分配函数

ANSI标准建议设4个有关的动态存储分配的函数,即calloc()、malloc()、free()、realloc()。实际上,许多C编译系统实现时,往往增加了一些其他函数。ANSI标准建议在"stdlib.h"头文件中中包含有关的信息,但许多C编译要求用"malloc. h"而不是"stdlib. h"。读者在使用时应查阅有关手册。

ANSI标准要求动态分配系统返回void指针。void指针具有一般性,它们可以指向任何类型的数据。但目前有的C编译所提供的这类函数返回char指针。无论以上两种情况的哪一种,都需要用强制类型转换的方法把void或char指针转换成所需的类型。

函数名	调用形式	函数功能	返回值	可移植性
calloc	void * calloc (size_t nitem,size_t size);	动态分配内存空间,内存量为nitem×size个字节	返回新的分配内存块的起始地址;若无nitem乘size个字节的内存空间返回NULL	适用于UNIX系统,在ANSI C中有定义
free	void free(void * block);	释放以前分配的首地址为block的内存块	无	适用于UNIX系统,在ANSI C中有定义

函数名	调用形式	函数功能	返回值	可移植性
malloc	void * malloc (size _ t size);	分配长度为 size 个字节的内存块	返回指向新分配内存块首地址的指针；否则返回 NULL	适用于 UNIX 系统,在 ANSI C 中有定义
realloc	void * realloc (void * block,size_t size)	收缩或扩充已分配的内存块大小改为 size 个字节	返回指向该内存区的指针	适用于 UNIX 系统,在 ANSI C 中有定义

注意:在 ANSI 标准中使用时应包含头文件“stdlib. h”,不过目前很多 C 编译器都把这些信息放在“malloc. h”中。

6. 时间函数

使用时间函数时应包含头文件“time. h”。

函数名	调用形式	函数功能	返回值	可移植性
asctime	char * asctime (struct tm * tblock);	转换日期和时间为 ASCII 字符串	返回指向字符串的指针	适用于 UNIX 系统,在 ANSI C 中有定义
ctime	char * ctime (time _ t * time);	把日期和时间转换为对应的字符串	返回指向包含日期和时间的字符串的指针	适用于 UNIX 系统,在 ANSI C 中有定义
difftime	double difftime (time _ t time2, time_t time1);	计算两个时刻之间的时间差	返回两个时刻之间的秒差值	适用于 UNIX 系统,在 ANSI C 中有定义
gmtime	struct tm * gmtime(time_t * time);	把日期和时间转换为格林威治时间(GMT)	返回指向 tm 结构体的指针	适用于 UNIX 系统,在 ANSI C 中有定义
time	time _ t time (time _ t * time);	取系统当前的时间	返回系统的当前日历时间;若系统无时间,返回－1	

注意,在“time. h”文件中定义的结构 tm 如下:

```
struct   tm{
    int   tm_sec;      /*   秒,0～59    */
    int   tm_min;      /*   分,0～59    */
    int   tm_hour;    /*   小时,0～23    */
    int   tm_mday;   /*   每月天数,1～31    */
    int   tm_mon;    /*   从一月开始的月数,0～11    */
```

```
    int  tm_year;    /*  自1900的年数   */
    int  tm_wday;    /*  自星期日的天数,0~6   */
    int  tm_yday;    /*  自1月1日起的天数,0~365   */
    int  tm_isdst;   /*  采用夏时制为正,否则为0;若为负,则无此信息 */
}
```

7. 数据转换函数

函数名	调用形式	函数功能	返回值	可移植性
atof	#include<atof.h> #include<stdlib.h> double atof(char *s)	将字符串转换为双精度浮点数	返回转换的双精度浮点数	适用于UNIX系统,在ANSI C中有定义
atoi	#include<atof.h> #include<stdlib.h> int atoi(char *s);	把字符串转换为整型数	返回转换的整型数	适用于UNIX系统,在ANSI C中有定义
atol	#include<atof.h> #include<stdlib.h> long atoll(char *s)	把字符串转换为长整型数	返回转换得到的长整型数	适用于UNIX系统,在ANSI C中有定义
strtod	#include<stdlib.h> double strtod(char *s,char **endptr);	把数字串s转换成双精度浮点数,endptr是指向停止扫描字符的指针	返回转换结果	适用于UNIX系统,在ANSI C中有定义
strtol	#include<stdlib.h> long strtol(char *c,char **endptr,int radix);	把字符串s转换成长整型数。数制radix可取值从2到36	返回转换的结果	适用于UNIX系统,在ANSI C中有定义
strtoul	#include<stdlib.h> unsigned long strtol(char *c,char **endptr,int radix);	把字符串s转换成无符号长整型数	返回转换结果	与ANSI C兼容
tolower	#include<ctype.h> int tolower(int c);	把c的字符代码转换成小写字母代码	返回转换结果	适用于UNIX系统,在ANSI C中有定义
toupper	#include<ctype.h> int toupper(int c);	把c的字符代码转换成大写字母代码	返回转换结果	适用于UNIX系统,在ANSI C中有定义

8. 接口函数

使用接口函数需要包含头文件为："dos. h"。可移植性：仅适用于 DOS 系统。

函数名	调用形式	函数功能	返回值
bdos	int bdos(int dosfun，unsigned dosdx，unsigned dosal)；	提供直接访问许多由 dosfun 指定的 MS DOS 系统周用。dosdx 是寄存器 DX 的值，dosal 是寄存器 AL 的值	返回 AX 寄存器的值
getdate	void getdate(struct date * datep)；	取 MS DOS 的系统时间	无
getfat	void getfat(unsigned char drive，struct fatinfo * dtable)；	取得指定的驱动器的文件分配表信息	
inport	int inport(int portid)；	从 portid 指定的端口读入一个字	返回所读的值
inportb	int inportb(int portid)；	从 portid 指定的端口读入一个字节	返回所读的值
int86	int int86(int int_num，union REGS * in_regs，union REGS * out_regs，struct SREGS * segregs)；	int86 执行参数 int_num 指定的 8086 软中断	完成软中断后，返回 AX 寄存器的值
intdos	int indos(union REGS * in_regs，union REGS * out_regs)；	执行 DOS 软中断 0X21，调用一个指定的 DOS 功能调用	返回 AX 的值
keep	void keep(unsigned char status，unsigned size)；	退出并继续驻留；keep 返回 MS—DOS，把出口状态置为 status，当前程序仍驻留在内存，程序所占内存空间为 size 字节，其余内存空间被释放	无
outport	void outport(int portid，unsigned value)；	把 value 的值写入到由 portid 指定的输出端口	无
outportb	void outportb(int portid，unsigned value)；	把 value 的字节值写入到由 portid 指定的输出端口	无
peek	int peek(unsigned segment，unsigned offset)；	返回存储地址 segment：offset 中的一个字的值	

函数名	调用形式	函数功能	返回值
peekb	int peekb(unsigned segment, unsigned offset);	返回存储地址 segment:offset 中的一个字节的值	
poke	void poke(unsigned segment, unsigned offset, int value);	将整型数 value 的值存入到存储单元(segment:offset)中	无
pokeb	void pokeb(unsigned segment, unsigned offset, char value);	将字符型 value 的值存入到存储单元 segment:offset 中	无
randbrd	int randbrd(struct fcb * fcb, int rcnt);	随机块读函数 randbrd 使用 fcb 所指的文件打开文件控制块 FCB 读取 rcnt 个记录	0:所有记录被读;1:到达文件结尾,最后一个读完成;2:读入的记录在 0XFFFF 处被覆盖;3:到达文件尾,但最后一条记录未完成
randbwr	int randbwr(struct fcb * fcb, int rcnt);	随机块写函数 randbwr 使用 fcb 所指的文件打开文件控制块 FCB 读取 rcnt 个记录	0:所有记录被写;1:没有足够的磁盘空间
segread	void segread(struct SREGS * segp);	把段寄存器的当前值存入由 segp 所指向的结构体中	无
setdate	void setdate(struct date * datep);	设置 MS DOS 系统时间的月、日、年,设置日期到由 datep 所指的 date 结构体中	无
settime	void settime(struct time * timep);	设置系统时间 timep 所指的 time 结构体中	无
sleep	void sleep(unsigned seconds);	将当前进程挂起 seconds 秒	无

9. 图形函数

使用图形函数需要包含头文件为:“graphics. h”。可移植性:仅适用于 Turbo C 系统。

函数名	调用形式	函数功能	返回值
arc	void far arc(int x, int y, int stangle, int endangle, int radius);	以点(x,y)为中心、radius为半径、stangle为圆心角的始边、endangle为终边画一圆弧	无
bar	void far bar(int left, int top, int right, int bottom);	以left和top为左上角、right和bottom为右下角画一个条形图	无
bar3d	void far bar3d(int letf, int top, int right, int bottom, int depth, int flag);	以当前画线的颜色画一个以像素为单位的、深度为depth的三维条形图	无
circle	void far circle(int x, int y, int radius);	以点(x,y)为中心、radius为半径,用当前颜色画一个圆	无
cleardevice	void cleardevice();	清除图形屏幕并将当前的光标位置移到原点(0,0)	无
clearviewport	void clearviewport();	清除当前视区并将当前的光标位置移到原点(0,0)	无
closegraph	void far closegraph();	关闭图形系统	无
detectgraph	void far detectgraph(int far * gragpdriver, int far * graphmode);	通过检测硬件,确定所使用的图形驱动程序和工作模式	无
drawpoly	void far drawpoly(int numpoints, int far * polypoints);	用当前的画线类型和颜色画一个顶点数为numpoints的多边形,polypoints指向一个整数序列	无;若填充时出现错误,graphresult返回-6
ellipse	void far ellipse(int x, int y, int stangle, int endangle, int xradius, int yradius);	画一个椭圆弧	无
fillpoly	void far fillpoly(int numpoints, int far * polypoints);	用当前的线形和颜色画一个多边形,并用当前的填充模式和填充颜色填充	无;若填充时出现错误,graphresult返回-6
floodfill	void far floodfill(int x, int y, int border);	填充一个有界的区域	无;若填充时出现错误,graphresult返回-7
getarccoords	void far getarccoords(struct arccoordstype far * arccoords);	将有关上次调用的arc的信息填入到由arccoords所指的arccoordstype结构体中	无

函数名	调用形式	函数功能	返回值
getaspectratio	void far getaspectratio(int far * xasp, int far * yasp);	取回当前图形模式的纵横比	返回纵横比
getbkcolor	int far getbkcolor();	返回当前背景色	返回背景颜色值
getcolor	int far getcolor();	返回当前的画线颜色	返回当前绘图色
getfillpattern	void far getfillpattern(char far * pattern);	将用户定义的填充模式拷贝到由pattern所指的8个字节的存储区	无
getfillsettings	void getfillsettings (struct fillsettingstype far * fillinfo);	取回当前有关填充模式和填充颜色的信息	无
getgraphmode	int getgraphmode()	取回当前的图形模式,在调用getgraphmode之前必须首先成功地调用initgraph	返回当前图形模式
getimage	void far getimage (int left, int top, int right, int bottom, void far * bitmap);	将指定区域的一个位图像存入到主存储区中	无
getlinesettings	void far Getlinesettings(struct linesettingstype far * lineinfo);	将当前的线型、模式和宽度的信息存入到由lineinfo所指定的linesettingstype结构体中	无
getmaxcolor	int far getmaxcolor();	返回当前图形驱动程序和工作模式下的最大有效颜色值	返回可选的最大有效颜色值
getmaxx	int far getmaxx();	返回当前图形驱动程序和工作模式下相对于屏幕的最大的x坐标值	返回屏幕上最大的x坐标值
getmaxy	int far getmaxy();	返回当前图形驱动程序和工作模式下相对于屏幕的最大的y坐标值	返回屏幕上最大的y坐标值
getmoderange	void far getmoderange (int graphdriver, int far * lomode, int far * himode);	获取给定图形驱动程序的模式范围	无
getpalette	void getpalette(struct palettetype far * palette);	获取有关当前调色板的信息	无
getpixel	unsigned far getpixel (int x, int y);	返回指定的点(x,y)处的像素的颜色值	返回指定像素的颜色值

函数名	调用形式	函数功能	返回值
gettextsettings	void far gettextsettings(strunt textsettingstypc far * texttypeinfo);	将有关当前字体、方向、大小和对齐方式的信息存入由texttypeinfo所指向的在"graphics.h"中定义的textsettingtype结构体中	无
getviewsettings	void far gerviewsettings (struct viewporttype far * viewport);	将当前视区的信息填入由viewport所指的viewporttype结构体中	无
getx	int far getx();	返回当前图形方式下x的坐标值	返回x坐标值
gety	int far gety();	返回当前图形下y的坐标值	返回y坐标值
graphdefaults	void far graphdefaults();	将所有图形设置都重新设置为它们的缺省值	无
grapherrormsg	char * far grapherrormsg(int errorcode);	返回指向错误信息的字符串的指针	返回一个指向与graphresult返回值相联系的串的指针
_graphfreemem	void far _graphfreemem(* ptr,unsigned size);	释放由_graphgetmem在以前分配的内存	无
_graphgetmem	void far _graphgetmem(unsigned size);	为内存缓冲区、图形驱动程序和字符集分配内存	无
graphresult	int far graphresult();	返回最后一次失败图形操作的错误码	返回当前图形错误编号,是从-18到0的整数
imagesize	unsigned far imagesize(int left, int top,int right,int bottom);	返回保存位图像所需缓冲区大小	返回所需存储区的大小
initgraph	void far initgraph(int far * graphdriver,int far * graphmode,char * pathtodriver);	通过从键盘装入一个图形驱动程序或确认一个已注册的驱动程序来初始化图形系统	无
line	void far line(int x1,int y1,int x2,int y2);	在指定两点之间画一条直线	无
linerel	void far linrel(int dx,int dy);	从当前位置到与当前位置相对距离为(dx,dy)的点之间画一条直线,当前位置前进到(dx,dy)	无
lineto	void far lineto(int x,int y);	从当前位置到(x,y)点画一条直线,把当前位置移到点(x,y)	无

函数名	调用形式	函数功能	返回值
moverel	void far moverel(int dx, int dy);	把当前位置在x方向移动dx个像素,在y方向移动dy个像素	无
moveto	void far moveto(int x,int y);	把当前位置移到视区位置(x,y)	无
outtext	void far outtext(char far * textstring);	使用当前对齐方式、当前字体、方向和大小,在视区中显示一个字符串	无
outtextxy	void far outtextxy(int x, int y,char far * textstring);	在给定(x,y)点使用当前的对齐方式、当前字体、方向和大小,在视区中显示一个文本字符串	无
pieslice	void far pieslice(int x, int y, int stangle, int endangle, int radius);	以(x,y)为中心,以radius为半径,从起始角stangle到终止角endangle画出并填充一个扇形	无;若填充出错graphresult返回 -6
putimage	void far putimage(int left, int top, void far * bitmap, int op);	将以前用getimage保存的位图像重新送回屏幕,图象的左上角放在(left,top),bitmap指向保存图象的主存区,op给图象指定组合算子	无
putpixel	void far putpixel(int x, int y, int color);	用color给出的颜色值在(x,y)出画一个点	无
rectangle	void far rectangle(int left, int top, int right, int bottom);	画一个矩形	无
registerbgidriver	int registerbgidriver(void (* driver());	使用户能装入一个驱动程序文件并注册驱动程序,一旦它的存储位置已经被传送到registerbgidriver,inigraph将使用所注册的驱动程序	若指定了无效的驱动程序,返回图形错误码;否则返回驱动程序注册号
registerbgifont	int registerbifont (void (* font) ());	由font指向的字体函数文件在连接时被包含进来,检查指定的字体的连接代码	若指定了无效的字体,返回图形错误码;否则返回一个已注册的字体号
restorecrtmode	void far restorecrtmode();	将屏幕恢复作为initgraph设置的值	无
setactivepage	void far setactivepage (int page);	使page成为活动的图形页,以后的所有图形输出到page图形页	无

函数名	调用形式	函数功能	返回值
setallpalette	void far setallpalette(struct palettetype far * palette);	把当前调色板设置成为由 palette 所指向的 palettetype 结构体中的值	无
setbkcolor	void far setbkcolor(int color);	将背景设置成为由 color 的值所指定的颜色值	无
setcolor	void far setcolor(int color);	设置当前绘图颜色为由 color 的值所指定颜色值	无
setfillpattern	void far setfillpattern(char far * upattern,int coler);	除了用它设置用户定义的8×8模式外，setfillpattern 与 setfillstyle 相同	无
setfillstyle	void far setfillstyle(int pattern,int color);	设置当前填充模式和填充颜色，如果想设置用户定义的填充模式，应该调用 setfillpattern	无
setgraphbufsize	unsigened far segraphbufsize (unsigened bufsize);	通过 initgraph 调用_graphgermem 得知为内部图形的缓冲区分配多少内存区，必须在 initgraph 之前调用 setgraphbufsize	返回内部缓冲区的原来的大小值
setgraphmode	void far setgraphmode(int mode);	选择一个不同于 initgraph 所设置的图形模式，mode 对于当前设备必须是合法的模式；setgraphmode 清除屏幕，并将所有的图形设置成为它的缺省值	无，若当前设备驱动器给予一个给非法模式 graphresult 将返回－10
setlinestyle	void far setlinestyle(int linestyle, unsigned upattern, int thickness);	可对于所有的画线的函数设置线型	无
setpalette	void far setpalette(int colomum,int color	改变调色板中入口项 colormum 的值为 color 所指定的值	无，若传入的是非法输入，则 graphresult 将返回－11
settextjustify	void far settextjustify(int horiz, Int vert);	设置文本的对齐方式	无，若传入的是非法输入，则 graphresult 将返回－11
settextstyle	void far settextstyle(int front, int direction, int charsize);	设置文本字体、文本显示方向和字符的大小，调用本函数后将影响所有的文本输出	无

函数名	调用形式	函数功能	返回值
setusercharsize	void far setusercharsize(int multx,int divx,int multy,int divy);	为用户提供了控制字体文本大小的功能,宽度比例因子是multx/divx,高度比例因子是multy/divy	无
setviewport	void far setviewport(int left,int top,int right,int bottom,int clip);	为图形输出建立一个新的视区,视区的两个角用绝对屏幕坐标(left,top)和(right,bottom)给定,clip决定画线在视区的边界处是否剪切	无
setvisualpage	void far setvisualpage(int page);	使page成为可见的图形页	无
texthight	int far texthight(char far * textstring);	以像素为单位确定textstring的高度	返回以像素为单位的字符串的高度
textwidth	int far textwidth(char far * textsrring);	以像素为单位确定textstring的高度	返回以像素为单位的字符串的宽度

10. 文本窗口函数

使用文本窗口函数需要包含头文件为:"conio. h",可移植性:只适用于IBM PC及其兼容机。

函数名	调用形式	函数功能	返回值
clreol	void clreol();	在文本窗口中清除从光标的当前位置到行末之间的字符,不移动光标	无
clrscr	void clrscr();	清除文本模式的窗口,把光标移动到左上角(1,1)处	无
delline	void delline();	在文本窗口中删除光标所在的一行	无
gettext	int gettext(int left,int top,int right,int bottom,void * destiu);	把屏幕上由left,top,right,bottom定义的矩形区域的内容存入到由destin所指定的存储区中	操作成功返回1;否则返回0
gettextinfo	void gettextinfo(struct text_info * r);	可将当前文本方式显示的信息存入由r指定的在"conio. h"中定义的text_info结构体中	无
gotoxy	void gotoxu(int x,int y);	在文本窗口移动光标到指定坐标(x,y)	无

函数名	调用形式	函数功能	返回值
highvideo	void highvideo();	通过设置当前所选择的前景颜色的高亮度位来选择高亮度字符	无
insline	void insline();	用当前文本背景的颜色,在文本窗口的光标位置处插入一空行,在空行下面的所有各行顺序下移一行	无
lowvideo	void lowvideo();	选择低亮度字符	无
movetext	int movetext(int left,int top,int right, int bottom, int destleft,int desttop);	将屏幕上由 left,top,right 和 bottom 定义的矩形区域中的内容拷贝到以 destleft,desttop 为左上角的新的矩形区域中	操作成功返回 1,否则返回 0
normvideo	void normvideo();	选择正常亮度字符,将文本属性设置为启动程序时所具有的值	无
puttext	int puttext(int left,int top,int right, int bottom, void * source);	把 source 所指向的内存区域中的内容拷贝到由 left,top,right,bottom 所定义的屏幕上的矩形区域中	操作成功返回 1,否则返回 0
textattr	void textattr(int newattr);	通过一次调用就可以设置前景和背景颜色,在 newattr 中;第 0 位到第 3 位是 16 种前景色的编码;第 4 位到第 6 位是 8 种背景色的编码;第 7 位是闪烁信息位	无
textbackground	void textbackground(int newcolor);	改变文本背景颜色为 newcolor 所指定的颜色	无
textcolor	void textcolor(int newcolor);	改变文本前景颜色为 newcolor 所指定的颜色	无
textmode	void textmode(int newmode);	设置文本模式为 newmode 所指定的模式	无
wherex	int wherex();	返回文本窗口当前光标位置的 x 坐标	1—80 之间的一个整数
wherey	int wherey();	返回文本窗口当前光标位置的 y 坐标	1—25 之间的一个整数
window	void window(int left,int top,int right,int bottom);	定义一个以 left,top,right,bottom 构成的活动文本窗口	无

11. 其他函数

函数名	调用形式	函数功能	返回值
rand	#include<stdlib. h> int rand(void)	产生一系列的随机数	随机数
random	#include<stdlib. h> int random(int num)	产生0～num－1范围的随机数	0～num－1之间的一个随机数
exit	#include<process. h> #include<stdlib. h> void exit(int status);	终止程序。在两种情况中,status被用来提供进程的出口状态,一般说来,值0表示正常出口,非0值表示有错误发生	无
abs	#include<stdlib. h> int abs(int num);	计算整数num的绝对值	返回num的绝对值
labs	#include<stdlib. h> long abs(long num);	计算num的绝对值	返回长整数num的绝对值

参考文献

[1] Brian W. Kernighan, Dennis M. Ritchie. The C Programming Language. 2nd ed. Prentice Hall, Inc, 1988

[2] 谭浩强. C 程序设计. 2 版. 北京:清华大学出版社,2000

[3] H. M. Deitel, etc. C 程序设计教程. 薛万鹏,等,译. 北京:机械工业出版社,2000

[4] 齐勇,冯博琴,王建仁. C 语言程序设计. 修订本. 西安:西安交通大学出版社,1999

[5] 鲍有文,周海燕,徐士良. C 程序设计(二级)样题汇编. 北京:清华大学出版社,2000

[6] 姚庭宝,陆勤. C 语言及编程技巧. 湖南:国防科技大学出版社,2001

[7] 陈卫卫. C/C++程序设计教程. 北京:北京希望电子出版社,2002

[8] 中国标准出版社. 计算机软件工程规范国家标准汇编 2000. 北京:中国标准出版社